应用气象学

（第二版）

胡　毅　李　萍
杨建功　朱　毅　编著

气象出版社
China Meteorological Press

内容提要

本书针对国民经济发展的需要，运用气象科学的基本原理和方法，详细地介绍了农业气象、林业气象、气象能源、污染气象、医疗气象、建筑气象及交通、通讯与气象等。本书侧重于方法的说明和知识的实际运用，在每章后附有习题与思考题。本书内容全面，安排合理，逐步深入；叙述上准确清楚、深入浅出、简明易懂、便于自学。

本书可作为高等院校气象类专业及相关专业的教材，也可作为气象、农业、林业、海洋、航空、环境等部门的科研人员和业务人员的参考用书。

图书在版编目(CIP)数据

应用气象学/胡毅等编著. —2 版. —北京：气象出版社，2005.1 (2024.1 重印)
ISBN 978-7-5029-3098-1

Ⅰ. 应…　Ⅱ. 胡…　Ⅲ. ①应用气象学　Ⅳ. P49

中国版本图书馆 CIP 数据核字(2004)第 137903 号

气象出版社出版
(北京市海淀区中关村南大街 46 号　邮编：100081)
总编室：010-68407112　　发行部：010-68408042
网址：http://www.qxcbs.com　　E-mail：qxcbs@cma.gov.cn
责任编辑：张锐锐　陶国庆　　终审：成秀虎
封面设计：博雅思企划　版式设计：王丽梅　责任校对：王丽梅
*
三河市百盛印装有限公司印刷
气象出版社发行
*
开本：750 mm×960 mm　1/16　印张：17　字数：342 千字
2024 年 1 月第 2 版第 6 次印刷
定价：48.00 元

第二版前言

距1994年第一次出版《应用气象学》已10年了，我们在教学和实际应用中，得到气象界专家和广大科技人员的支持，此书不仅是大专院校相关专业的教学用书，还是广大气象工作者的参考书，对他们进行气象服务工作起到了一定的指导作用。但是10年来，气象学研究和应用更加深化，气象为国民经济服务更加广泛，加之气候变化的影响，在实际教学和应用中我们已经感到第一版《应用气象学》的内容在深度和广度上需要充实。如空气污染预报、人体舒适度预报，目前已成为我国专业气象台对外服务的重要项目之一；又如建筑行业，近十几年来随着我国经济迅猛发展，建筑行业发展速度是当年我们难以想象的，《应用气象学》第一版时涉及以上的内容很少，本次出版我们增加了相应的内容，特别是建筑气象这章中对气象要素极值的推算、建筑物的防雷进行了修订和增补，以满足气象服务的需要。

《应用气象学》再版时，我们保留了原来的大体结构，注意基础理论与应用结合，力求为应用气象的实践提供基本的理论和知识，为气象工作者和大专院校学生迈上气象服务的新台阶搭好平台，助他们起步。我们除在每一章后都增加习题及思考题，便于学生掌握该章的重点和难点外，其余所作补充和修改的主要内容如下：

第一章农业气象中，增加了农业气象概述，以及“土壤水分对作物的影响”、“农业气候资源分析及利用实例”、“农业气象预报实例”等内容；第四章污染气象中，充实了§4.1气象与大气污染、§4.4空气污染预报的内容，同时增加了“城区集中供暖、供热”、“改变燃料构成和净化汽车尾气”、“增大城市绿化面积”、“主要大气污染物的治理技术”等内容；第五章医疗气象中，增加了“人体舒适度预报”的内容；第六章建筑气象中，增加了§6.1气象要素极值推算、§6.3建筑与防雷的内容。

在本书再版前，我们曾想将气象在国民经济各行业中的应用及服务都囊括在本书中，但应用气象的涉及面太广，无法面面俱到。今后，随着我国气象为国民经济各行业服务面的拓宽、服务工作的不断深化，此书也将会再次修改出版

在本书的修订再版过程中，承蒙陶国庆等专家的指导和帮助，我们几经斟酌，几经增删，再次把这本《应用气象学》献给广大气象工作者。错漏之处、不足之处我们会在今后的实践中不断完善和提高。

编　者

2004年10月于成都

第一版　序

《应用气象学》作为一本高等院校教材出版是一件值得高兴的事，它说明这一课程已经进一步正规化，并已得到了很大的发展。

到了现代，应用问题在气象学里的重要意义越来越不可低估。70年代以来，气候问题引起了世界科技界的高度重视，许多国家元首与政府首脑公开发表关于气候问题的申明，更说明了这一问题已经进入外交与政治领域。这一巨大变化的根本原因是地球有限的气候资源日益短缺，而过度使用土地所造成的生态平衡的破坏和大量使用化石能（石油、煤、天然气）所造成的温室效应加强，都将可能引起不可逆转的气候变化，有可能进一步危害现有的气候资源的开发利用，并产生更多、更严重的气象灾害。因此，气候问题被认为是与人类前途休戚相关的当代主要问题之一，需要进行国际协商和合作，才能找到解决的途径。

但是气候这一世界性大问题实际上是同日常生产与生活的许多小问题联系在一起的，它正是这许多小问题积累而成的。它们之间贯穿着一条线，这就是节约化石能、节约土地、节约水资源。如果能够大幅度普遍地提高化石能的利用效率、土地的利用效率和水资源的利用效率，就有可能建立良好的生态系统和降低温室效应，而避免气候危机。

应用气象学的目的是充分利用有利的气象条件，避免气象灾害，而合理地、有效地开发利用能源、土地与水资源。它不但为有关行业的各个企业带来经济效益与安全保障，而且在宏观上也是保护地球气候的基础性工作。因此，应用气象学的意义是极其巨大的。

在过去似乎存在一种误解，应用气象学既然标以“应用”，就不涉及理论了。应当指出，这是一种极大的误解。误解既来自“应用”的字面含义，也与应用的初期状况有关。但是，应用向高级发展，不但要面对一系列的理论问题，而且解决这些理论问题所要求的是更为广阔的学术视野与造诣。这是由于任何气象应用问题都是气象与有关学科之间边缘学科的诞生地。它需联结两个学科的资料、方法与理论，因而大量的理论探索是不可避免的。何况，任何应用问题都在一定程度上联系决策问题，特别像那些有关能源、水资源、土壤的合理开发利用，还牵涉到许多社会经济问题，成为多学科汇集的领域。在这里，又需要软科学的指导。因此，“应用”伴随着“理论”是当代学科发展的一个重要特征，这里也将成为人才荟集之地。

这本《应用气象学》正是一本入门之作。应当说，作为一本高等院校教材，它提供了一定的基础知识。但是就目前应用气象学发展的深度与广度来说，一本教材是无法究其穷底的。我希望对应用气象有兴趣的年轻人，在这本书的指引下，迈向更高的台阶。即使不从事应用气象工作的人们，也能从这本书得到有关应用气象的知识，使自己的工作建立在更广阔的知识基础上，这无疑对他所从事的专业进一步发展是十分重要的。

张家诚

1992年7月29日

第一版前言

《应用气象学》是利用气象学的基本理论和方法，来解决国民经济各部门中气象问题的一门实用科学。

自古以来，人类为了生存，求得发展，在长期的实践中学会了观测气象、研究气象，并把气象应用于生产和生活的各个方面，从而总结出了丰富的应用气象知识。随着社会的进步、科学技术的发展，世界上各国对应用气象研究愈加深入，这使气象为国民经济建设服务的一些方面逐渐发展成了应用气象的各个分支，如农业气象、林业气象、能源气象、建筑气象、污染气象、医疗气象、交通气象……所以说，应用气象学是一门边缘学科，它是在气象学与其他科学相结合的实践中产生的。

我国在50年代后，特别是在改革开放以来，应用气象学的内容在深度和广度上更加向前发展。从目前我国开展的应用气象学的研究内容来看，主要有以下几个方面：

1. 资源的开发和合理利用

农业气候资源中的光、热、水资源的时空规律分析，可为一地区合理利用农业气候资源，防止和减轻灾害提供科学依据；水资源是人类生存和工农业生产不可缺少的，在一些地区水资源逐渐减少或枯竭时，对流域水资源的调查、评价和合理利用就更加显得重要；在世界常规能源日趋紧张，空气污染严重的今天，应充分地揭示和利用无污染的风能、太阳能；随着人类生活水平的提高，疗养和旅游事业的发展，必将促使疗养气象和旅游气象科学的发展……

2. 城市的规划和布局

人类社会发展到今天，人们已由防御自然的恶劣环境发展到改造和保护环境的阶段，因而城镇建筑必然要考虑到对气象条件的反效应，尤其是为了减小大气污染的危害，除了需要计算空气中的污染浓度和对大气环境进行评价外，还要对城市、工矿区的布局提出科学依据，城市内街道的走向、房屋的间距、光照等，这些与人类生活和生产环境有关的建筑问题也必然涉及到气象的具体条件，大气与地面条件相互作用等有关问题。

3. 减小气象灾害对人类生命财产的损失

一些工程，如高大的厂房、桥梁、架空输电线路、水利工程的堤坝和涵洞等，在设计时均要考虑气象条件，特别是稀遇的极端气象条件；飞机和船舶的航线选择、飞机的起飞着陆和飞行也须考虑恶劣的气象条件；农业气象情报、预报会减小异常天气条件对农业生产产量和质量的不利影响。

气象专业的学生或气象工作者，在学习了有关的专业基础课程后来学习《应用气象学》，对于增强服务意识，动手能力以及培养在科研工作中的思维能力无疑是十分有利的。随着气象学理论和方法的发展和完善，以及它为国民经济各部门服务的不断深入，《应用气象学》的内容也必将更加丰富。

本书承蒙中国气象科学研究院张家诚教授审阅，并提出了许多宝贵意见，并为此书作序，特此致谢。

由于作者水平所限，书中不当之处在所难免，希望读者提出宝贵意见。

编　者

1992年9月于成都

目　录

第一章　农业气象

§1.1　概　　述

1.1.1　气象条件对农业生产的影响

农业生产的对象是生物有机体，这些有机体的生命全过程是在外界自然条件下进行并完成的，因而不能不受外界自然条件的影响。在外界自然条件中，气象、土壤、地形、地势是影响农业生产最重要的外界因子。但是土壤的形成、特点以及在不同地区土壤水热状况的季节变化在很大程度上是决定于气象条件的，而地形、地势又形成各种各样的小气候条件来影响着农业生产，因而可以说农业生产在相当大的程度上是受自然条件中的气象条件影响的。

在作物生长发育和产量形成过程中，光、热、水、气（CO_2）和营养物质则是农作物生长所必需的基本因子，它们同等重要，缺一不可，相互制约而不能相互代替。在农作物生长所必需的基本因子中，光、热、水、气（CO_2）是农业气象基本因子，这些农业气象基本因子的数量、相互配合、空间（地区）和时间（季节、年际）的变化在很大程度上决定了一地区农业生产类型、作物种类和耕作制度，也决定了农业收成的丰歉、品质的优劣和成本的高低，所以说气象条件对农业生产的影响是十分巨大的。

气象条件对农业生产的影响概括起来，主要有以下方面：

1.1.1.1　气候影响地球表面植被和农作物的地理分布

在地球上，从赤道向南北两极推移，热量减少，依次出现热带、亚热带、温带和寒带等气候带；从海岸向内陆推移，随着距海洋逐渐远而降水减少、大气湿润度也逐渐降低，则会出现湿润、半湿润、半干旱和干旱的气候区；再由于海拔高度、地形、地势等的影响，地区气候在垂直方向上也会发生有规律的变化。由于世界各地的热量、降水、光照的不同，则形成了各种类型的气候，因而相应的构成各种各样的农业生产类型，这就影响到地区的作物种类、品种及种植制度等。

世界上主要粮食作物水稻虽遍布全球，但最适宜在气温高、雨量足（或有灌溉），且炎风与暑雨相结合的地区生长；而小麦主要产区在36°～60°N、27°～40°S之间暖温带和冷暖带两个气候带内；玉米则主要在33°～45°N内的冬寒夏热、夏季雨量较集中的地区生长。经济作物棉花广泛分布在北纬48°到南纬35°之间高温、低湿、光照充足的地区。

我国幅员辽阔，南北纬度相差50°以上，各地气候条件差异很大，几乎包括了各种气候类型，这为各种农作物的生长发育，提供了十分有利的条件（见表1.1）。我国各地之所以有着不同的作物种类和种植制度，这种地区农业差异的存在，主要是受各地气候条件(温度、无霜期、降水)的影响。

表1.1 我国各地气候条件与农业

地　　区	南岭以南	南岭以北、长江以南	黄淮流域	东　　北	内蒙古、西北
生长期(d)	无霜期＞325	日平均气温稳定在5℃以上的日数			
		250～300	200～250	100～150	
年降水量(mm)	1500～2000	1000	500～1000	500～1000	250～400
熟制	2～3、4熟	2～3熟	2熟	1熟	
主要作物	水稻、甘蔗、柑桔、荔枝及橡胶、咖啡、可可、胡椒等经济作物	水稻、茶叶、蚕丝、桐油、柑桔等	冬小麦、玉米、棉花、烟草、花生等	东北出产高粱、大豆、春麦、沿江可种水稻；内蒙古则出产春麦、谷子、土豆	

1.1.1.2　天气、气候影响作物生长发育及产量的年际变化

作物在生长发育和产量形成的整个过程中，需要一定的热量、适宜的水分、充足的阳光。在作物生长期间，光热水等条件配合得越好，作物生长发育的状况也越好，最后产量也越高。而一地区的气候条件就给作物生长发育提供了一定的光热水条件，各地气候条件不同，提供给作物生长发育的光热水条件也不同，最后形成的产量也不同。

对一地区来说，任何作物的产量每年都是变化的。这种变化除了人为原因外，主要是受天气、气候中某一要素的异常变化而引起的，如水分的过多或过少，热量不足……所以我们说地区的气候差异和天气的异常对农业生产的产量影响是很大的。

1.1.1.3　天气、气候影响作物产品的质量

在作物生长期内，气温日较差的大小，直接影响农作物有机物质的积累与消耗。日较差大的地区，白天气温高，有利于光合作用进行，制造的有机物质较多。而夜间气温低使作物呼吸作用较弱，消耗的有机物质较少，所以作物总的有机物质积累就较多。因此生长在大陆性气候较强地区的作物比生长在大陆性气候较弱或海洋性气候地区的作物成熟快、产品质量高。如我国陕北、兰州等地的苹果就比我国东部地区的苹果含糖量高、香脆；新疆是典型的大陆性气候地区，它的葡萄、西瓜是闻名于世的，含糖量很丰富。

日较差的大小还影响水稻、小麦籽粒中蛋白质的含量，在小麦灌浆时期，在北方正是天气晴朗、干燥、气温较高的6月，是有利于小麦籽粒中蛋白质的积累，所以小麦不仅成熟快，而且蛋白质含量高。而南方如四川小麦成熟时(灌浆～成熟)多阴雨、空气湿度大，所以小麦不仅成熟慢，贪青晚熟，而且蛋白含量低，淀粉比率高。

气候不仅影响到各地作物产品质量的不同，气候的年际变化还影响到产品质量的年际变化。如在雨水过多的年份水果不甜；而雨水过少、缺水时，又使水果或一些肉质根类作物的纤维素增多，木质素增多，使产品汁少。

1.1.1.4　气候影响作物的遗传性

植物在一定的外界条件(主要是气候)下，长期生长、发育，便被当地的气候条件所

同化，变成了自身的要求。如起源于高纬度的植物，由于在其生长季内长期生活在较长的日照条件下，因此形成了要求较长日照的长日照植物。若我们将这种长日照植物引种到低纬度地区，由于日照过短，植物便不能开花或延迟开花。同样起源于低纬度的植物，因长期生活在短日照条件下，又多为短日照植物。当把它们引种到高纬度地区时，由于日照过长，则植物会延迟开花或不开花。

1.1.1.5　天气、气候影响一地区的种植制度和耕种方法

从表1.1中，已经看出了我国各地区气候对种植制度中熟制的影响是很大的。各地区的劳动人民在长期的劳动实践中，根据当地的天气、气候条件，总结出了很多的耕作方法来保证作物正常的生长发育。如华北平原，春旱是农业生产的关键，不仅影响了春播作物的及时播种、出苗，还影响冬小麦的返青、拔节，群众就总结出了"早秋耕、深秋耕、耙耱镇压"等一整套较为完善的保墒耕作措施，以减少土壤深层水分蒸发的损失，从而达到伏雨春用，春旱秋抚的效果。

1.1.2　农业气象学及其研究内容

气象条件影响着农业生产，而农业生产又是在人类的参与下进行的，它的全过程都受到人类劳动的调节和干预。人类的调节和干预会使局部地区小气候发生一定的变化，但气象条件的多变性及人工控制的局限性促使人类更加深入地研究气象条件与农业生产的相互关系，以趋利避害，夺取农业的高产稳产。农业气象学就是在研究和解决农业生产问题中发展并形成的一门应用气象学科。

1.1.2.1　农业气象学的概念

农业气象学是研究农业生产与气象条件相互关系及其规律的科学，并在此基础上研究和运用气象科学技术，以便合理利用气候资源、战胜不利气象因素，促进农业生产高产稳产的学科。

1.1.2.2　农业气象研究的主要内容

(1)研究农业生物有机体

研究农业生物有机体，如作物、蔬菜、花卉、林果、牲畜、鱼类……对气象条件的要求与反应的规律、机制与定量指标。主要内容包括：

①研究各种农业生物有机体、不同品种及其各发育期对光、热、水、气等因子或综合的气象条件的要求与反应的规律与生理、生化机制；

②确定各种农业生物有机体最适宜与受害、致死的农业气象指标；

③研究在各种农业措施与天气类型之下，农业气象要素在田间的时空分布规律及数学模式；

④研究作物微气象的基本规律，如农田中能量收支与交换、物质(CO_2与水汽等)的

输送等规律和有关植物参数的特点与作用。

(2)合理利用地区农业气候资源的研究

主要内容包括:

①地区光、热、水资源的农业气候分析及农业气候区划;

②地区主要农业气象灾害规律的研究;

③某些作物、品种、种植制度、农业措施适宜区域及界限的确定;

④农业地形气候学的研究;

⑤农田小气候及其农业措施小气候效应的研究。

(3)农业气象预报及情报服务工作

主要内容包括:

①农作物适宜播种期、主要发育期、收获期和产量、质量预报;

②牧区牲畜放牧条件预报、林区森林火险预报、我国北方土壤墒情预报等;

③气候变化(全球气温变化、沙漠化、干旱等)对未来农业生产影响的预测;

④大气污染、酸雨对农作物产量、产品质量影响的研究及预测;

⑤定期和不定期农业气象情报服务工作的开展。

(4)农业气象观测、仪器及实验手段

主要内容包括:

①气象台站农业气象观测、仪器的研究,使其逐渐遥测化、自动化、综合记录化以代替目前气象台站的人工观测;

②研究适用于农田、林带内、畜舍内等的小气候观测,且具有一定准确度又便于携带的观测仪器;

③人工气候箱、人工气候室内模拟气象条件与作物的关系和规律的应用;

④地球资源卫星和航测资料的应用。

1.1.2.3 农业气象研究的方法

在进行农业气象研究中,除运用农学、气象学的理论与方法外,由于农业气象学是研究农业生物有机体与气象条件的关系,因此资料的准确性和科学性是研究取得正确结论的前提,所以必须重视资料的获取、处理和分析的方法。

(1)资料获取方法

①农业气象调查法:是根据农业生产的需要,采用实地调查、物候观测、小气候考察、小气候观测,以及参阅文献资料等方法来获得气象与农业生产的相关资料。它是制定农业气象科研方案和开展农业气象服务的基础。

②农业气象田间实验法(田间平行观测法):是在农田(林带、畜舍等)中同时、同地(或同类型环境)对气象要素和农业生物生长发育进行观测来获取相关资料的方法。由于农业生产的周期长,为了获得更多的样本资料,常用简易对比试验法、分期播种法、地

理播种法等。

实验地要有代表性，即生产条件（耕作制度、作物类型、品种、施肥水平）和自然条件（气候类型、土壤类型、地形、地势）要有代表性。

③农业气象条件模拟法：是根据生产和科学研究的要求，人为地再现农业气象条件和变化过程的农业气象试验方法。农业气象模拟包括理论模拟和人工模拟两种。这种方法为定性探索或定量研究农业气象因子对动、植物生长、发育的影响提供了高效率的研究手段。它的最大优点是能人为地调节、控制气象条件，进行单因子或多因子的定向组合试验，克服了田间试验中气象因子组合的随机性、不可控性的缺点，大大提高了试验准确度和缩短了试验周期，是农业气象的一项重要的研究手段。

农业气象条件模拟试验方法从其可控程度来看可分为简易模拟试验法和人工气候箱（室）法；从其可控因子来看又可分为单因子模拟方法及多因子模拟试验方法；从其科学范畴又可分为统计学模拟和理论（能量）模拟试验方法。

④实验室法：是在实验室中利用仪器和设备进行农业气象研究的方法。它常与农业气象田间实验法，农业气象条件模拟法结合使用。

⑤遥感法：是远距离利用资源卫星的传感器，接受地面农业生物体辐射的电磁波信息，经加工处理后获得相关资料的方法。

（2）资料的处理方法

①资料的审核、订正和延长。

②数学处理：滑动平均，标准化，中心化，极值归一化等。

（3）资料的分析方法

①对比分析法：由于不同地区、不同年份的农业气候条件不同，因此通过地区间、年际间农业生物的生育状况、产量和产品质量与气候资料的对比分析，可以确定某种农业生物的最适宜和不利的气候条件，以及一定气象、气候条件下的最优农业技术措施。

②统计分析法：是对农业气象实验、观测或调查的数据进行统计、分析和推断的资料分析方法。它以概率论和统计学的有关理论为基础，把研究对象看作随机变量，并根据不同的需要处理其实际数据，从中找出一定规律来。统计学方法可概括为统计分析和统计推断两部分。在农业气象领域内，统计学方法主要用来定量地研究和描述农业气象研究对象本身的变化及其相互间的关系。在农业气象研究中常用的有相关分析、概率分析、周期分析等。

相关分析：研究农业气象因子与农业生物生育和产量形成过程之间的相关程度，以确定对农业生物生育和产量形成起主导作用的气象因子，并得出用回归方程、判别方程等表示的客观、定量的关系式。

概率分析：农业生产要求外界条件有较大的可靠性和稳定性，而气象、气候条件是随时间而变化的，因此给农业生产带来极大的影响。气候要素的平均值，只能说明气候的平均状况,实际上每年的情况与平均状况是不同的,有的年份相差甚远。因此,农业气候研究中,概率和保证率分析的应用是十分广泛和必要的。

周期分析:气候变化往往呈周期、准周期变化,用周期分析可以确定某种农业气候条件出现的周期,以判断地区气候对某项农业的利弊程度。

③系统分析法:也称“系统科学”或“系统工程”,它是跨越自然科学和社会科学各个领域,研究关系复杂、变量众多、结构庞大的系统在各种约束条件下的合理化或最优化方案的科学。农业生产本身是一个庞大的系统,农业气象也可以看作一个复杂的系统,同时它也是生态系统中的子系统。它们都可以用系统分析的方法进行研究。许多农业气象模式的建立都需要从系统分析角度出发,都与“土壤-植物-大气系统”有关。在研究农作物的辐射平衡、热量平衡、水分平衡以及生态平衡问题时,可以借用“投入产出”综合平衡模型来计算分析。而作物品种和农业技术措施的选用、作物种植比例的合理安排以及农业气候资源的合理利用,则可以用系统分析法中的决策论和规划论来解决。系统分析作为一门新兴的边缘学科,将为农业气象研究开拓新的道路。

§1.2 太阳辐射与农作物

太阳能是地球上一切生命活动最主要的能量来源,是动、植物生长发育和产量形成的根本条件,而将太阳能尽可能的转化为生物化学潜能,是农业科学的一项根本任务。到达地球上的太阳能最主要的作用是产生光效应和热效应。没有光,不能形成叶绿素,也不能合成有机物。光是植物光合作用的能量来源,而光的热效应促进了植物的“蒸腾”,使植物不会因温度过高而灼死。光还影响植物营养体形态的建成和生长运动、叶子的方位、叶和花的形成。光在相当程度上影响植物的地理分布。

太阳能主要是从光照长度、光照强度及光质几方面来影响植物生长发育和产量形成的。农业气象学的任务之一,就是研究太阳辐射能与动、植物生长的关系。以便采取措施达到提高太阳能的利用率,获取农业生产的高产稳产。

1.2.1 光照长度对作物生长发育的影响

1.2.1.1 光周期现象

在不同地区和不同季节里,一天之中的昼夜长短,即光明与黑暗的长度是有规律地变化的,这种白天光照和夜间黑暗的交替与它们的持续时间对植物的开花有很大影响的现象,称为**光周期现象**。一般来说,温度、水分和光强的变化对植物的生殖生长只能表现为加速或延迟的作用,而光长的变化却对促成或阻止生殖生长的进行起着决定性的作用。所以说光周期现象影响植物个体的发育,同时也决定着植物进行光合作用制造有机物的时间与呼吸作用消耗有机物的时间,即决定着有机物的生长速度。根据植物对光周期的不同反应，可分为以下两个主要类型：

(1)短日性植物

此类植物只有在日照长度小于某一时数时才能开花；若日照长度大于某一时数，就延迟开花，甚至不开花。它对光照的要求首先是黑暗，其次才是昼夜交替。原产于热带、亚热带的水稻、玉米、大豆、高粱、甘薯、棉花等作物是短日性植物。

(2)长日性植物

这种植物只有在日照长度大于某一时数时才能开花。若将日照长度缩短到一定时数就延迟开花、甚至不开花。长日性植物在通过发育期时，要求较长的日照，在连续光照下开花最快。麦类、豌豆、油菜、甜菜、胡萝卜、菠菜、烟草等原产于高纬度的作物是长日性植物。

将植物分成短日性和长日性，需要有一个客观的时数标准。长日性植物要求日长不短于这个标准，而短日性植物要求日长不能长于这个标准。否则，它们都只保持营养生长状态而不开花结实。这个时数标准称为**临界日照长度**。也可以认为临界日照长度是能导致开花的日照长度。一般的界限可定为每日 12～14h 光照。

1.2.1.2　光照长度在农业上的应用

了解作物对光照长度的要求，可为植物引种、育种提供依据，对农业生产有一定指导作用。

(1)引种

在引进优良品种时，要研究该品种对气象条件的要求和原生长地区的气候特征(特别是日照长度)；还要分析引进品种地区的气候特性和引到该地区后对当地气候的适应性，气候对生育期、作物性状、产量的影响。否则就不易达到预期的目的，甚至失败。在农业引种工作中，从光照长度条件方面应考虑：

①短日性植物的北方品种向南方引种时，由于光照变短，温度增高，会导致生育期缩短，出现早穗、小穗、粒少。短日性植物的南方品种向北方引种时，由于光照变长、温度减低，会导致生育期延长，甚至不能抽穗开花。

②长日性作物的北方品种向南方引种时，由于光照变短，但温度增高，生育期是否延长要综合考虑，但一般延迟成熟。长日性作物的南方品种向北方引种时，光照变长，但温度降低，生育期是否延长，也要综合考虑，但一般提早成熟。

③纬度和海拔高度相近的地区相互引种时，由于光、温条件大致相同，一般生育期变化小，引种易获成功。

④在同一地区、平原和高原相互引种，因日照长度没有变化，生育期的变化只决定于温度的变化。

(2)育种

在杂交育种时，若父、母本花期不遇，可以采用人工光照处理，人为地延长或缩短光照长度，促使其花期相遇。

(3)其他

利用日长的影响来控制发育期出现的早迟，可防御农业气象灾害。如在北方冬小麦区，若种植对日长敏感的品种，可利用缩短日照长度使拔节延迟而躲过晚霜危害。还可利用日照长度来促进营养器官的生长而提高产量。如将短日性作物甘蔗，从南向北引种，延长其生长发育期而使产量提高。

1.2.2　光照强度对作物生长发育的影响

1.2.2.1　光照强度的农业气象指标

作物生长发育的物质基础是光合作用所制造和积累的有机物质。在光合作用中，叶绿素利用太阳光能，将 CO_2 和 H_2O 制造成糖和淀粉，而太阳光能的强弱直接影响到光合作用的强弱。

在一定的光照强度范围内，并在作物生长发育的适宜外界条件下，光合作用强度随着光照强度的增强而增强。当光强超过一定限度时，光强再增强而光合强度并不相应增强，而以一个最高值为渐近线，如图 1.1 所示。图中光合作用强度是指作物 $1dm^2$ 叶片在 1h 内同化 CO_2 的毫克数。

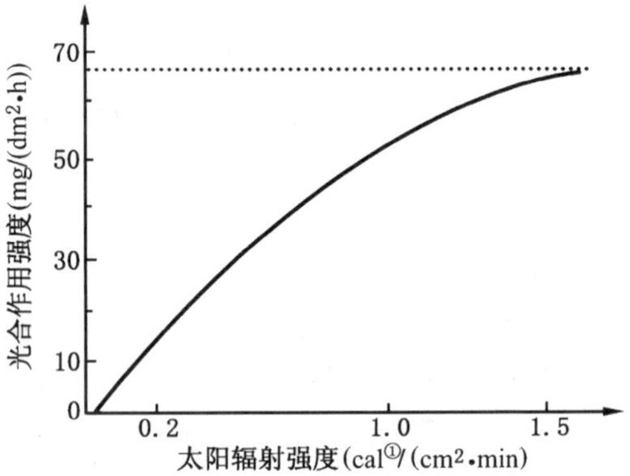

图 1.1　光合作用强度与光照强度关系示意图

这个一定限度的光照强度值称为**光的饱和点**，这一现象称为**光饱和现象**。不同的作物、品种、生育期、外界条件的光饱和点是各不相同的。如：

水稻的光饱和点　　$4\times10^4\sim5\times10^4$Lx；

小麦的光饱和点　　$2\times10^4\sim3\times10^4$Lx；

棉花的光饱和点　　$5\times10^4\sim8\times10^4$Lx。

光照强度如有减弱，当降到光合作用和呼吸作用的气体交换相等时，即光合强度与呼吸强度处于平衡时，此时的光强称为**光补偿点**。同样，不同的作物、品种、生育期、外界条件的光补偿点也是不同的。如水稻的光补偿点为 600～700Lx，小麦为 200～400Lx，棉花为 700Lx 左右。

---

①1cal＝4.1868J，下同。

光照强度对作物的发育速度有很大的影响。当光强在光补偿点到光饱和点之间时，作物的光合强度随光强的增加而增强，当光强增加到光饱和点时，光强的增强对光合强度的变化不起作用，甚至反而有害，光过强时，会引起叶绿素分解，最终使光合作用受阻而影响作物生长发育的速度；当光强降低到低于光补偿点时，光合积累小于呼吸消耗，作物新陈代谢降低，生长发育状况恶化也会阻碍发育速度，以致延迟开花结果。

光照强度不足还影响作物生态，使作物的茎叶器官生长不好，茎生长加速而易引起倒伏，使营养生长和生殖生长失去平衡，如光强不足引起棉株蕾铃大量脱落；使作物品质发生变化，如光强不足使稻米、麦粒的蛋白质含量减少。

1.2.2.2　作物群体内的光照强度与光合作用

根据比耳-兰伯特定律，当光线通过一个介质时，其光照强度是呈对数降低的，即

$$I_i = I_0 e^{-K_i F_i} \tag{1.1}$$

对于作物群体，可以看作是一个比较均匀的介质，在(1.1)式中 I_0 为自然光强度，即植物顶上的光强度；F_i 为所测高度以上的叶面积系数；K_i 为作物群体的消光系数；I_i 为作物群体中所测高度的光照强度。

作物光合作用强度的公式为

$$P = \frac{bI}{1 + aI} \tag{1.2}$$

式中 P 为单位叶面积的光合作用强度，I 为光照强度，a 与 b 为常数。当单位叶面积的呼吸强度为 r 时，结合(1.1)式，则可计算作物群体内任一高度上的叶面的净光合强度 P_i

$$P_i = \frac{bI_0 e^{-K_i F_i}}{1 + aI_0 e^{-K_i F_i}} - r \tag{1.3}$$

整个群体的总的净光合强度 P_t

$$P_t = \int_0^{F_i} \left(\frac{bI_0 e^{-K_i F_i}}{1 + aI_0 e^{-K_i F_i}} - r \right) dF_i = \frac{b}{aK_i} \ln \frac{1 + aI_0}{1 + aI_0 e^{-K_i F_i}} - rF_i \tag{1.4}$$

(1.4)式虽然条件性很强，有相当误差，但目前仍普遍采用。

1.2.3　不同光谱成份对植物的影响

太阳辐射能的各种光谱到达地面上的比例虽因纬度、季节、地势和气象条件的不同而不同，但基本上是稳定的。按照太阳辐射光的波长，一般分为紫外光、可见光、红外光等。不同波长光的辐射对动植物的效应是不一样的。

1.2.3.1　紫外光

这种光的波长在 170～400nm 之间。波长小于 290nm 的紫外光能引起植物的毁灭，故又称**灭生性辐射**。波长位于 290～400nm 的紫外光是植物所必需的光，它对植物化学成份的形成有一定作用，可抑制作物伸长而使植物变矮，它对土壤有一定的消毒作

用，可晒种，并有催芽的作用等。

1.2.3.2　可见光

光波长在440～760nm之间。本波段的光对植物的生活机能具有决定性的作用，主要表现在光效应上。它们是植物进行光合作用、合成有机物的主要光线。特别是在波长为600～700nm的红橙光下，植物的光合作用最强，有利于糖的形成，即产量的形成；波长为500～600nm的黄绿光，叶子吸收很少，而反射最强；波长为400～500nm的蓝紫光能延长植物开花的过程，促进蛋白质和脂肪的合成，对植物的化学成分有强烈的影响。绿色植物在光合作用过程中，只是同化波长为440～760nm波段光的能量。通常将绿色植物光合作用所吸收的太阳辐射称为**生理辐射**，又称为**光合有效辐射**。

1.2.3.3　红外光

光波长在760～4000nm之间。本波段的光对植物的作用主要表现在热效应上。它决定着植物有机体的温度和蒸腾作用，一般不能或很少被植物吸收。它对植物的生理过程没有实际作用，所以此波段光的辐射又称为**非生物辐射**。

1.2.4　光能利用率及其提高途径

1.2.4.1　光能利用率

农作物通过光合作用所合成的有机物质，占农作物总干重的90%～95%，而从土壤中吸收的营养物质、微量元素和水只占5%～10%。因此，作物对太阳光能的利用效率与作物产量的关系极为密切。在到达地面的太阳辐射中，生理辐射（波长为440～760nm的太阳辐射）约占44%。研究表明，在植物光合作用中，每同化一克分子CO_2。需要8～10个（爱因斯坦）辐射量子，在生理辐射区间内，每个量子平均能量等于50kcal，以同化一克分子CO_2按消耗10个量子计算，就必须吸收500kcal的太阳光能，而最后在光合产物中却只固定了112kcal能量。

$$CO_2+H_2O+500\text{kcal}\xrightarrow{\text{叶绿素}}CH_2O+O_2-112\text{kcal}$$

光合作用的最大效率仅为112/500=22.4%。据资料表明，在光合作用中消耗于呼吸与其他的能量占光合作用中形成物质的能量的20%～30%，若以30%计算，吸收的光能用于光合作用的有机物形成（积累）的理论有效效率为

$$22.4\%-(22.4\%\times30\%)=15.68\%$$

而在大田中株间漏光、农作物耗光能、衰老成熟期的光能损失为30%，大田反射为6%，所以生理辐射实际能被农田作物群体吸收利用的为

$$100\%-(6\%+30\%)=64\%$$

因此，最后形成产量的生理辐射能量利用效率只有

$$0.64 \times 0.1568 = 0.100352 \approx 10\%$$

这是在水、热、养料均得到保证时，可能达到的有效利用率的上限，是有希望接近的理论数值。

我们把单位面积作物收获物中所包含的能量与投射到该单位面积上的光合有效辐射能量的比值，叫做**光能利用率**。对于某时段的光能利用率可写为

$$E_p = \frac{H \cdot W}{Q_{pAR}} \times 100\% \tag{1.5}$$

式中 E_p 为光能利用率，W 为单位面积上平均干物质收获量(g/m^2)，H 为单位干物质所放出的热量(cal/g)，Q_{pAR} 为作物全生育期投射到单位面积上的生理辐射能量(cal/m^2)。

农业生产水平较高的国家，光能利用率只有 2%～3%，不少国家还不到 1%，我国现有耕地全年平均光能利用率仅 0.4%。南京地区亩[①] 产 500kg 水稻的光能利用率也才 2%。若光能利用率提高到 5%，则水稻亩产可以达到 1175kg。因此提高光能利用率是增加产量的主要措施。

1.2.4.2　提高光能利用率的途径

提高光能利用率的途径大体可分为改进作物因素和改进环境因素，其主要途径是：

①培育高光效的作物品种。要求作物具有高光合能力，低呼吸消耗，光合机能保持时间较长，叶面积适当，株型和叶型有利于田间群体最大限度地利用光能，减少透射、反射、漏射等方面的光能损失。

②采取合理的栽培技术措施，适当密植，提高绿叶面积系数(绿叶面积/栽培面积)。

③改善水、肥、热、气等外界条件，使之利于作物光合产物的积累、运输，以增加作物产量。

④充分利用生长季，延长光合作用时间。采取间套复种，轮作改制，合理安排茬口，缩短作物生长期(或大田内生长期)，以增加复种指数。

⑤通过育种和先进栽培技术措施提高经济系数(产量重/植株重)。

⑥提高叶绿体内的光合效率。如补施 CO_2 肥料，利用人造光源补充光照，人工调节光照时间控制作物开花、衰老等。

§1.3　热量条件与农作物

热量是植物生活的重要条件之一，各种植物的生长发育都只能在它们所需要的热量范围内，才能正常进行。热量直接影响作物的生长、产量、分布，它还影响作物的发育速度、生长期长短、各发育期出现的早晚，作物病虫害的发生、发展也受到它的影响。

---

① 1 亩 $= 666.\dot{6}m^2$，下同。

1.3.1　空气温度对作物的影响

1.3.1.1　三基点温度

在作物的生命过程中，有三个基点温度，即最低温度（下限温度、生物学零度）、最适温度和最高温度（上限温度）。在最适温度条件下，作物生长发育最快，在最低和最高温度条件下，作物停止生长发育，如果温度继续降低或升高，作物就会受到危害甚至死亡。

据研究，不同作物的三基点温度是不同的（表1.2），同一作物在不同发育期的三基点温度也是不同的，一般在花芽分化期对最低温度比较敏感，三基点温度是在一个温度范围内变动，最适温度较接近最高温度，而远离最低温度；最高温度多在30～40℃之间，在我国天气气候及种植制度下并不常见，而最低温度在我国天气气候及种植制度下较多出现，是主要的农业气象灾害之一。

表1.2　几种作物的三基点温度（℃）

作物种类	最低温度	最适温度	最高温度
小麦	3～4.5	20～22	30～32
玉米	8～10	30～32	40～44
水稻	10～12	30～32	36～38
棉花	13～14	28	35
油菜	4～5	20～25	30～32

1.3.1.2　空气温度对作物生长的影响

作物的生长，即有机物质的积累是在连续的、同时进行的两个相反过程——同化和异化中形成的。虽然温度对每个过程的影响都不相同，但也有其共同的特征。即随着温度的升高，作物的生命过程最初是加快的。当温度超过一定界限时，光合作用（同化）和呼吸作用（异化）就减弱下来。当温度更高时，作用就停止了。也就是说，光合作用和呼吸作用都有它们各自的最低、最适和最高温度，如表1.3所示。图1.2说明，在作物生活所需要的其他因子得到满足时农作物的增长和气温的关系，这种增长是决定于光合作用制造的有机物质与呼吸作用消耗的有机物质之差，即有机物质的积累。图中光合作用或呼吸作用强度是指1dm² 叶片在1h内同化或异化CO_2的毫克数。

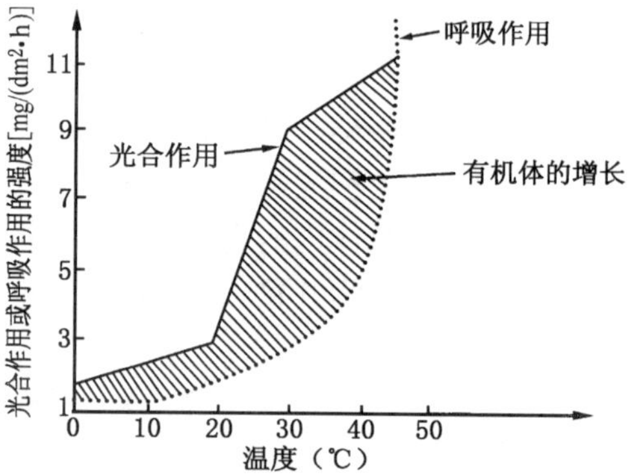

图1.2　作物有机质增长与气温的关系

表 1.3　光合作用与呼吸作用的三基点温度(℃)

作用过程＼三基点	下限温度	最适温度	上限温度
光合作用	0～5	20～30	40～50
呼吸作用	−10	36～40	50

1.3.1.3　空气温度对作物发育的影响

(1)积温及其种类

发育是作物内部的质变过程，作物要完成某一发育期或全生育期，都要求一定的外界条件。实践证明，在诸外界条件中，温度对大多数作物的发育起着主导作用。即在其他条件得到满足时，温度与发育速度呈正相关关系，如图 1.3 所示。发育速度即作物通过某一发育期所经历的日数，它不是一个常数，而是随着温度的变化而变化的。空气温度对作物发育的影响是以温度强度及其持续时间两个方面来综合影响的。温度强度只有在一定的持续时间里，才能显出它的强度影响。超过上限和下限的温度强度的持续时间的长短，就成为加重或减轻对作物的高温和低温的危害。然而持续时间离开了温度强度也就没有意义了。

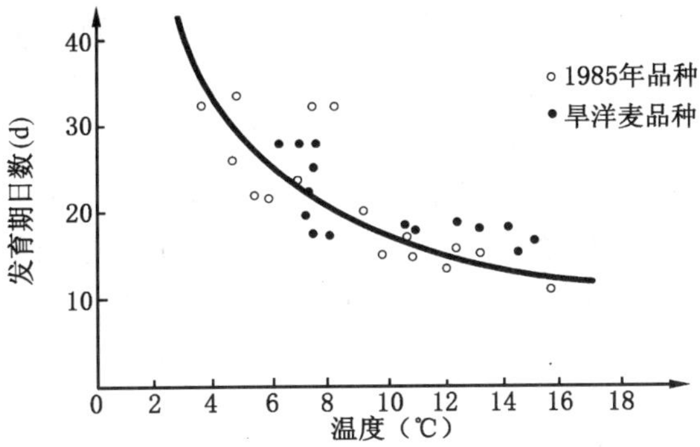

图 1.3　冬小麦出苗-分蘖发育期日数与气温的关系

很早以前，人们在研究温度与作物发育速度的关系时，就提出了作物的积温学说。它的要点是：在其他外界条件基本满足的前提下，温度对作物的发育起着主导作用；作物发育要求一定的下限温度(某些发育期还要求一定的上限温度)，作物完成某一发育期要求一定的热量条件——**积温**。

农业气象工作中常用到“**活动积温**”和“**有效积温**”。它们的概念是：我们假设作物发育的下限温度为 B(又称为生物学零度)，凡是大于或等于 B 的日平均气温称为**活动温度**。作物在某发育期内各日活动温度的总和即为“活动积温”。活动温度减去 B(生物学零度) 后的温度差为**有效温度**。作物发育期内各日有效温度的总和即为“**有效积温**”。有效积温才是对作物发育起着有效作用的热量。

活动积温的数学表达式为

$$A_a = \sum_{i=1}^{n} t_i \tag{1.6}$$

式中 $t_i \geqslant B$；若 $t_i < B$，则 t_i 以 0 计。

有效积温的数学表达式为

$$A_e = \sum_{i=1}^{n}(t_i - B) = \sum_{i=1}^{n} t_i - nB = A_a - nB \tag{1.7}$$

式中 $t_i \geqslant B$；若 $t_i < B$，则 $t_i - B$ 以 0 计。

上列式中 A_a 为活动积温，A_e 为有效积温，n 为作物某发育期的经历日期，B 为该发育期的下限温度，t_i 为该发育期内的日平均气温。研究表明，$A_e(A_a)$ 和 B 是随作物、品种和发育期的不同而不同的(表 1.4)。它们可以利用相关图法和最小二乘法求得。

(2)积温的应用

用活动积温计算作物发育期所需要的热量，不仅统计方便，而且由于它考虑了生物学零度，并排除了对作物不起作用的生物学零度以下的日平均气温等因素而比较准确。但它并没有排除生物学零度以下的这部分无效积温，因而影响了热量统计的准确度。有效积温则既考虑了生物学零度，又排除了生物学零度以下的无效积温，而使积温更为确切，更为稳定。用它来表征作物发育所需要的热量是比较符合实际的。但此法统计却较繁杂。因此，在进行农业气候分析时仍多采用活动积温来计算，而在具体计算作物发育速度所需要的热量或预报时，则多用有效积温来计算。据研究，在计算发育速度时，有效积温比活动积温稳定。而活动积温又比生育期天数稳定。

表 1.4　稻、麦、棉各主要发育期的 A_e 及 B

作　物	发育期	B(℃)	A_e(℃)
水　稻	播种—出苗	10～12	30～40
	出苗—拔节	10～12	600～700
	抽穗—黄熟	10～15	150～300
冬小麦	播种—出苗	3	70～100
	出苗—分蘖	3	130～200
	拔节—抽穗	7	150～200
	抽穗—黄熟	13	200～300
棉　花	播种—出苗	10～12	80～130
	出苗—现蕾	10～13	300～400
	开花—裂铃	15～18	400～600

在农业气象工作中，还常用日平均温度稳定通过 0℃，5℃，10℃，15℃，20℃等界限温度的初终日期和初终日期间的积温来表达某些作物发育期间或某些生产过程对热量条件的要求。0℃期间的积温可认为是进行农事活动或农耕时期所要求的热量；5℃初终日期间的时期是冬作物和早春作物的生长季节，其间积温是这些作物生长季节所需热量的指标；10℃初终日期间的时期是喜温作物，如水稻、棉花、花生的生长期，其间积温是这些作物生长所需要的热量指标；≥15℃期间的积温可作为喜温作物积极生长所要求的热量指标；≥20℃期间的积温可作为种植双季稻的热量指标。由于≥10℃的积温值与年辐射之间存在着正比关系，10℃初、终日期又和大多数农事活动有关，且≥10℃的

时期又和无霜期相近，因此用≥10℃的活动积温作热量指标就有其突出的物理意义和农业意义，并在农业气象上应用广泛。

积温学说是建立在其他外界条件得到满足时，热量对发育起主导作用的基础上的。但事实上外界条件往往不易获得完全的满足，因而导致 A_e，B 值的计算有误差；又因温度资料来源不同，计算方法不同，计算方法的生物学意义不明确，而且用日平均气温时，没有考虑到气温日较差对作物发育的影响，虽然考虑了生物学下限温度，但没有考虑上限温度，作物感温性和感光性的不同，品种对温度反应也不同……因此，同一品种的作物，利用各地和不同年份的资料所计算出的 A_e，B 值是有差别的。

积温学说虽然在理论上还不完善，但因其方法简便，也有一定的参考价值，所以在农业气象工作中应用广泛。在实际应用中，常使用一些补救和订正的办法来弥补其不足，如计算时剔除高于生物学上限温度的日平均气温；计算积温时分发育期逐段计算，考虑光周期对作物影响而用光温系数订正法；引进当量积温等等。总之，对积温的计算方法已有了一些研究和改进，但尚需进一步用实验和资料加以验证。

1.3.1.4　空气温度日变化对作物的影响

(1)温周期现象

在自然条件下，不论作物处在生长、开花还是结实期间，它都要求一定的昼夜温差，我们称为**温周期现象**。温周期现象是作物对日间和夜间气温及其变化的一定反应，它和光周期现象一样，是作物对环境条件昼夜变化上的长期适应而获得的特征。

(2)空气温度日变化对作物生长的作用

根据研究，作物的生长有日变化，在夜间和早晨生长速度往往最大。夜间温度是作物生长的主要温度，但必须日温与夜温相配合。在日平均温度相同的情况下，温度日较差越大，夜间温度越低(但必须高于下限温度)，越有利于糖分的积累，有利于作物的生长发育。当日平均气温偏低，较接近最低温度时，则夜间温度接近或低于下限温度，在这种情况下，白昼温度对作物的生长起着主要作用，当日平均气温较高，较接近最高温度时，则白天中午的温度常接近甚至高于上限温度，在这种情况下，早晨和夜间温度对作物的生长起着主要作用。

空气温度日变化还对作物的发芽率、开花结实、发育期通过、作物形态、抗病能力等有着一定影响。

(3)空气温度日变化对产品品质有较大影响

在大陆性气候强弱不同的地区，作物产品的质量有明显的变化。在大陆性气候较强的地区，温度日较差大，种植的水果和肉质根类作物含糖量明显增加。如新疆的葡萄、西瓜含糖量丰富是闻名于世的；陕北、灵武、兰州等地的苹果品质也较华北、东北地区的优良。温度日较差还影响植物蛋白质的含量，随着气候的大陆性增强，小麦蛋白质的含量

也随之增加，其经验式为

$$Y = 1.29\Delta T + 2.1 \tag{1.8}$$

式中 Y 为春小麦蛋白质的百分数，ΔT 为春小麦生长期间气温日较差的平均值。我们根据气温日较差的时空分析，利用(1.8)式可大致计算出各地春小麦蛋白质的含量。

1.3.2　土壤温度对作物的影响

1.3.2.1　土温对作物生长发育的影响

(1)影响种子的发芽和出苗

土温对种子的发芽和出苗的影响比气温更为直接，因此若用土温作为作物播种的农业气象(候)指标则较为确切。播种时土壤温度不适宜，常引起出苗不好或缺苗，幼苗生长不好。在种子发芽的最适温度范围内，种子发芽最快，出苗率最高，幼苗健壮，当土壤温度出现长期低温时，种子则由于热量不足只能膨胀而不能发芽；当土壤温度高于种子发芽的最适温度时，种子发芽速度就减慢了，若土壤温度继续升高，则发芽最后就完全停止了。

(2)影响作物地下及地上部分的生长

植物的地下部分——根、块根、块茎不断地与其周围土壤发生相互影响。土壤温度既直接影响到植物地下部分的生长，又间接地影响根系对水分、矿物质的吸收以及养分的运转、贮存、呼吸作用等，从而影响根系的营养条件。一般来说，根周围的土壤温度比其周围的空气温度略低时，作物生长发育较好，土壤温度过低时，作物吸收水分和土壤中营养物质的综合活动减弱，而阻碍了作物的生长发育。

(3)影响作物的分蘖强度

冬小麦、水稻等作物的分蘖强度，主要决定于土壤(水田)上层分蘖节深处的温度，而与气温关系极小。

(4)影响越冬作物的安全越冬

越冬的麦类、豆类、油菜等作物的越冬条件，主要是分蘖节平均深处，即距土表3～5cm处的温度。当分蘖节处的土温低于临界温度时，分蘖节就要受害或者死亡，从而引起植株死亡，土壤低温持续时间越长，作物受害越大。

土壤温度还影响土壤中微生物的活动、病虫害的发生及土壤的肥力。

1.3.2.2　土温的调节

由于土壤热状况对作物生长发育影响很大，因此可以利用灌溉、松土，镇压、垄作、施增温剂等来调节土壤的热状况，为作物的生长发育创造有利的土壤温度条件。

1.3.3　叶温

研究温度与作物的关系，一般用气温和土温资料，但在研究作物的辐射平衡、热量平衡、光合作用、呼吸作用、蒸腾作用及极端温度的危害时，用叶温则更为确切、客观。因为植物体中的热量得失和叶温的变化不仅取决于环境温度，而且还决定于植物体本身的辐射收支、热传导、蒸腾作用等同周围环境进行热量交换的结果。

实测资料表明，叶温与其周围环境的温度不很一致。白天，当太阳辐射强时，叶温一般高于气温 3～5℃甚至 10℃；阴天或遮荫时，叶温与气温接近；雨后因叶面水分蒸发，叶温低于气温，夜间叶温低于气温，特别是在晴朗的夜间。在阳光下直立叶与水平叶的叶温差别较大，有云或遮荫时，其差别较小。

有人提出：叶温与气温之差与作物种类有关，叶温与气温有平衡于 33℃的趋势，即气温低于 33℃时，叶温常高于气温，而气温高于 33℃时，叶温常低于气温。

§1.4　水分条件与农作物

从种子萌发到新的种子形成的全过程，都必须在一定的水分保证下才能正常进行。植物每合成 1g 干物质，要消耗 300～640g 水。水对作物生长发育及产量形成具有十分重要的意义，水分的不足或过多，对作物的生命活动均有害。

我国大部分地区降水充沛，但却不稳定，年际变化很大，而且一年内季节分配也不均匀，因此水分条件往往成为影响农业生产的主导因子。

1.4.1　作物需水的规律

1.4.1.1　水分对作物的一般影响

水分是制造有机物质的原料。水分的多少还影响光合作用强度，影响作物体内营养物质的吸收和转运；水分支撑和保持作物细胞组织的紧张度，使植株茎叶挺直；水分是作物体本身的最大组成部分；水分供给植物的蒸腾作用，用以调节植株体温和整个生理过程；水还影响开花、授粉、受精及病虫害的发生发展。

不同作物对水分的需要有显著差别，生育期长、叶面积大、根系发达的作物需水多，反之则需水少。就一种作物的全生育期来说，对水分的要求一般是少－多－少。即从播种到生育盛期以前，主要是营养生长，需水约占全生育期的 30%；生长盛期时，营养生长与生殖生长并进，需水约占全生育期的 50%～60%，开花以后，植株体积不再增大，需水较少，只占全生育期的 10%～20%左右(表 1.5)。

1.4.1.2　作物的水分临界期及关键期

作物在生长发育的不同时期对水分的敏感程度是不同的。对水分最敏感的时期，即水分的不足或过多对产量影响最大的时期，叫做作物的**水分临界期**。如果在某地的气候条件下，不能够满足作物水分临界期对水分的要求，这一时期是当地水分条件影响产量的**关键期**，关键期是考虑了作物的本性与当地农业气候条件而形成的概念。如果在当地气候条件下，能够满足作物水分临界期对水分的要求，则这一时期就不是影响产量的关键期。

各种作物的水分临界期不同。水稻一生对水分要求高，对水分最敏感的时期是在减数分裂期(抽穗前 10～15d)和抽穗开花期，这两个时期是水稻的水分临界期；麦类作物的水分临界期在孕穗－抽穗开花期；棉花的水分临界期在花铃期。各种作物的水分临界期虽不同，但基本上都处于从营养生长进入生殖生长的时期，这一时期愈长，水分临界期也愈长。在这时期内，保证作物最小需水量的降水下限与保证作物最大需水量的降水上限之间的降水量，称为**降水临界值**，又称**降水当量**。根据降水临界值和实际降水之差值，可以有计划地调节作物水分状况。

水分临界期实际上是一个相对的概念。它只是说明，作物在这个时期比其他时期更为需要水，对水分的反应更为敏感，而不是说在其他时期就可以缺水或多水。还要注意，水分临界期不一定是作物需水量最多的时期，而仅是水分对产量影响最大的时期。

表 1.5　北京地区冬小麦不同生育期的需水量

生育阶段	占总需水量(%)	平均日需水量(m^3/亩)	日数
播种－出苗	2.0	0.99	7
出苗－分蘖	4.5	1.29	12
分蘖－越冬	9.4	0.53	61
越冬期	5.4	0.22	87
返青－拔节	12.1	1.23	34
拔节－抽穗	30.3	3.74	28
抽穗－开花	3.8	4.42	3
开花－成熟	32.5	3.51	32
全生育期	100.0	345.39	264

1.4.1.3　作物蒸腾与蒸散

(1)作物的蒸腾

通过植物体表蒸发水分的过程称为**蒸腾**。因为植物是通过气孔主动来调节蒸腾的，因此它不单是物理过程。我们也可以认为，植物体中水分逸出这种物理加生理的过程称为蒸腾。植物在生命过程中所吸收的大量水分，除小部分用于制造有机物质外，99%的水分由蒸腾而消耗。农业上往往用蒸腾量来表征作物对水分条件的需要。在作物生育期间，作物合成一克有机物质(干重)所蒸腾的水分克数，称为**蒸腾系数**。蒸腾系数大，表示作物需水量大，水分利用率低；蒸腾系数小，表示作物需水量小，水分利用率高。蒸腾系数的倒数称为**蒸腾效率**，即消耗 1kg 水所形成的干物质重(g)。一般作物的蒸腾效率为 1～8g/kg。

蒸腾作用利用叶子内水的汽化，消耗了叶子的热量而降低植株体温，使植物不被灼伤而利于光合作用的进行。由于蒸腾作用，使由根到茎、叶之间形成了水分输送，伴随水分的流动，溶于水中的各种营养物质也输向植株的各部分。

蒸腾作用的速度，决定于植株所处的小气候条件（温、湿、风速），植株形态结构和生理类型。

不同作物的蒸腾系数是不同的，同一作物的不同发育期的蒸腾系数也是一个有变化幅度的常数（表 1.6）。

表 1.6　主要作物的蒸腾系数(kg/g)

作　　物	水稻	小麦	棉花	玉米	谷子	大豆	马铃薯
蒸腾系数	500～800	450～600	300～600	250～300	200～250	300～400	300～600

（2）蒸散

农田土壤蒸发和作物蒸腾的总耗水量叫**蒸散**，也称为**腾发量**、**总蒸发量**。它不仅受影响作物蒸腾的因素影响，还受到影响土壤蒸发的因素，即土壤温度、大气与土面之间的水汽压梯度的影响。蒸散与蒸腾、土壤蒸发之间有下列的近似关系：

作物总需水量 ＝生理需水 ＋ 生态需水
＝（蒸腾量 ＋ 同化有机物所需水量）
＋（土壤蒸发量 ＋ 田间渗透量 ＋ 植株表面蒸发量）
≃蒸腾量 ＋ 土壤蒸发量
≃蒸散

从上式可以得出，作物幼小时蒸散以土壤蒸发为主，作物长大覆盖土面较密时蒸散以蒸腾为主。当作物全覆盖地面，且土壤充分潮湿条件下的蒸散称为**蒸散势**或**可能蒸散（量）**、**潜在蒸散（量）**、**最大可能蒸散（量）**。

（3）蒸散（或蒸发）的计算

蒸散的测定有器测法、经验公式法、水分平衡法、湍流交换法、热量平衡法、综合法等。由于直接观测较复杂且不准确，故多采用计算法，我国常用的方法有下列几种：

①桑斯韦特（C. W. Thornthwaite）平均温度法。桑氏把蒸散与平均气温联系在一起，提出一个经验公式

$$E_t = ct^a \tag{1.9}$$

式中 E_t 为月可能蒸散量（cm/mon），t 为月平均气温，a，c 为常数。

我国常用的公式为

$$E_t = 1.62\left(\frac{10t}{I}\right)^a \tag{1.10}$$

式中 I 为热指数，它由下式决定

$$I = \sum_{i=1}^{12} i \tag{1.11}$$

式中 i 为各月的热指数，它与各月平均气温 $\bar{t}$ 有关

$$i = \left(\frac{\bar{t}}{5}\right)^{1.514} \tag{1.12}$$

经验系数 a 与年热指数有下述关系：

$$a = 6.75 \times 10^{-7} I^3 - 7.71 \times 10^{-5} I^2 + 1.79 \times 10^{-2} I + 0.49 \tag{1.13}$$

为了考虑日长对潜在蒸散的影响，桑氏建议用下式计算潜在蒸散

$$E_p = E_t\left(\frac{D}{30} \cdot \frac{N}{12}\right) \tag{1.14}$$

式中 D 为所计算时段的日数，N 为该时段的平均日长，以小时计。

此法简便，资料易得，常用于计算长时期（年、季、月）的蒸散，但计算短时期（1～10d）的蒸散误差太大，且物理、气象学依据不确切。此法在欧美一些国家广泛应用于水分资源分析、农业气候区划和灌溉计划，在亚洲也有人用来进行水分资源分析。

②彭曼法。英国气象学家彭曼（H. L. Penman）依据热量平衡方程，提出了半经验半理论求蒸发力 E_0（mm/d）的公式

$$E_0 = \frac{\Delta R_L + \gamma E_a}{\Delta + \gamma} \tag{1.15}$$

式中 Δ 为饱和水汽压-温度曲线的斜率，$R_L = \frac{R}{L}$，为净辐射的蒸发当量（mm/d），R 为净辐射，L 为汽化潜热，$\gamma = \frac{c_p P}{0.622}$，为干湿表常数（或测湿常数），$c_p$ 为比定压热容，P 为大气压，$E_a = 0.26(e_a - e_d)(1 + 0.5V)$，为干燥力（mm/d），$e_a$ 为空气的饱和水汽压，e_d 为空气实际水汽压，V 为风速。

据研究，在湿润地区、湿润月份，E_0 乘上一定系数便可换算成草地、裸地或农田的实际蒸发量。联合国粮农组织在（1.15）式的基础上还提出了供各国使用的求 E_t 的修改公式。此方法的理论概念较严谨，使用中的计算误差较小，但很多参数仍依靠经验公式求得。利用 E_0 求不同下垫面的蒸发量 E 的系数因地区不同而不同，表 1.7 为彭曼在英国求得的系数。

表 1.7　用 E_0 求 E 的系数

季　节	草地蒸散系数	裸地蒸发系数
11～12 月	0.60	0.90
3～4 月，9～10 月	0.70	0.90
5～8 月	0.80	0.90
全　年	0.70	0.90

③布德科法。布德科(М. И. Будыко)提出当土壤湿度U超过某一临界值U_0时，土壤蒸发E等于蒸发力E_0，当U小于U_0时，E与U，E_0成正比，即

$$\begin{cases} E = E_0 & (\text{当}\ U \geqslant U_0\ \text{时}) \\ E = E_0 \dfrac{U}{U_0} & (\text{当}\ U < U_0\ \text{时}) \end{cases} \tag{1.16}$$

式中U及U_0是可以测量出的，E_0就通过水汽的湍流扩散公式求出，即

$$E_0 = 16.7(e_s - e_d) \qquad (\text{mm/mon}) \tag{1.17}$$

式中e_s为蒸发面的饱和水汽压。

在蒸发面充分潮湿的条件下，热量平衡方程可写为

$$R = LE_0 + Q + B \tag{1.18}$$

式中R为净辐射，Q为蒸发面与空气的湍流热交换，B为蒸发面与土壤的热交换。以上单位均为kcal/(cm^2·mon)。

经推导、整理，并取近似值，(1.18)式可化为

$$R_a - B = e_s - e_d + (e_a - e_d) + 0.8(T_s - T_a) \tag{1.19}$$

式中R_a为按气温T_a(K)计算有效辐射所求出的蒸发面的净辐射(kcal/(cm^2·d))，B可用经验公式或用土柱中含热量的变化来计算，T_s为蒸发面温度(K)。当R_a，B，T_a，e_d，$(e_a - e_d)$已知时，e_s及T_s则可由马格努斯公式联系起来，由(1.19)式求出e_s，再将e_s代入(1.17)式求出E_0。

此外，还有从流域的水量平衡而导出的布德科水热平衡联系方程，从蒸发的物理分析而导出的崔启武、傅抱璞等求蒸发的公式，以及涡动相关法、空气动力学等很多求蒸发、蒸腾、蒸散的方法。但有的结果不太理想，有的计算量过大，不宜实用，所以这方面的研究还有待于深入和提高。

1.4.2　大气降水对作物的影响

大气降水不是全部进入土壤之中，降水到达地面之前，首先被植物截留一部分，落到地面后，又有一部分形成**地面径流**，而渗入土壤中的水分还可能有一部分在重力作用下汇入地下水，称为**渗漏**，因此含蓄在土壤中的水分仅仅是降水量的一部分。

1.4.2.1　降水性质和强度对作物的影响

热雷雨和夜雨最有利于作物生长发育。因为这些雨能保证作物的水分供应，又使作物有充足的光合作用时间，有利于有机物合成。热雷雨还伴随着闪电，能分解空气中的氮而给作物带来氮肥。连阴雨虽然供给作物较多的水分，但因下雨延续时间长，而影响光合作用的进行，不利于有机物的合成和积累。

从降水强度来看，中雨比较有利，有效性大，暴雨常造成水涝灾害使土壤泥沙大量

流失，破坏土壤结构和肥力，淹没农田后还使土壤中氧气减少，而致使根系死亡，小雨对作物有效性差。

1.4.2.2 降水季节分配对作物影响

一年中，降水分配均匀时，能保证作物正常生长。当年内降水分配不均时，则可能产生干旱和水涝。我国降水季节分配，总的来说对作物生长发育是有利的，但有时又因降水过多或过少而造成我国农业上的主要灾害——旱和涝，并往往造成作物产量的不稳定。

①春季：春季是春播作物播种，幼苗生长和冬作物返青旺盛生长的时期，这一时期作物对水分的需求量急剧增多。我国广大地区，尤其是北方春雨少、强度小、年际降水变率大，加之气温回升快、风速大，给农业生产带来不利影响。但春雨过多，对农业生产也不利。如长江中、下游流域，在冬小麦抽穗－灌浆（4 月中旬至 5 月中旬）时，若雨日多、湿度大、气温适宜，也会导致小麦赤霉病大量发生和流行。

②夏季：夏季是作物生长旺盛的时期，也是作物大量需水的时期。我国南北地区先后都进入了雨季，一般能满足作物生长发育的需要。但在江苏、安徽、江西、湖南、重庆、川东一带，伏旱对中稻、晚稻产量威胁很大，需注意防御。在其他地区还要注意防洪排涝。

③秋季：秋季因为春播和夏播作物都进入了生长后期，对水分需求量逐渐减少，降水量一般都可以满足作物的需要。由于北方春雨少，秋季降水对冬小麦春季的返青、生长和春播作物的播种，提供了良好的土壤水分供应基础，因此必须及时贮存秋季降水。南方秋雨过多时，会影响秋种秋收，秋雨过少时，则影响晚稻灌浆。

④冬季：冬季北方冬作物进入了越冬期，南方作物虽还在生长，但对降水的供需矛盾均不突出。北方冬季的降水主要是降雪，降雪在农业上的意义很大，既可增加土壤水分，为越冬作物和春播作物利用，又有保温效应，使越冬作物分蘖节不受低温危害；还可减少来年病虫害的发生。

1.4.3 土壤水分对作物的影响

作物生长发育所需的水分，主要靠根系从土壤中吸收，因此探讨水分与作物的关系时，应着重讨论土壤水分与作物的相互关系。

1.4.3.1 土壤水分平衡

土壤中水分含量在自然条件下是不断变化的，这些变化基本上决定于土壤水分的收入及支出的特点和数量，即决定于土壤水分平衡各要素的相互作用。在一般情况下，某一定时间间隔内的土壤水分平衡，可用下式表示：

$$S + (Y + M + N) - (D + L + E + E_t) = Z \tag{1.20}$$

式中 S 为某时期开始时的土壤水分含量；$Y + M + N$ 为该时期内土壤水分的收入，Y 为降水量，M 为毛管上升水，N 为水汽凝结量；$D + L + E + E_t$ 为该时期内土壤水分的支出，D 为地面径流量，L 为渗漏量，E 为土壤蒸发量，E_t 为蒸腾量，Z 为该时期结束时的土壤水分含量。

在土壤水分收入中，虽然降水量不是全部都成为土壤水分的补充量，但是，是主要收入项。在土壤水分支出中，土壤蒸发量和植物蒸腾量（即蒸散）是主要的。据此，土壤水分平衡公式可化简为

$$S + Y - (E + E_t) = Z \tag{1.21}$$

主要只考虑降水和蒸散这两个主要收支项。用它来作指标，衡量作物的水分供应，比用降水量更为确切。

1.4.3.2　土壤水分类型和有效性

土壤水分按物理形态可分为固态、气态、液态，其中液态水是主要形态。按土壤中某种吸力对水分的吸持和对水分性质的影响，一般可分为：紧束缚水、松束缚水、毛管水和重力水。土壤中的水分不是都能被作物吸收利用，而仅仅只是一部分，这部分称为**土壤有效水**。土壤水分有效性的大小，决定于土壤水分的性质和大小，作物的吸水能力。它的上限是田间持水量，下限是凋萎湿度。土壤中贮存的有效水分的最大量为田间持水量与凋萎湿度之差。

田间持水量又叫**土壤最小持水量**，是指土壤中毛管水达到最大量时的土壤含水量，它包括全部束缚水和毛管水，它是在不受地下水影响的自然条件下，土壤中所能较稳定保持的水分的最大数量。田间持水量是土壤对作物有效水分的上限，常用来作为灌溉的上限和计算灌水定额。其计算公式为

灌溉的上限＝田间持水量－灌前土壤含水量

凋萎湿度又叫**永久凋萎湿度**、**凋萎系数**、**凋萎含水量**，是指作物因吸收不到足够的水分来满足蒸腾的需要，植株组织中的含水量减少而失去膨压呈萎蔫状态，以致夜间也不能恢复膨压时的土壤湿度。它包括全部紧束缚水和部分松束缚水。通常把凋萎湿度作为作物可利用水量的下限。

1.4.3.3　土壤水分的计算

（1）土壤湿度的计算

土壤湿度计算的方法很多，现介绍常用的三种：

①以占土壤重量的百分数来表示，即指单位重量无水土壤（干土）中，土壤水分重量所占的百分数 (B)，表示为

$$B = \left(\frac{\text{土壤水重}}{\text{干土重}}\right) \times 100\% \tag{1.22}$$

②以土壤相对含水量来表示，即以土壤水重量百分数占田间持水量（有效水分上限）的百分数来表示土壤湿度。

③以土壤水分厚度来表示，即将一定深度土壤中，所含的实际土壤水分，换算成水层深度来表示，一般以 mm 为单位。这样与气象资料中的降水、蒸发的单位一致，便于计算和比较

$$W = h \cdot \rho \cdot B\% \times 10 = 0.1h \cdot \rho \cdot B \tag{1.23}$$

式中 W 为水层深度(mm)，h 为计算土层深度(cm)，ρ 为计算土层的平均容重(g/cm^3)，B 为计算土层的平均土壤湿度(%)，10 作为将 cm(厘米)化为 mm(毫米)的进率。

(2)有效水分计算

$$W' = 0.1h \cdot \rho \cdot (B - k) \tag{1.24}$$

式中 W' 为计算土层的有效水分(mm)，k 为计算土层的平均凋萎湿度(%)。

(3)灌溉水量的计算

$$Q = 2(A - B)h \cdot \rho \cdot S \times 666.7 \tag{1.25}$$

式中 Q 为灌溉面积 S 的灌溉量(m^3)，S 为灌溉面积(亩)，2 为保证用水的安全系数，一般用 2，A 为计算土层平均田间持水量(%)，h 为土层深度(要求水浸润土的深度，m)，666.7 是将亩化为平方米的系数。

§1.5　二氧化碳与农作物

1.5.1　CO_2 在产量形成中的作用

自然界中的 CO_2 是植物进行光合作用制造有机物质不可缺少的原料。光合作用过程必须有 CO_2 参与，在叶绿素和光能的作用下，CO_2 被还原成碳水化合物，在农作物干重中，有 90%～95%是光合作用产物——碳水化合物。可见，供给农作物以足够的碳素营养而使产量提高的潜力是很大的。但是，大气中的 CO_2 平均浓度仅约为 320ppm①，这一浓度远远不能满足作物光合作用的需要。

据研究，作物生长所要求的最适宜 CO_2 浓度为 1000～1500ppm，几乎是大气中平均浓度的 3～5 倍。在大面积农田上，若采用空气中 CO_2 施肥法以增加 CO_2 浓度，达到增产的目的是肯定的，但在现有科学技术水平下，要维持农田上较高的 CO_2 浓度尚有一定困难。

目前，除了在温室中采用 CO_2 施肥法外，对大田作物的 CO_2 施肥问题亦进行了研究。

增加 CO_2 浓度，还可使作物的根冠伸长，提高作物的生长速度和产品的品质。表 1.8所示为植物光合作用强度和 CO_2 浓度的关系。

---

① ppm=10^{-6}，下同。

表 1.8　植物光合作用强度和 CO_2 浓度的关系

植　　物	正常 CO_2 水平下光合作用强度 (CO_2,mg/(dm^2 · h))	增加 CO_2 浓度后光合作用强度增加 (%)
玉米、高粱、甘蔗	60～75	100
水稻	40～75	135
棉花	40～50	100
小麦、燕麦、大麦	30～35	66
葡萄、柑桔、木本种	10～20	40

1.5.2　农田上 CO_2 的变化规律

1.5.2.1　农田上 CO_2 的日变化

在农田植被层中 CO_2 气流的平衡方程为

$$q_a = R_x + q_n - P_c = R_x + (R_k + R_m) - P_c \qquad (1.26)$$

式中 q_a 为植被上部的 CO_2 通量,R_x 为作物地上部分呼吸排出的 CO_2 通量,q_n 为土壤中放出的 CO_2 通量, R_k 为作物地下部分呼吸排出的 CO_2 通量,R_m 为土壤微生物排出的 CO_2 通量,P_c 为光合作用消耗的 CO_2 总量。

在农田中,由于夜间土壤和植物继白天不断地释放出 CO_2(即 $R_x + q_n$),而又没有光合作用($P_c = 0$);使农田上 CO_2 浓度最大,可达 350～360ppm,为白天最小值的 1.5～2.5 倍,白天,由于作物经过漫长的黑夜而处于“饥饿”状态,光合作用的增强使 CO_2 浓度降低,在午前 09～10 时光合作用迅速增强达到最大值,而 CO_2 浓度出现低谷,中午前后因外界条件不利于光合作用,所以 CO_2 浓度变化较平稳,午后随着太阳辐射强度的减弱,气温降低,叶片气孔又逐渐张开,光合作用强度在 15～16 时出现次高峰,CO_2 浓度也再次降低,但午后空气湍流较强,CO_2 可得到上层空气的补充而下降幅度不很大。

农田上 CO_2 浓度的日变化除了与光合作用强度、空气湍流交换系数有关外,还与作物群体大小有关。作物群体的大小,一般可用叶面积系数表征。叶面积系数大的群体,白天同化、固定 CO_2 多,夜间呼吸放出的 CO_2 也多,所以 CO_2 浓度的日变化显著。在一年中,夏季作物生长旺盛,冬季作物生长缓慢甚至处于休眠状态,因此 CO_2 浓度的日变化是夏季日变化大,冬季日变化小。

另外,农田上 CO_2 浓度的日变化还与太阳辐射、云量、风速、温度、地形等很多因素有关,各因素之间又是相互影响、相互制约的,因此 CO_2 浓度的日变化也是很复杂的。

1.5.2.2　农田上 CO_2 的垂直变化

近地面气层中,CO_2 浓度随高度的分布主要决定于 CO_2 被固定和释放的情况,其中影响最大的因素是绿色植物光合作用固定 CO_2 和植物、土壤微生物呼吸以及燃烧释

放 CO_2。

当农田上覆盖有植物，且光合作用旺盛时(夏季或白天)，因植被层 CO_2 大量被固定，因此 CO_2 浓度垂直分布特点是近地面低而上层高，即 CO_2 浓度随高度的升高而增大，这种分布型称为**光合型**。在光合作用微弱，甚至停止时(冬季或夜间)，近地面上没有 CO_2 的固定，只有动植物呼吸、土壤微生物呼吸、矿物质燃烧等释放 CO_2 的过程，这时越近地面，CO_2 浓度越高，即 CO_2 浓度随高度的升高而逐渐减小，这种分布型称为**呼吸型**。

一年中，CO_2 浓度的垂直变化是随季节的不同而不同的。入秋后作物成熟、树木落叶，光合作用减弱，CO_2 固定逐渐停止，直到第二年 4 月份以前，农田上 CO_2 浓度的垂直分布均为呼吸型；年内的其余时间为光合型。在一天中，白天离地面越高的高度，CO_2 浓度越大，呈光合型；夜间离地面越高的高度，CO_2 浓度越小，呈呼吸型；清晨由呼吸型非常急剧地甚至突然地向光合型转变；傍晚则由光合型逐渐、缓慢地向呼吸型转变。

1.5.3 外界因子对 CO_2 交换的影响

CO_2 的交换，最主要决定于农田中 CO_2 的浓度。此外还与太阳辐射强度有关，当太阳辐射在光补偿点与光饱和点之间时，光合作用随光强增强而增强，CO_2 交换也加速，对植物群体来说，因叶片的相互遮荫及光的反射，一般是没有光饱和点的，光合作用是随光照强度的增强而继续增强，CO_2 的交换也就不断增加，又由于光合作用增强，叶周围空气中的 CO_2 浓度 (c) 迅速降低，而使叶附近的 CO_2 浓度梯度 $\left(\frac{dc}{dz}\right)$ 迅速增大，则农田中 CO_2 的垂直通量也相应增加。CO_2 的扩散加速。

温度影响 CO_2 的交换，主要表现在温度对光合作用和呼吸作用的影响上。只要温度超过了上限或下限时，CO_2 气体交换就完全停止，当有利的温度条件再现时，CO_2 的交换也立即恢复，但不能马上正常。所以说 CO_2 气体交换与温度的关系也是由三基点所决定的。

水分条件影响 CO_2 交换，一方面是通过对光合作用来间接影响，另一方面是因水分在植物体中维持原生质的高膨压，当水分变化时，就由于膨压的变化而影响到气孔的大小来影响 CO_2 的交换。

风对 CO_2 交换影响很大，空气流动可以不断地从作物群体外向作物层内输送 CO_2，以补充作物层内因光合作用而消耗的 CO_2。风还可以加强作物群体内的乱流，将土壤和下层叶片呼吸放出的 CO_2 带到光合作用较强的作物群体上层。

以上外界因子对 CO_2 交换的影响不是孤立的，而是相互影响，相互制约的。如随着光照强度增加，光合作用增强有利于 CO_2 的交换，但辐射增加到太强时，必然引起叶片温度过高和失水多，这又不利于 CO_2 的交换，这时的辐射就成了 CO_2 交换的限制因子。在自然条件下，CO_2 交换的外界环境条件是很难达到最适宜的。

§1.6　农业气象灾害

作物生长发育要求一定的气象条件，当其生长发育所要求的气象条件不能满足时，就会影响作物的正常生长和成熟。由不利的气象条件所造成的作物减产歉收，我们称为**农业气象灾害**。如低温冷害、霜冻、干热风以及因气象条件引起的病虫害等所造成的对作物的危害，都属于农业气象灾害。

1.6.1　冷害

1.6.1.1　冷害的概念和类型

冷害是指在作物生长季节内，由于温度下降到低于作物当时所处的生长发育阶段的下限温度时(不一定低于零度)，使作物生理活动受到障碍，严重时可使作物某些组织受到危害而最终导致严重减产。冷害对不同作物、品种、发育期的危害是不同的。一般作物在苗期和生育后期对冷害抗御能力较强，而在生殖器官开始分化到抽穗、开花、受精及灌浆初期对冷害最为敏感。

根据冷害对作物危害时期的不同，可分为三种类型。

①延迟型冷害。是指作物营养生长期，在较长时间内遭受比较低的冷害危害，使作物发育期延迟，以致在初霜到来之前不能正常成熟，而导致产量降低。

②障阻型冷害。是指作物的生殖生长期内(主要是从颖花分化到抽穗开花期)遭受短时间(一般仅几天)异常的低温，使生殖器官的生理机制受到破坏，造成颖花不孕，空壳很多而减产。

③混合型冷害，又称兼发型冷害。是在作物生育初期遇低温延迟生育和抽穗，到孕穗期又遇低温危害，使部分颖花不育发生空壳秕粒，给作物产量带来严重影响。

1.6.1.2　冷害对作物的危害

当作物遭遇冷害时，一般认为作物体内细胞中具有生命的细胞质流动减慢，并逐渐停止流动，作物养分的吸收和输送也就因细胞质的停止流动而受到障碍。如果低温冷害持续时间短，温度回升后，细胞内细胞质仍能恢复正常流动，作物也继续正常的生长发育；若低温冷害持续时间较长，作物就会因细胞质的停止流动而停止生长，而遭受冷害。冷害的轻重取决于低温的强度、持续日数的长短及气温回暖的快慢。

对水稻危害的延迟型冷害，在东北地区发生的几率较大。主要发生在颖花分化前的营养生长期，此时期最低气温低于 16～18℃，水稻分蘖延迟、代谢机能紊乱、抽穗延迟而影响产量。

对水稻危害的障碍型冷害，是我国南、北方水稻受害的主要类型。该类型冷害多出现在副热带高压减弱南撤，北方冷空气活动加强时，在地面图上为一冷高压随着高空冷槽东移，冷高压前沿的冷锋使它经过的地区产生阴雨天气，冷锋过后引起温度的急降和偏北风，所以冷害又称为“寒露风”、“秋季低温”。

水稻生殖生长阶段对低温有三个敏感时期：幼穗分化期(抽穗前 25～30d)；花粉母细胞减数分裂期(抽穗前 10～15d)，抽穗开花期。

我国水稻在抽穗开花期受冷害危害的几率较大，低温抑制了花粉粒的正常生长和代谢活动，受害的花粉粒有的虽然也可完成发芽受精过程，但受精后的谷粒不能进一步发育，而形成空壳。

1.6.1.3 冷害危害指标

出于水稻不同品种类型对冷害的抵抗能力不同，因而危害指标也有差异。

①粳稻：在抽穗开花期连续三天以上日平均气温＜20℃，则受害；日平均气温＜20℃的日数愈长，危害愈重；若伴有阴雨、大风、低湿，则将加重危害。在花粉母细胞减数分裂期日平均气温＜20℃一天或一天以上，24 时降温强度≥6℃则受害。

②籼稻：受害指标一般比粳稻高 2℃。

1.6.1.4 防御措施

在长江流域普遍采用灌水法(日排夜灌)可提高土温 1.5～2.0℃，但以水增温必须考虑水源温度。另外喷水和根外追肥、喷施营养剂(氮、磷、钾、微量元素等)、用水面增温剂、赤磷造雾增温等措施均有一定增温效果。

1.6.2 霜冻

1.6.2.1 霜冻的概念

霜冻是指在温暖时期内，土壤表面、植物表面以及近地面空气的温度，迅速降到足以引起农作物遭受损伤或者死亡的短时间低温冻害(通常在 0℃或 0℃以下)。霜冻与冷害、越冬期冻害等农业气象灾害以及大气中的水分凝华现象“霜”的概念是不同的。

1.6.2.2 霜冻的类型

①按霜冻发生的季节，通常可分为秋霜冻和春霜冻两种。秋霜冻又称为早霜冻，在秋季的第一次霜冻称为初霜冻；春霜冻又称为晚霜冻，在春季的最后一次霜冻称为终霜冻。从春季终霜冻日期到秋季初霜冻日期之间的天数(不包括初、终霜冻日在内)，称为无霜冻期。

②按霜冻发生的原因，可分为平流霜冻、辐射霜冻、平流辐射霜冻以及蒸发霜冻等。

③为了气候统计和霜冻预报资料的计算和整理，并考虑一定的农业意义，将霜冻按降温强度进行分类，一般以日最低气温为指标，分成≤－2℃、≤0℃、≤2℃三类。

④在农业气象上，则以作物受危害程度来分类。

1.6.2.3　影响霜冻发生和强度的因素

(1)天气条件

在晴朗无风、低温条件下容易发生霜冻。因晴空少云的天气，有利于地面辐射冷却，无风则减弱了空气的涡动混合，高层的较暖空气不致传到下层。湿度低就难以形成霜或露，可避免凝结潜热的释放，而加强了空气的冷却程度。但冷气团的风可加强平流霜冻的强度。

(2)地形及自然条件

地形对霜冻强弱和持续时间影响很大(表 1.9)，这是因为在地势低、地形闭塞处，冷空气容易沉积，加之风小冷暖空气不易混合，因此降温快，霜冻最为严重。

表 1.9　不同地形发生霜冻的危险性

地形形状	冷空气流动特征	霜冻危险程度
山顶和斜坡上部	流出	最小
平原和平坦的山顶	没有流出	中等
广阔平坦的谷地	微弱的流入	中等以上
窄而弯的谷地	流入大于流出	大
盆地	只有流入	最大

在坡地的不同部位，霜冻的程度不同，如图 1.4 所示。在坡地的不同坡向，因接受太阳辐射的差异使南坡霜冻较北坡轻，因早晨升温速度的差异使西坡霜冻较东坡轻。潮湿而紧实的土壤因热容量和导热率大，并有可能获得凝结潜热，所以霜冻较轻。

在靠近江、河、湖、海岸地区，因夜间水面暖空气上升，地面冷空气向水面流动，使地面冷空气不易积聚而形成无霜冻地带，如图 1.5 所示。

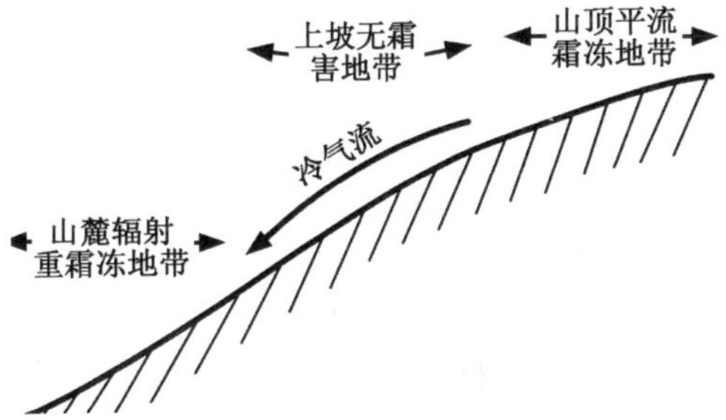

图 1.4　斜坡上的霜冻害与无霜冻害地带

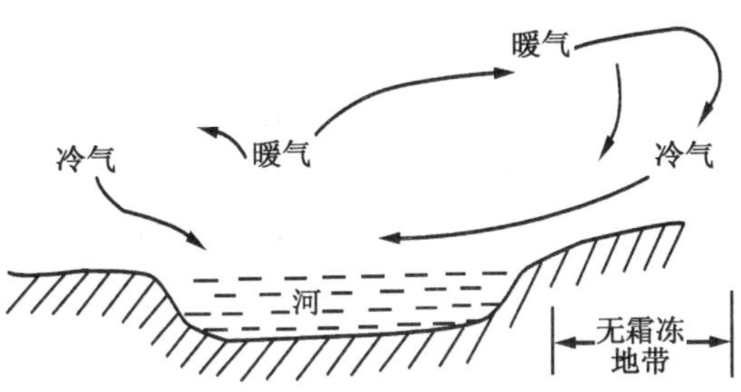

图 1.5　河湖边无霜冻地带

在森林中、树幕下霜冻很少发生。林中空地直径为树高 3～20 倍时霜冻严重；林中空地直径小于树高 3 倍或大于树高 20 倍时，霜冻减弱。森林的向风面，当冷空气入侵时，易发生平流霜冻。

1.6.2.4 霜冻对作物的危害

(1)危害机制

霜冻能使作物受害，主要是由于0℃以下的低温使作物细胞间隙的水形成了冰晶，并且冰晶不断地吸收细胞的自由水使冰晶逐渐增大，这就使细胞内水分减少而导致细胞质脱水，使细胞质胶体物质发生凝固和细胞枯萎。在冰晶形成和增大的过程中，对细胞也产生机械压力而导致机械损伤。

(2)霜冻对小麦的危害

当春季气温上升，小麦返青后特别是拔节以后，已解除了抗寒能力，骤遇低温霜冻就比冬季冻害受害还重，往往几个小时或十几个小时就造成严重霜冻危害。小麦拔节到抽穗的不同时期，因抵抗低温能力不同，霜冻指标也不同，如表1.10所示。

表1.10 冬小麦拔节—抽穗霜冻指标

霜冻指标(℃)／霜冻等级＼拔节后天数(d)	1～7	7～14	14～20	20d后	抽穗	备　注
霜冻害	−4～−5	−1～−2	0～−1	0～−1		叶子开始受冻
重霜冻害	−9～−10	−6～−7	−2～−3	−1～−2	−1～−2	部分植株死亡

1.6.2.5 防御措施

可用熏烟法、灌溉法、喷雾法、防护林法、覆盖法等物理、化学方法增温或减缓降温速率和选用抗寒品种、早熟品种、适时播种、培养壮苗、改良土壤等农业方法来防御霜冻，减轻危害。

1.6.3 干旱与洪涝

1.6.3.1 干旱

干旱是世界上农业生产上最严重的灾害之一。它不仅发生范围广，而且出现频率高，是造成我国农作物减产歉收的主要原因之一。

(1)干旱的概念及类型

干旱是指在农业技术水平不高的条件下，长期降水偏少，造成空气干燥，土壤缺水，使农作物体内水分发生亏缺，影响正常生长发育而减产的农业气象灾害。

按发生的成因，干旱可分为土壤干旱、大气干旱和生理干旱：

①土壤干旱是由于土壤水分亏缺，作物的根系难以从土壤中吸收到足够的水分去补偿蒸腾的消耗，从而引起作物体内水分平衡失调的现象；

②大气干旱是由于大气高温、低湿并有一定的风力，使作物的蒸腾作用加剧，根吸收的水分不能满足蒸腾水分的消耗，引起作物体内水分平衡失调而造成作物光合作用强度降低或灌浆过程受阻的现象；

③生理干旱是指在土壤中的水分不亏缺时，因土壤环境因素不利或农业技术措施

不当而引起的作物体内水分平衡失调的现象。其主要原因有：土温过低或过高；土壤通气状况不良，氧气不足；土中溶液的盐分浓度过高；土壤过湿；施化肥过多等。

按发生的季节，干旱可分为春旱、夏旱、秋旱和冬旱：

①春旱（3～5 月）：其特点是低湿、缺雨或少雨、气温不高，并伴有使土壤变干的冷风。我国黄淮流域、西北等地经常发生。主要影响春播及小麦的生长；

②夏旱（7～8 月）：其特点是太阳辐射强、高温低湿、蒸发和蒸腾量大。我国长江中下游流域常发生。因此时正是作物生育旺盛期，所以夏旱对作物危害较大；

③秋旱（8 月下旬至 9 月下旬）：其特点同于夏旱，但强度稍小。我国南北均有出现。秋旱对秋作物灌浆及秋播影响很大；

④冬旱：其特点是降水少、多西北大风、低温低湿。主要出现在华南地区。

按干旱发生的面积占本地区面积的大小，可分为：局地干旱（受旱面积≤10％），中等干旱（受旱面积为 11％～20％），大旱（受旱面积为 21～30％），特大旱（受旱面积为 31％～50％），毁灭性旱灾（受旱面积＞50％）。

（2）干旱对作物的危害

干旱危害作物的机制，主要是使作物体内的水分平衡遭到破坏，从而使作物呈现萎蔫（暂时萎蔫或永久萎蔫）并遭受到一系列伤害。

从作物的生育特点来看，有三个时期危害最大，即：作物的水分临界期；各类作物的灌浆成熟期；作物播种期。

（3）干旱的指标

引起干旱的原因较复杂，从天气角度看，是由于大气环流的反常，高气压的长期控制，引起降水量偏少，此外还与土壤、地形、作物对水分的要求有关，因而至今还没有一个统一的指标。目前所用的指标多为：降水量，降水与平均温度比，土壤水分和作物参数，气候指标和蒸散量估算，综合指标等类型。

由于干旱是一种和当地条件有关的气候异常现象，因此指标具有明显的地区性。

（4）防御措施

干旱可用兴修水利、搞好农田基本建设，根据干旱规律来安排农业生产；节水灌溉，如用先进的喷灌、滴灌等节水灌溉技术，提高水的利用率；培育和选用抗旱的作物品种，耕作保墒；覆盖或用化学物质喷洒来抑制土壤蒸发；人工降雨作业等措施来减轻、防御干旱。

1.6.3.2　洪涝

洪涝灾害也是世界上常出现的一种自然灾害。我国以黄淮海平原、长江中下游、东南沿海、松花江和辽河中下游等地发生较多。

（1）涝灾的概念及类型

涝灾是指降水时间过长、过于集中对作物造成的危害。

按水分过多的程度，涝灾可分为洪水、涝害和湿害：

①洪水即大雨、暴雨引起的山洪暴发，河水泛滥，淹没农田，毁坏农舍和农业设施的灾害；

②涝害是雨量过大或过于集中，造成农田积水而使作物受到危害；

③湿害（渍害或沥涝）是连阴雨时间过长或洪水、涝害之后排水不良引起的，使土壤水分长期处于饱和状态，作物根系因缺氧而受到危害。

按涝灾发生的季节，可分为春涝、夏涝和秋涝：

①春涝（或春夏涝）以湿害为主，多发生在华南及长江中下游，易引起小麦和油菜烂根、早衰和病虫害流行；

②夏涝以洪水为主，多发生在黄淮海平原、长江中下游、东南沿海、四川盆地及东北地区，影响夏收夏种，甚至无收；

③秋涝（或夏秋涝）时涝害和湿害均有发生，以西南和陕南发生较多，对秋收作物的生长发育和产量影响较大。

（2）引起涝灾的原因及其指标

涝灾发生的原因是多方面的。由于大气环流异常，使雨带在某一地区长时间停留或徘徊，是引起涝灾的主要、直接的原因。此外，地形、土壤类型及结构、水利设施、种植制度及种植的农作物种类等也影响到涝灾的发生和严重程度。

由于不同作物及其不同生育期的抗涝能力不同，加之地区的自然条件和农业生产条件也影响到涝灾的发生，因此涝灾的指标要根据地区、作物及生育期来确定。常用的指标有：降水量和标准差，降水量准平均值，旱涝指数，降水量及降水日数等。

（3）防御措施

可用兴修水利，有计划地进行水库、堤坝、疏通河道等水利工程建设来减少洪涝；植树造林来储集土壤水分和减少地表径流及水土流失；改良土壤结构，建立合理的排灌系统；调整农业布局，在低洼易涝地区种植耐涝作物等措施来防御涝灾。

1.6.4 干热风

1.6.4.1 干热风的概念和类型

干热风是我国北方麦区的主要气象灾害，又称为“干旱风’、“火风”。它是指引起作物大量蒸腾的综合气象现象（高温、低湿、较大风速的旱风），这种综合气象现象在农业技术水平不高的条件下，严重地破坏了作物的光合作用和水分平衡，在短时间内给作物的生长发育和产量带来很大损失。

干热风出现时和大气干旱出现时一样，气象要素的日变化不大。但大气干旱持续时间较久，而干热风在很短时间内就可使小麦受害；大气干旱出现时风速一般很小，而干热风出现时却为较大的旱风。

根据研究，干热风可分为以下几种类型：

高温低湿型：其特点是气温高、干旱、地面吹偏南风或西南风（也有偏东风）。这种燥热天气使小麦炸芒、枯熟、秕粒，是北方麦区危害小麦的主要干热风类型。

雨后枯熟型：其特点是雨后高温或雨后猛晴，使小麦发生青枯或枯熟。多发生在华北和西北的甘肃、宁夏等地区。

旱风型：其特点是温度低，日最高气温不一定高于30℃，但风速较大（3～4级以上），风向西北或西南。多发生在苏北、皖北地区。

1.6.4.2　干热风对小麦的危害

干热风在我国发生的地区较广，其中以河北、河南、山东、江苏、甘肃等省危害较为严重。干热风一般在5～6月出现，其中5月中下旬，正是我国主要冬麦区小麦进入灌浆乳熟时期，对小麦增产丰收威胁最大。干热风对小麦的危害有以下两种情况：

（1）干害

由于高温低湿使植株蒸腾增大，田间耗水量增多，当土壤缺水或根系吸水供不应求时，就使植株的水分平衡失调。试验证明，当气温由30℃升到34～36℃时，单位面积的植株耗水量要增加60%，而根系的吸水能力不能适应气象条件这样急剧的变化，因而产生细胞失水、代谢活动受阻、叶绿素遭到破坏、叶片萎蔫以致死亡等水分平衡失调的现象。

（2）热害

是指高温破坏了植株光合作用的正常进行，以致影响干物质的制造和输送，使千粒重下降而影响产量。据研究，在小麦乳熟前期，当气温在28℃时，旗叶光合作用受阻；当气温在33～34℃时，旗叶光合作用大大降低；在候平均气温上升到24～25℃时，小麦灌浆过程终止。

热害和干害经常并行发生，因为在高温条件下，小麦叶片气孔失去了关闭能力，造成了大量蒸腾失水而导致植株水分平衡失调，加剧干害对小麦的危害。

干热风对小麦危害程度，首先取决于干热风强度和持续时间，此外与土壤湿度、小麦所处生育期、冬春天气条件、小麦生长状况及品种有关。

1.6.4.3　干热风危害小麦的指标

（1）干热风出现的天气和气候背景

干热风危害小麦的时期正处在春末夏初季风交替、雨季到来之前的干旱少雨时段。由于我国北方麦区还在大陆变性气团的控制下，加之西北沙漠和黄土高原的下垫面增温和华北西部地形陡降而引起的气流下沉增温，使整个北方麦区在5～6月份气温增温迅速，干燥多风，少雨干旱。

从天气形势上来看，在高空500hPa图上，副热带高压控制长江以南地区。在青藏高原、新疆、蒙古高原有暖高压或暖高压脊发展，东亚为一大槽。北方麦区上空为脊前的暖平流控制。在地面图上，新疆至河套有热低压或变性高压东移，由于西北地区下垫面和华北地区地形的影响，使北方麦区低层空气变得更加干、热，而形成了干热的变性气团。当干热的变性气团前面的冷高压移到黄海、东海时，由于海面摩擦力较小，海水温度又较低，而使冷高压趋于稳定或停滞，这时北方麦区较长时间处在冷高压后部、干热的变性气团前部的偏南气流控制之下。在高低空天气形势配合下，干、热并伴有一定风速的干热风天气就出现了。

(2)干热风危害小麦的指标

由于在一定的天气、气候背景下形成了干热风，因此各地高空和地面的形势不完全一样，故指标也不会完全一样。各地根据当地的气象条件和小麦受害状况而确定的指标，一般只适用于当地。归纳起来有三种：选用温湿风三要素的定时观测值的组合指标；选用干热风出现期间温度距平、气温≥30℃的持续时数、风向、降水量和蒸发量等的组合指标；按小麦不同受害时期及受害程度而确定的指标。

1.6.4.4　防御措施

在干热风出现前可选用抗干热风优良品种、营造防护林带、合理施肥，适浇麦黄水、适时播种等综合农技措施，来避免干热风危害。在干热风出现时可喷洒石油助长剂、草木灰水、磷酸二氢钾、硼、腐植酸钠等化学药剂来减轻其危害。

1.6.5　农作物病虫害

1.6.5.1　农业害虫与气象条件的关系

(1)农业害虫和温度的关系

昆虫的体温是随着环境温度的改变而改变的，因此受温度的影响很大。能使昆虫生长、发育、繁殖的温度范围，叫做**有效温度范围**，不同种类昆虫的有效温度范围是不同的。一般来说在8～40℃之间。在有效温度范围内，还有一个更适宜于昆虫生活的温度范围，叫做**适宜温度范围**，一般在22～33℃之间。昆虫在适宜温度范围内，生长快、发育健全、繁殖力强、寿命也较长。当农业害虫大量发生危害时，外界温度总在它的适宜温度范围内。

昆虫只有在有效温度范围内，才能生长发育，超出这个范围，生长发育就要停止。有效温度范围的最低温度称**最低有效温度**，也称**发育起点温度**，一般昆虫是8℃，当温度上升到发育起点温度时，昆虫开始生长发育，当温度下降到发育起点温度时，昆虫生长发育就几乎停顿，进入休眠状态。有效温度范围的最高温度叫**最高有效温度**，也叫**临界高温**，一般昆虫是40℃，当达到这种高温时，昆虫停止发育，进入蛰伏状态(见图1.6)。

昆虫不论因低温而休眠，或是因高温而蛰伏，都是暂时停止生长发育，等到温度恢复到有效温度范围内时，仍可继续生长发育。但若不利的温度继续上升或下降时，可使昆虫死亡。如高温达 64℃和低温达－37℃时，一般昆虫都要死亡。

在有效温度范围内，昆虫的生长发育呈现着一种规律性，即温度越高，昆虫生长发育越快，温度越低，生长发育越慢。因此、一种昆虫完成一个世代或一个虫期(即卵、幼虫、蛹、成虫期)的发育，所需的温度总和基本上为一定数量。也就是说，必须满足一定数量的温度总和，昆虫才能完成一代或一个虫期的发育，这种规律叫做**昆虫的积温法则**。由于昆虫的发育，温度必须达到发育起点温度以上，因此在发育起点温度以下的温度，对昆虫的发育是不起作用的，所以在计算昆虫积温时，必须从每日平均温度中减去对昆虫发育不起作用的温度，即发育起点以下的温度，这才是影响昆虫发育的实际有效的温度。用公式表示为

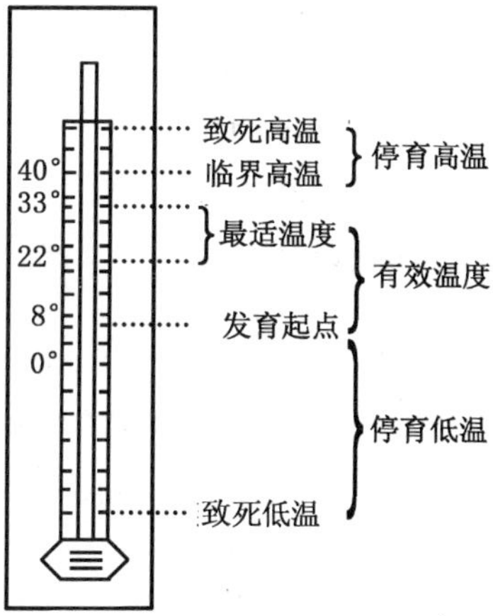

图 1.6　一般昆虫的适温范围

一代所需的有效积温＝一代发育天数×(每日平均温度－发育起点温度)　(1.27)

利用(1.27)式，还可了解到某害虫的地理分布，因此在一地区的温暖季节里，只有当有效积温高于某害虫一代发育所需的有效积温时，这种害虫才能生存。同样道理，可以知道该地区一年内这种害虫的发生代数。

温度的日变化和季节性变化是昆虫进行各种活动的主要因子。如飞蝗在 10℃左右时，它的幼虫从寒冷的夜眠中苏醒，随着温度升高，幼虫的生命活动也加强；25～30℃是最适温度；当温度较高时，就对幼虫不利了，幼虫开始迁移到可避免阳光的地方去；在气温高于 50℃时，幼虫就隐蔽在植物的阴影里，停止运动和吃食，并进入暂时的高温蛰伏状态。在夜间，当温度逐渐降低到 10℃左右时，幼虫便结束了活动而暂时进入低温休眠状态。

经研究，各种昆虫不仅有效温度范围不同，而且适宜温度范围和有效积温也是不相同的，而且差异很大。

(2)农业害虫和湿度的关系

水分是一切生物体不可缺少的基本生活物质，正常的生理活动要有一定范围的含水量才能保证。昆虫和任何生物体一样，丧失了水分或水分过多，都会影响它的生命活动。昆虫对湿度的要求，也同对温度一样，有适宜和不适宜的湿度范围。在适宜湿度范围内，昆虫生长发育较快、繁殖力强、寿命也长；在不适宜湿度范围内，昆虫的发育、繁殖都受影响，寿命也短。大部分昆虫的最适湿度范围大约在相对湿度 70%～90%之间。

各种害虫对湿度要求是不一样的。如棉蚜虫和红蜘蛛适宜生活在相对湿度小于 75%的环境里，因此在干燥的季节里大量发生；粘虫、棉盲蝽象和螟虫适宜生活在相对

湿度大于80%的环境里，因此在多雨年份容易成灾。

湿度不仅影响害虫的发育期长短和生殖力大小，而且还影响害虫的地区分布。如小麦吸浆虫、麦圆蜘蛛等分布在地势较低、湿度较大的地方；而棉红蜘蛛、麦长腿蜘珠等却喜欢栖息在较干的环境里。

降雨量的多少，除了影响湿度和植物性食物的含水量外，还直接造成杀伤。大多数害虫在降雨时停止活动、取食、交尾和产卵；许多土里的害虫，则雨后活动，危害更厉害；而身体较小的害虫如棉蚜，则被雨水冲刷粘着在泥土里死去。

(3)温湿变化的综合影响

在自然情况下，温度和湿度这两个因素是相互关联的，而且总是共同综合地对昆虫起作用。对一种昆虫来说，有利或不利的温度范围，是随着湿度条件而转移的，同样，有利或不利的湿度范围，也是随着温度条件而转移的。如玉米螟卵的孵化需要相当高的湿度，当气温在25℃时，相对湿度必须达90%，卵才能全部孵化；若相对湿度降到80%，卵死亡率达6%；若相对湿度降到70%，卵死亡率上升到7%。玉米螟的一龄幼虫在20～30℃时，当空气达到饱和时，幼虫很少死亡；当相对湿度降到95%以下时，则发育延迟。因此在夏季长期干旱时，对玉米螟的发生非常不利。

根据温、湿度综合地对害虫起作用这一道理可以知道，当环境的温、湿度有适当的组合时，便促进害虫的生长发育，对作物造成严重危害；反之，就会加速害虫的死亡和抑制它的发生。昆虫对温湿的综合要求，通常用温、湿系数来表示，即

$$\text{温湿系数}=\frac{\text{相对湿度}}{\text{温度}}$$

比如，当五月温湿系数大于3时，粟灰螟发生严重，反之则轻。利用温湿系数可预测害虫的发生、发展趋势。

(4)农业害虫和日光、风的关系

日光对害虫的影响，除了影响温度变化而间接影响昆虫的发生、发展外，还直接影响害虫的迁移、取食、交配、产卵等活动。蝴蝶等喜欢在白天阳光充足的环境里活动、取食、交配、产卵；大多数蛾类却在傍晚光线微弱的情况下开始活动；生活在土壤里的昆虫、钻蛀作物茎秆的害虫和仓库害虫则一般都畏惧强光。研究表明，光还可以影响昆虫精子和卵的发育以及卵的受精作用等。

风对昆虫的传播起着巨大作用，它可以帮助一些昆虫飞翔和迁移，但风太大会阻碍一些昆虫的活动。如飞蝗的迁移和风速有关，小风就迎着风飞翔，风力稍大就顺风飞翔，风力过大就停止飞翔。因此根据飞蝗活动时期的风向和风速，就可预测飞蝗的分布范周和扩散幅度。

综上所述，气象条件常常是决定害虫危害程度的主要外界条件，了解害虫和气象条件的关系，是预测害虫发生和危害情况以及进行防治不可缺少的基础知识。

1.6.5.2　农作物病害与气象条件

农作物病害的发生与气象条件也有密切的关系，气象条件对病原微生物的发育、繁殖和传播起着重要的作用。

(1)农作物病害和温度的关系

病原微生物和其他生物一样，它们的生活活动有一定的温度范围，超过了这个范围，就停止活动。因此把这个范围的两极叫做最高温度和最低温度，在两极之间，还有一个温度范围对微生物的生长发育最有利，叫最适温度。

不仅不同病原微生物的最适温度不相同，而且同一病原微生物在不同发育阶段和不同的生存形态时，对温度的要求也不同。真菌一般在气温达到 3～6℃时，如果水分充足便开始萌芽。它的最适温度一般在 16～25℃之间；在夏季高温和雨量小时便停止发展。病毒活动也要求一定的温度范围，超过这个温度范围，其活动就减小，最后停止活动。如烟草受花叶病毒侵入后，在气温逐渐升高时，病毒活动加剧；当气温达 28～32℃时，活动达到顶点，当气温继续上升到 37℃时，病毒就停止活动。因此在夏季气温太高的年份，原有花叶病态的烟株都恢复了正常。

(2)农作物病害和湿度的关系

病原微生物除了要求一定的温度外，还需要一定的水分，要保持周围环境一定的湿度。一般来说高湿对于真菌和细菌的发生和繁殖是有利的，但对于病毒的侵入影响不大，因为病毒侵入时的活动不依靠水分。

温、湿度对真菌和细菌的发生、繁殖也是综合起作用的。在高湿条件下，遇到它所要求的最适温度，则感病作物就会发病。如在多雨或多露条件下，当气温小于 25℃时，小麦条锈病发生；当气温＞25℃时，小麦秆锈病发生。

温、湿度不仅影响病原微生物的生长发育，而且也影响到农作物的抗病。如水稻是一种喜温作物，而稻瘟病菌也喜高温，但温度的变化对水稻抗病力的影响，却大于对病菌的影响。当水稻抽穗时，如果气温比较高，稻穗颈部的抗病力较强，即使病菌活动力较大，也不易入侵；如果气温低且湿度高时，稻穗颈部抗病力极差，虽然这时病菌活动力稍差，也能顺利侵入水稻，因此当北方水稻抽穗时，遇多雨低温天气，水稻就易得颈瘟和穗瘟，造成大量的稻穗被折断。

(3)农作物病害和其他气象因子的关系

风对病原体的传播起着重要作用，因为它们既小又轻，容易被气流吹送到各地。如小麦条锈病菌的夏孢子，可被风传播到高寒地区越夏，秋季再随风吹回冬麦区危害麦苗。传播的距离与它们的寿命、体积、比重、形状和气流的速度、温度、湿度有关。

病原微生物不需要光，一般在黑暗中或阳光下，它们的萌芽速度是相同的。

由于农作物病害的发生和流行与气象条件有密切关系，因此，我们可以根据天气预报来预测某种病害是否有大发生、大流行的可能。如小麦叶锈病在华北是否流行主要取决于春雨(4 月中旬至 5 月上旬)多少和入春后气温的高低。河北正定县根据 8 年资料得出如下结论：

①春旱,叶锈病不发生或发生轻微；

②春雨多,叶锈病大流行；

③4 月中下旬气温偏低,虽有降雨,叶锈仍不流行。

§1.7 农业气候分析

农作物在生长发育和产量形成过程中,需要有一定的热量、适宜的水分、充足的阳光。在作物生长期内,光、热、水等条件配合得愈好,作物生长发育状况也愈好,最后产量和品质也愈高。一定的气候条件给作物生长发育提供一定的光、热、水条件,而各地气候条件不同,提供给作物生长发育的光、热、水条件也不同,所以最后产量和品质也不同。为了充分合理的利用当地的光、热、水条件——农业气候资源,最大限度地避免、抗御不利的气候条件,我们必须进行农业气候分析。

1.7.1 农业气候分析概述

1.7.1.1 农业气候资源

"资源"是指人类可利用的自然物质和自然能量。从农业的观点看,气候是重要的资源之一,称为"农业气候资源"或"气候肥力"。它包括:太阳辐射、温度、降水、风、CO_2 等。这些资源在一地区的数量多少、分布特点及其配合,形成了各种各样的农业气候资源类型,在很大程度上决定了某一地区的农业生产类型(如作物种类、品种、种植方式、栽培措施等)、作物产量高低和品质的优劣。也就是说,光、热、水、CO_2 是作物生存,形成产量所必需的物质和能量,它除了具有自然资源的一般特性外,还具有下列特征：

①光、热、水各因子间相互联系、相互制约,一种因子的变化会引起另一因子的变化；

②资源各因子的时空分布不均衡；

③某一地区某时段内,光、热、水资源的数量是相对稳定的,从总体来看是取之不尽的；

④局部地区的资源是可改造的,是有潜力可挖的。

1.7.1.2 农业气候分析及其任务

所谓农业气候分析,就是根据农业生产的具体要求来分析当地的气候条件。首先将农业生产对象与气候因子间的关系,用指标定量地表示出来,然后利用这些指标——农业气候指标的时空分布规律来说明某地区的农业气候特征,并评价它对某种作物(品种)生育、产量形成或农业生产过程的利弊程度,最后提出趋利、避害、抗灾的措施途径。

农业气候分析的任务主要有：

①为各地区农、林、牧及其作物种类、品种、种植制度的合理布局，提供农业气候依据；

②为避免、抗御灾害提供农业气候依据；

③为采用科学的栽培、耕作、农机操作等措施提供农业气候依据；

④为有效的引种、扩种提供农业气候依据。

1.7.1.3 农业气候分析的原则

①分析中着重考虑对作物生育和产量形成起决定作用的气候因子——关键气候因子。因而必须区别作物生活中的基本气候因子、灾害因子和影响因子，以抓住主要矛盾来进行分析；

②分析中着重考虑对作物生育和产量形成起决定作用的时期——关键期；

③农业气候指标要有一定稳定性，要对农业生产有 80%的保证程度，同时也要考虑到因年型、因生产条件变化而引起的变化；

④要着重考虑用农业气候相似原理来分析。在农业气候相似的地区，不仅作物能得以生存，而且还要获得一定产量。

1.7.1.4 农业气候指标

(1)什么是农业气候指标？

农业气候指标是指在当地气候条件和生产水平下，表示农业生产(作物生长发育、田间作业等)对气候条件的要求和反应的一种气候要素值或一综合性数值。人们可以利用这个数值来衡量当地农业气候条件的利弊程度。

不同作物、不同品种、不同发育期都在一定的气候条件下生存，对光、热、水的要求是不同的，因此对气候条件的要求也就不同，如表 1.11 所示。同样，不同作物、品种、发育期对气候条件的反应也是不同的。如某地冬小麦在拔节后 1～5d 内，当最低气温为－1～－2℃时，产生轻霜冻危害；在拔节后 16d，当最低温度为 1℃时，就产生轻霜冻危害，而该地棉花在苗期，当最低气温为 3℃时，就受到霜冻危害了。以上这些作物对气象条件的要求和反应的数值，均称为**农业气候指标**。

(2)农业气候指标的特点

由于农业气候指标是在一定的地区条件下，反映农业生产和当地气候条件之间的数值关系，故具有明显的地区性，同时还具有多年性和一定的保证率。通常求得的农业气候指标代表多年平均状况，即保证率为 50%。而农业生产要求气候条件有一定的稳定性，故要求指标能在 80%的年份满足作物的要求，即指标保证率为 80%。对热带经济作物，指标保证率要求在 95%以上。农业气候指标还反映了在当地一定的生产水平条件下，作物与气候条件之间的关系。所以说农业气候指标具有地区性、多年性及在一定农业技术水平下获得的特点。因此，应用农业气候指标必须因地、因作物、因栽培水平而异。

农业气候指标可以是一种气候要素值，也可以是一综合性数值。

表 1.11 北京部分作物的农业气候指标

作 物	品 种	发 育 期	农业气候指标≥10℃积温(℃)
玉 米	早 熟	播种—成熟	2100～2300
	中 熟	播种—成熟	2400～2800
	晚 熟	播种—成熟	>3100
水 稻	早 熟	移栽—成熟	2000
	中 熟	移栽—成熟	2400～2700

(3)农业气候指标的表达形式

农业气候指标通常采用日数、日期、气候要素值来表示。

表示日数的农业气候指标有：生长期、无霜冻期，发育期间隔日数、不同界限温度出现日期之间的间隔日数、降水日数、灾害性天气持续日数等。

表示日期的农业气候指标有：播种期、移栽期、作物的发育期、霜冻等灾害天气出现和终止日期，某界限温度出现和终止日期、某农技措施适宜进行的日期等。

大量的农业气候指标以光、热、水、风等气候要素值来表示，热量方面多用平均气温、极端气温、较差值、各界限温度及其之间的积温等。水分方面用降水量、降水变率、相对湿度、饱和差、干燥度、土壤湿度等。表示光照条件的太阳总辐射、光合有效辐射，日照时数、日照百分率，光照强度、透光率等。

1.7.2 光资源的分析

要提高作物对太阳能的利用率，达到高产的目的，就必须对地区的光资源进行分析，这是农业气候分析中的一个较新课题。目前，主要从光质、光照长度、光照强度等三方面来分析。

1.7.2.1 光质的分析

光质的分析主要是分析太阳辐射光谱成分随日、季、纬度的变化，及其对作物的影响。不同纬度、不同高度地区，在不同季节因太阳高度角不同，使太阳辐射透过的大气厚度有差别而形成光质明显的差异(见表 1.12)。在我国华北、青藏高原、江南由于光质的不同对作物生育及品质的影响也不同。

1.7.2.2 光照长度的分析

光照长度的分析是分析某一地区内可照时数在年、季、月的变化规律及在该地区内的变化规律。结合农业生产考虑，多分析该地区在≥5℃、≥10℃期间的可照时数的时、空分布规律。除平均值外，还考虑极值、变率、保证率及年型。光照长度的单位用 h(小时)表示。

表 1.12　不同太阳高度时，太阳辐射光谱成分的相对变化(总辐射为 100)

波段 \ 太阳高度(°)	0.5	5	10	20	30	50	90
紫外光	0.0	0.4	2.0	2.0	2.7	3.2	4.7
可见光	31.2	33.6	41.0	42.7	43.7	43.9	45.6
红外光	68.8	61.0	58.0	55.3	54.6	52.9	50.0

1.7.2.3　光照强度的分析

由于植物在光合作用中，只同化 440～760nm 波段的辐射光，因此在农业气候分析中，着重分析生理辐射(光合有效辐射)强度随时、空变化的规律。

目前对生理辐射没有观测资料，一般采用间接计算的方法来获得。根据 Молду(莫尔达乌)确定的公式为

$$Q_{PAR} = 0.43S + 0.57D \tag{1.28}$$

式中 Q_{PAR} 为生理辐射，S 为直接辐射，D 为散射辐射。

当太阳高度角大于 20°时，计算误差不超过 5%。一般计算的生理辐射相当于太阳总辐射的 47%±3%。为简便起见，可用 1/2 总辐射作为生理辐射。在农业气候分析中，光照强度单位用 $cal/(cm^2 \cdot min)$，$kcal/(m^2 \cdot mon)$，$kcal/(m^2 \cdot a)$等较多，而用 lx，$J/(cm^2 \cdot s)$的较少。结合农业生产，还分别计算分析≥0℃、≥5℃、≥10℃期间的生理辐射的大小，用以揭示作物可利用的能量大小。

1.7.3　热量资源的分析

某一地区热量的水平、积累的数量、分布的特点、冬季寒冷程度、春秋季节变化特点等决定着该地区作物的种类、品种、种植制度、种植方式、产量高低及品质优劣，而目前大面积地控制地区的热量还不可能，为使农业生产有效地利用热量资源、避开灾害，弄清当地的热量状况、特点，是农业气候分析的重要内容。

1.7.3.1　生长期间热量资源的分析

(1)生长期长度

广义的生长期系指作物能生长的时期，一般指春季 0℃初日到秋季 0℃终日之间的日期，或用无霜冻期表示。某种作物的生长期则是从播种到成熟期间的日期。

要计算生长期，首先要计算界限温度(0℃、5℃、10℃、15℃，20℃)及霜的初终日期。界限温度初终日期一般用 5 日滑动平均法(按中国气象局资料统计规定)、图解法和二倍偏差法计算。然后利用平年日期序列表即可求出生长期。

对某一地区来说，生长期(即各界限温度间日数)长短各年不一，因此需要计算极值和保证率(见表 1.13)。生长期的起止日期(各界限温度初、终日期)因年型不同，差别也

很大，同样要分析平均日期、极值和保证率。

表 1.13　北京生长期日数及保证率(1940～1976)

生长期界限	≥0℃	≥10℃	≥15℃	≥20℃	春 10～20℃	秋 18～0℃
多年平均(d)	270	201	163	110	160	67
最多年(d)	296	220	181	128	179	79
最少年(d)	248	184	142	67	75	52
较差(d)	48	36	39	61	104	27
保证率达 80%日数(d)	256	196	155	95	135	59

保证率的计算可用分组法、经验频率法、均方差法。其中以分组法应用最多。计算保证率要求资料年代较长(气温 20 年以上，降水 40 年以上)。

(2)生长期间的热量累积

研究证明，作物成熟所要求的热量积累，即积温比所要求的日数稳定，因此常用某界限温度间的活动积温来鉴定某地区的热量多少。通过分析界限温度持续期间积温的多年平均值，可了解该地常年的热量累积水平。但多年平均值保证率只有 50%，在农业上是不够的，因此需要了解历年状况，即保证率为 80%的热量。对多年生经济作物，则保证率要求 95%～100%。

积温计算可采用逐日累加法(参见§1.3 节)，在无逐日气温资料时，可用月、旬、候平均气温资料，利用直方图法近似求得。

在农业生产中，除了解某界限温度间积温的平均值和积温保证率外，还需了解温度在生长期或某时段随时间的累积情况，并绘制成积温累积曲线(见图 1.7)，根据曲线可以近似求出作物某发育期的积温或一定积温所需要的时间，并可根据作物播种(移栽)期及作物所需积温来确定作物收获日期及是否遭受初霜危害。

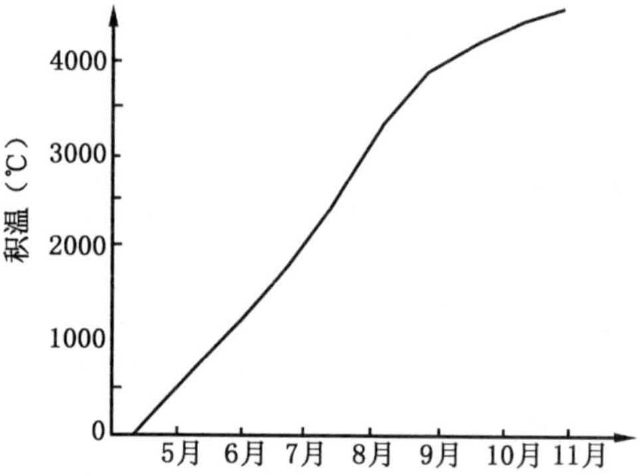

图 1.7　北京≥10℃积温累积曲线

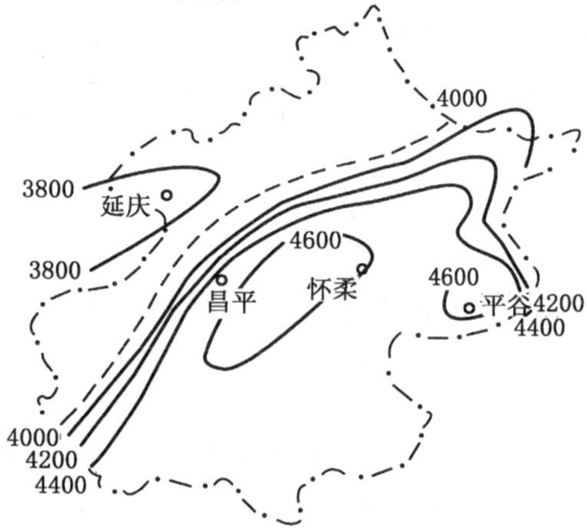

图 1.8　北京≥10℃积温的分布图

由于热量资源具有地区差别，可根据当地农业生产的需要，确定界限温度后，绘制不同的界限温度间积温的分布图，如图 1.8 所示。由图可看出，北京怀柔、昌平、平谷等平原和浅丘陵地区，≥0℃活动积温在 4600℃以上，可推广冬麦-早熟玉米-高粱的三茬作物间套作制，充分利用热量；而北京西北部山区，热量逐渐减少，延庆地区≥0℃活动积温只有 3800℃左右。只能种冬小麦和早熟玉米（早熟谷子），实行一年两熟制。

（3）生长期间的热量强度

作物生长发育和产量形成除要求一定的积温外，在生殖器官形成期还要求一定的热量强度。热量强度常以最热月平均气温、生长期间某关键时期的平均气温、某界限温度间的平均气温、某时段白天的平均气温及气温日较差来表示。表 1.14 所示为不同热量强度比较。

表 1.14　不同热量强度比较（1951～1970）

地　区	$\sum t$ ≥10℃（℃）	≥10℃日数（d）	最热月平均气温（℃）
郑　州	4667.1	216.1	27.5
昆　明	4522.6	262.8	19.9

由表 1.14 可以看出，郑州和昆明大于 10℃的活动积温值相近，但郑州是我国主要产棉区，而昆明却不能种棉花。这是因为棉花在生殖生长期（正是最热月）要求平均气温在 23～25℃以上，否则不能开花结桃。昆明最热月平均气温只有 19.9℃，不能满足棉花对热量强度的要求，所以不能种棉花。

1.7.3.2　春秋季节热量资源的分析

我国大部分地区春秋过渡季节气温变化不稳定，如春季气温回升后遇寒潮又降温，而且各年降温的次数和强度都不相同。因此对春秋季节的热量资源分析很重要。一般作下列分析：

①年型。将春季分为春暖、正常、倒春寒、春寒；将秋季分为秋暖、秋常，秋凉等不同的热量类型，并分析它们对不同作物的影响及其相应的栽培、耕作等管理措施；

②分析春（秋）各界限温度初日（终日）间的持续日数。可以评定该地区春季（秋季）升温（降温）速度，从而了解春秋季气候条件对作物生育和产量形成的影响。如北方春季 5℃初日到 10℃初日之间持续时期长，则小麦幼穗分化时期就长，使每穗粒数增多，相反每穗粒数就少；

③春秋季寒潮（冷空气）活动的次数、强度及对作物生长发育和农业措施的影响；

④霜冻的初终日期、强度、持续时间及其对作物的影响。

1.7.3.3　越冬期间热量分析

生长期间热量资源虽然丰富，但若冬季严寒，会使越冬的一年生作物（小麦、油菜等）和多年生作物（果树、茶、橡胶等）不能安全越冬而影响产量甚至死亡。越冬条件也决定着越冬作物和多年生作物的栽培界限。越冬期间热量分析一般包括以下几方面：

①极端最低气温的平均值。如我国南岭以南、台湾及云南南部极端最低气温平均值>0℃，终年可栽培作物，还可种植热带经济作物；南岭以北、秦岭和淮河以南，极端最低气温平均值在0～－10℃，可种植喜温的茶、油桐等；华北平原在－10～－24℃，只能种小麦、苹果、葡萄等；

②极端最低气温。对多年生果木和热带经济作物，按极端最低气温平均值虽可种植，但遇特殊低温年将遭毁灭性损失，因此在推广多年生作物时，还要考虑极端最低气温，如在极端最低气温<5℃的地区，就不宜种植橡胶、椰子、可可、咖啡等；

③还可进行最冷月平均温度、负积温、低于某界限温度的持续时数的分析。

1.7.4　水资源的分析

水分资源包括降水、江河湖水、地下水、冰川水等。

1.7.4.1　降水量

降水量虽不是农业生产所需水分的惟一来源，但是主要来源，是地下水位高低、河流流量多少、土壤湿度大小的来源。因此某地区降水量的多少及其分配就决定了该地区的干湿程度，从而决定了对作物供应的程度。

(1)降水量的统计

降水量是指一定时段内的降水深度(固态降水须融化为液态水计算)，以mm为单位。目前我国的降水资料是从气象观测站、水文观测站获得的，是用一个观测站的降水量来代表一个地区的降水量，或是用一个较大地区全部观测站的降水量的算术平均值来代表该地区的降水量。由于一个地区(流域)内降水观测站的分布一般是不均匀的，往往在山区观测站点较少，但降水量却偏高，而平原地区观测站点相对较多但降水量却相对偏少，因此用一个地区(流域)内全部观测站的降水量的算术平均值往往不能代表该地区的降水量。我们认为引用水文学上计算流域面雨量的加权平均公式来计算一个地区的降水量，将会对该地区农业气候水资源的分析得出更为正确、科学的结论。

面雨量加权公式为

$$\bar{r} = \frac{\sum r_j F_j}{\sum F_j} \tag{1.29}$$

式中 r_j 为降水量，F_j 为降水量具有的权重，一般 F_j 代表面积。决定 F_j 的出发点不同，就得到若干种面雨量计算公式。常用的有：

①泰森法——多边形面积权重法。将流域及其邻近地区三个靠近的雨量站连成三角形，尽可能使其三个内角差别不大。然后作各边的垂直平分线，由其构成若干多边形，面积为 F_j，相应雨量站降水量为 r_j(见图1.9)，则 r_j 就为面积为 F_j 的多边形的平均雨

量。各多边形的面积可用求积仪量取，或用透明方格坐标纸读取 F_j 的方格数近似求得。将流域内各多边形的 r_j 和 F_j 代入公式(1.29) 就可求得 $\bar{r}$。

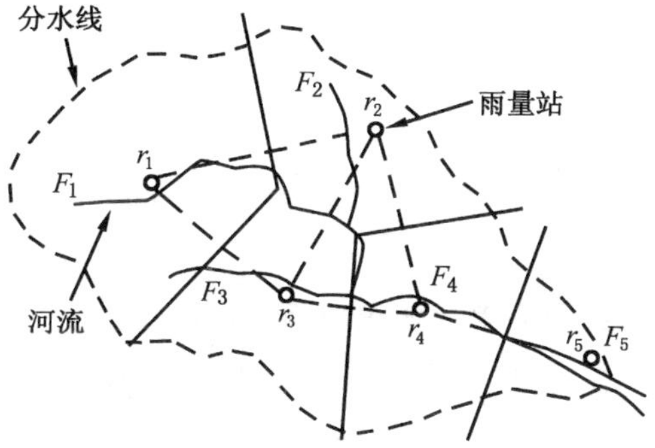

图 1.9　划分多边形的方法

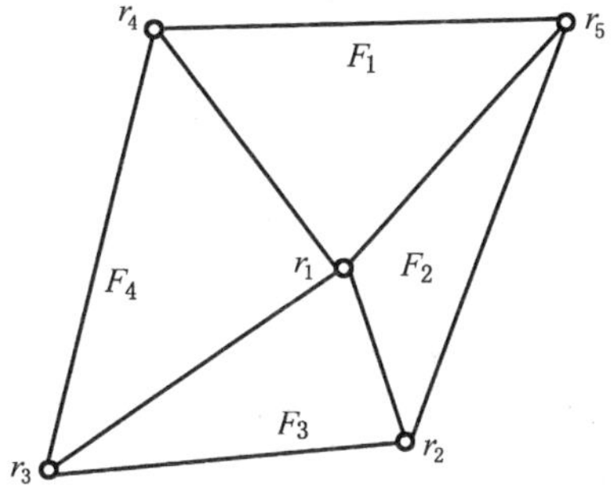

图 1.10　划分三角形的方法

②三角形法。将流域内相邻雨量站连成三角形，尽可能使其三个内角相差不太大。设三角形的面积为 F_j，则图 1.10 所示的面积上的平均雨量为

$$\bar{r}=\frac{1}{\sum_{j=1}^{4}F_j}\left[F_1\left(\frac{r_1+r_4+r_5}{3}\right)+F_2\left(\frac{r_1+r_5+r_2}{3}\right)+F_3\left(\frac{r_1+r_2+r_3}{3}\right)+F_4\left(\frac{r_1+r_3+r_4}{3}\right)\right]$$

$$=\frac{1}{\sum_{j=1}^{4}F_j}\left[r_1\left(\frac{F_1+F_2+F_3+F_4}{3}\right)+r_2\left(\frac{F_2+F_3}{3}\right)+r_3\left(\frac{F_3+F_4}{3}\right)+r_4\left(\frac{F_1+F_4}{3}\right)+r_5\left(\frac{F_1+F_2}{3}\right)\right] \tag{1.30}$$

上式表明，测站雨量 r_j 的权重 F_j 等于其周围三角形总面积和的三分之一。

③等雨量线法。首先在研究区域内分析等雨量线，设雨量线的值为 r'_j，$(j=1,2,\cdots,m)$，则相邻两等值线间的面积为 F_j，$(j=1,2,\cdots,m-1)$，平均雨量

$$r_j=\frac{1}{2}(r'_j+r'_{j+1})\qquad j=1,2,\cdots,m-1) \tag{1.31}$$

所以区域内平均降水量为

$$r=\frac{1}{\sum_{j=1}^{m-1}F_j}\sum_{j=1}^{m-1}r_jF_j \tag{1.32}$$

如果区域内等雨量线有闭合高值(低值)中心，且中心值为 r'_0，邻近中心的闭合线的值为 r'_1，该线包围的面积为 F_0，那么闭合线内平均雨量为

$$r_0 = r_1' + \frac{r_0' - r_1'}{3} \qquad 或 \qquad r_0 = r_1' - \frac{r_1' - r_0'}{3} \tag{1.33}$$

整个区域内的平均降水量为

$$\bar{r} = \frac{1}{\sum_{j=0}^{m-1} F_j} \sum_{j=0}^{m-1} r_j F_j \tag{1.34}$$

④平均高程法。假设雨量 r 随高度 h 呈线性变化,即

$$r = a + bh \tag{1.35}$$

式中 a,b 为经验常数。若求出流域的平均高度 h,就可用上式求出面平均雨量。

在地图上相邻的地形等高线间的面积为 F_j,该两条等高线的平均高度为 h_j,则流域的平均高度为

$$\bar{h} = \frac{\sum_{j=1}^{m} h_j F_j}{\sum_{j=1}^{m} F_j} \tag{1.36}$$

将 $\bar{h}$ 代入(1.35) 式,即可得到流域平均降水量。

(2)农业气候分析的降水量指标

①年降水量。由年降水量及降水量年际间、年内的变化趋势可以大致看出本地区水分条件的多少、干湿程度的变化,它是评价该地区农业气候水资源的基本依据和主要项目。年降水量常统计分析某地区多年平均降水量,最多、最少等特殊年的年降水量及其出现年份。年降水量的分析需要较长的样本资料,特别处于季风气候影响的我国,一般样本资料长于 40 年为宜。

②旬、月及作物某发育期间的降水量。由于用年降水量来分析农作物水分供应的时间尺度太长,为了密切联系到作物的生长发育,在农业气候水资源分析中常用旬、月、某几个旬、作物某发育期特别是产量形成的关键期间的降水量作指标,来分析降水对农作物生长发育和产量形成的影响。在热量和其他条件基本保证的前提下,产量往往直接受降水量多少的影响。从这点出发,就可通过作物某生育期,特别是水分关键期降水量的多少来分析(或预报)作物的产量。

③降水保证率。多年平均降水量只能给出某一地区降水对农作物供应的平均情况。在农业生产中,常常要掌握地区降水对农作物需水供应的可靠程度,即某降水量在某一时段、某一历史时期出现的可能性有多大。因此可以通过降水量保证率曲线、降水量保证率列线图(方法、步骤见农业气候热量分析实习)分析出地区内各地降水量对农业生产供应情况、稳定程度,分析出降水量的年际变化、年内变化以及某时段不同级别的降水量出现的频率等。

④降水变率。这是表示某一地区在某时段内降水量离散程度的指标。降水变率可

用相对变率

$$a_v = \frac{r_i - \bar{r}}{\bar{r}} \times 100\% \tag{1.37}$$

和平均相对变率

$$\bar{a}_v = \frac{1}{n}\sum_{j=1}^{n}\left(\frac{r_i - \bar{r}}{\bar{r}}\right) \times 100\% \tag{1.38}$$

来表示。据研究，当某一地区的降水相对变率达到25%时，对作物易产生不利的影响；当降水相对变率大于40%时，则该地易产生旱、涝。因此降水变率这一指标对处于季风气候的地区，在农业气候水资源的分析中是必不可少的。

⑤降水量的等值线图。除用年降水量等值线图进行分析外，还对某时段降水量的等值线图进行分析，可找出为保证作物一定产量的降水盈亏量及采取相应措施。

此外还分析雨季开始的早晚、连续降水日数、连续无雨日数以及冬季积雪的深度、密度、持续日数等。

1.7.4.2　土壤水分

农作物利用水分是通过根系从土壤中吸收的。农作物的生长发育及其产量形成与土壤水分的多少、时空变化密切相关。因此，土壤水分的农业气候分析在农业气候条件分析中占有重要位置。

(1)影响土壤水分变化的因素

由于土壤水分的状况与地区温度、降水、蒸发等气象条件关系很大，可以说气候的地区性是土壤地区性和土壤水地区性的主要原因。

土层厚度、土壤机械组成、土壤密度和结构等土壤物理特性对作物根层土壤水分状况具有明显影响，土壤含水量、土壤水分状况以及土壤水文常数与土壤的机械组成密切相关。在农业气候研究中，必须考虑土壤的机械组成以及与此有关的土壤水物理特性。在土壤水分的农业气候分析中，常采用土壤**有效水分贮量**这一物理量，从而保证了不同土壤类型的土壤水分资料的可比性。

在相同的气候条件下，地形的不同形状、范围、坡向和坡度等对土壤水分的再分配的影响是不同的。

地下水位的深浅也影响到土壤水分的多少。据研究，当某一地区的降水量愈大，地下水位则愈浅，则土壤水分的贮存量增多；反之，则土壤水分的贮存量减少。

(2)土壤水分的计算与分析

由于土壤水分观测点少、时间短、积累的资料十分有限，在土壤水分的农业气候分析中，除尽量利用现有的常规观测资料外，还采用气候学方法中的动力学方法、水量平衡方法和经验法来计算农田中的土壤水分。

用土壤水分来分析作物的水分供应，主要分析土壤水分随季节的变化规律、年型、耕作层土壤水分的垂直变化规律、典型年土壤水分与降水量的关系等。

在我国南方，分析土壤水分，主要用来确定排水期及采用相应措施，以解决湿害；在华北、西北分析土壤水分，能确定灌溉量以解除旱情。

1.7.4.3 条件性水分平衡

一个地区对作物的水分供应情况，不仅决定于水分的收入，也与作物消耗的水分有关。我们将水分收入量与作物需水量的比值称为**条件性水分平衡**，它只表示了作物与水分的供求关系，而不表示地区水分全部收支的真正平衡。其基本表达式为

$$K = \frac{R}{E_t} \tag{1.39}$$

或

$$K' = \frac{E_t}{R} \tag{1.40}$$

式中 R 为地区水分收入量（主要是降水），E_t 为作物需水量（主要是蒸散），K 为湿润系数（湿润指数、湿润度），K' 为干燥指数（干燥度）。

(1)湿润系数

常用的湿润系数主要有：

①谢良尼诺夫(Г. Т. Селянинов)水热系数 K_c

$$K_c = \frac{R}{0.10\sum T_{>10℃}} \tag{1.41}$$

式中 $\sum T_{>10℃}$ 为日平均气温大于 10℃ 时期的活动积温，$0.10\sum T_{>10℃}$ 则是谢良尼诺夫计算蒸发力的表达式；R 为同期的降水量。

②М. И. 布德科水热系数 K。М. И. 布德科分析了用积温求算蒸发力的缺点，并根据积温与辐射平衡的关系，修正了谢氏 K_c 中的经验系数，将其改成

$$K = \frac{R}{0.18\sum T_{>10℃}} \tag{1.42}$$

③伊万诺夫(Н. Иванов)湿润系数 $K_и$

$$K_и = \frac{R}{0.0018(t+25)^2(100-a)} \tag{1.43}$$

式中 t 为月平均气温，a 为月平均相对湿度，R 为月降水量。研究表明，(1.43)式在湿润地区效果较好，在干旱地区效果较差。

④么枕生湿润系数 K。我国季风气候十分显著，进行农业水分资源分析评价时，应考虑 0℃ 以上时期的水分收入和支出。0℃ 以上时期可以代表农耕期。0℃ 以下时，土壤冻结，大部分降水不能为作物所利用。因此，么枕生建议用下式表示地区的湿润情况

$$K = \frac{R}{0.10\sum T_{>0℃}} \tag{1.44}$$

式中 $\sum T_{>0℃}$ 为日平均气温大于 0℃ 时期的活动积温，R 为同期降水量。

(2)干燥指数

常用干燥指数的主要有：

①M. И. 布德科辐射干燥度 K'

$$K' = \frac{R_a}{LR} \tag{1.45}$$

式中 R_a 为辐射平衡，R 为降水量，L 为蒸发潜热。

②张宝堃干燥度 K'

$$K' = \frac{0.16\sum t_{>10℃}}{R} \tag{1.46}$$

式中 $\sum t_{>10℃}$ 为日平均气温大于 10℃ 期间的活动积温，R 为同期降水量，0.16 是假设秦岭 － 淮河一线降水量等于蒸发量，并参考自然景观而确定的系数。根据张氏干燥度可以了解我国各地水分与作物的供求关系(见表 1.15)，也可以作为气候区划的指标。

表 1.15　干燥度等级表

K'	干燥程度	代表植被	农业措施	代表地区
＜1.0	湿　润	森林	排水	华南、华中
1.0～1.49	半湿润	森林草原	降水不足	秦岭、淮河
1.5～3.99	半干旱	草原、草地	要灌溉	内蒙古
≥4.0	干　旱	荒漠	必须灌溉	甘肃、新疆

1.7.4.4　水分盈亏分析

为了分析农田水分供求矛盾的大小，只用降水量、土壤水分和条件性水分平衡是不足的，目前常用的水分盈亏指标有：

(1)降水蒸发差 D

$$D = R - E_t \tag{1.47}$$

式中 R 为进行农业气候分析某时段的降水量，E_t 为同期作物群体的潜在蒸散量。

降水蒸发差 D 表征本地水分收入与支出的相互关系，表征本地水分可能供给量与作物群体需求量的相互关系。D 的大小为决定本地灌溉定额、制定合理的灌溉方案，建立必要的灌溉设施提供依据。

图 1.11 为欧阳海等应用改进后的彭曼公式计算农田潜在蒸散 E_t，再计算 D 值绘制的中国年降水蒸发差的多年平均值分布图。由图可看出，降水蒸发差零值线在东北地区位于哈尔滨－长春－沈阳一线以东，呈东北西南走向；在黄淮流域，位于秦岭和淮河以北地区，大致呈东西走向；在川西北的若尔盖以北折向西南，抵中缅边界。在这条零值线以西以北地区，降水蒸发差为负值；在这条线以东以南地区，降水蒸发差为正值，降水

超过蒸发，水分有余。最大负值区在新疆东部和内蒙古西部，达－1200mm；华北平原，降水蒸发差达－200～－400mm；内蒙古包头以东地区达－400～－800mm；金沙江河谷地均为负值。最大正值区在珠江下游、成都平原和台湾东部；长江中下游地区为400～800mm；江淮之间为200～400mm；海南为400～800mm。

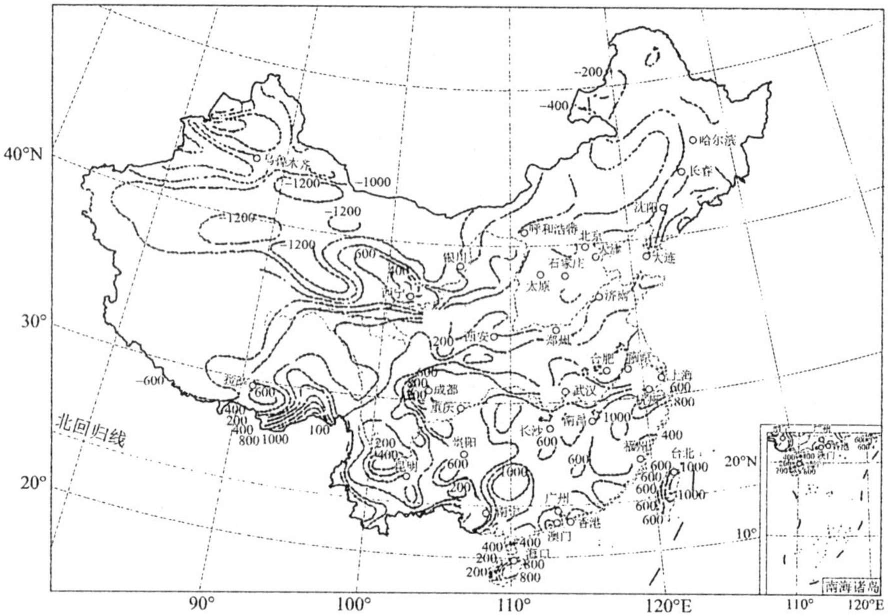

图1.11　中国年降水蒸发差（D）多年平均值(mm)

(2)蒸散蒸发差 D_e

$$D_e = E_t - E \tag{1.48}$$

式中 E 为与 E_t 同期的蒸发量。蒸散蒸发差 D_e 表征作物群体的蒸腾量，可以用来计算农田合理的灌溉定额、分析本地水分对作物的供应情况。

20世纪50年代以来，世界各国的气候学者和农业水文气候学者广泛应用蒸散差来评价农田水分供应情况。据分析，在湿润地区 D_e 不太大，仅10cm左右；全世界的最大值在非洲东部，达250cm；在北半球的各大陆的 D_e 有一定的纬向分布特征；而南半球各大陆的 D_e 的分布受地形影响较大。

1.7.5　丘陵山区的农业气候资源分析

由于丘陵山区的海拔高度、地势起伏和坡向的不同，引起了丘陵山区的气候、土壤和植被的差异很大，而又以垂直差异最为显著，这对山区农林复合生态环境、山区农业气候资源的分布特点及其对它的利用影响都很大。我国是一个多山的国家，丘陵、山地和高原占了总土地面积的 2/3 以上。在山地农业气候资源的调查研究和开发利用方面虽开始于 20 世纪 50 年代，但 80 年代才进行大规模的科学考察工作，取得了大量宝贵资料和重大成果。

1.7.5.1　我国丘陵山区农业气候资源特征

(1)热量资源特征

山区热量垂直差异显著，立体层次分明，气温、地温随高度均有较好的线性递减关系，并且在最高气温递减率 γ_{TM}、平均气温递减率 γ_T、最低气温递减率 γ_{Tm} 之间有 $\gamma_{TM} > \gamma_T > \gamma_{Tm}$ 的关系，所以山区少高温热害，温度有效性高，冬季逆温，暖带经常出现的高度(多为 300～500m)对经济林木避免或减轻冻害，使其安全越冬具有重要意义。

(2)水分资源特征

山区降水量及雨日多，在 1000m 高度以下，降水随高度增加，而在不同的气候地区、不同的年份，山区的最大降水高度是不同的，暴雨高频区主要分布在山区。在 1000m 高度以下，因温度低、地形遮蔽日照、植被多等原因，蒸发量随高度增加急剧减小，而在 1000m 高度以上因风速加大而使蒸发量增加。

(3)光资源特征

光资源偏少，散射光资源丰富，特别在阴坡适宜喜阴湿作物，如茶、竹、杉、食用菌等的生长。在最大降水高度稍偏低的高度有一个最小日照高度层。

(4)山区农业气象灾害较频繁

主要灾害是暴雨、干旱、春季低温连阴雨、秋季低温冷害和冻害等，加之大部分山区森林被破坏，水土流失严重，致使农业生态环境恶化加剧，故对农业生产的威胁很大。

1.7.5.2　合理利用丘陵山区的农业气候资源

①根据丘陵山区的气候特点，布局立体农业。在保证粮食稳定增产的同时，因地制宜地建立用材林基地、木本油料基地、茶树基地和水果基地，提高山区的农业气候资源利用率。

②确定山区作物(经济林果)栽培的适宜地带(高度)。

③选择山区有利地形来种植作物(或经济林果)。在中高度山地，对局地冷空气影响中的难进易出，难进难出，易进易出、易进难出四类中，以难进易出型冬季温暖，对作物(经济林果)的安全越冬有利。

④利用山区温度随高度而递增的逆温现象所构成的“暖带”(或称“暖层”)，来延长作物生长期，以提高其产量和质量，提高喜温作物的种植上限高度，减少越冬作物和经济林果的越冬冻害。

1.7.6　农业气候资源分析及利用实例①

彭州市位于成都平原的西北部，经纬度范围为 30°55′～31°26′N，103°41′～104°10′E，土地面积 142.61km^2，境内海拔差异较大(489～4812m)、河渠众多、土地肥沃，是四川省粮食主产县之一，同时又是全国重要的蔬菜基地。

彭州市境内的热量、降水、光照等农业气候资源与粮食、蔬菜、花卉生长的关系非常复杂。由于境内从平坝、丘陵到高山，海拔高度从 489m～4812m，差异很大，加之地形、地势的影响使境内的热量、降水量不但四季变化大，而且随海拔高度的增加而发生显著变化。主要农作物在海拔 1500m 以下，1500m 以上主要是林业、牧业。

本例利用彭州市气象站及不同高度观测点的温度、降水资料，分析不同海拔高度、温度、降水的时间变化和空间分布特点，并结合当地主要农作物进行分析，其结果可为当地主要粮食、蔬菜在不同海拔高度、不同季节的合理种植服务，以便充分合理地利用当地立体农业气候资源；还可为当地引进(或扩种)优良品种，进行农业气候分析，为粮食、蔬菜、花卉的高产优质、合理配套服务。

1.7.6.1　资料来源和资料处理

分析研究所用资料如表 1.16 所示，测站位置如图 1.12 所示。

表 1.16　资料来源

站　名	海拔高度(m)	资料年代	项　目
市气象站	581	1959～1991	温度、降水
关口	750	1959～1991	降水
新兴	890	1977～1979	温度
白水河	1053	1970～1979	降水
白果坪	1260	1970～1979 1984～1989 1983～1990	降水 降水 温度

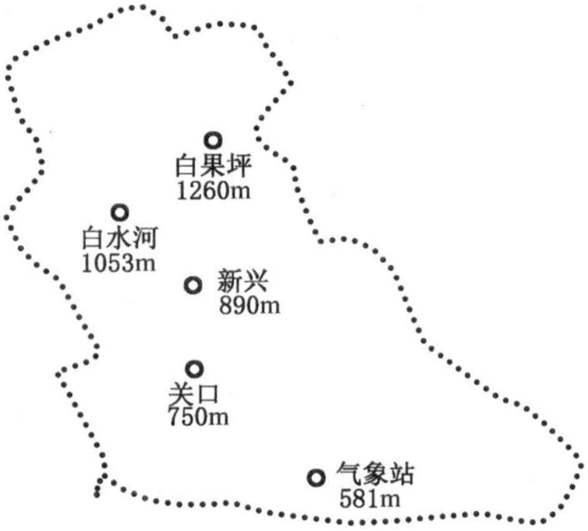

图 1.12　观测站分布图

市气象站资料年代最长(33 年)，为了便于分析比较，需要对其他站资料进行延长。彭州市面积远小于天气尺度，上述各站具有相同气候背景，各站气温的差异是由于地形和下垫面性质的差异所致，以市气象站气温资料为基础，用差值法对其余各站气温资料进行延长。

考虑到一年中各月间下垫面性质的变化，为了使差值更稳定，以气象站和各站月平均气温的差值的多年平均值和气象站的日平均气温为基础进行延长。

① 四川省彭州市立体农业气候资源研究(摘要)，成都信息工程学院，胡毅等。

1.7.6.2　热量资源的农业气候分析

(1)气温变化的一般特征

①气温随海拔高度的变化。表1.17是气象站月平均气温减去新兴、白果坪月平均气温得到的多年平均差值。由表可见,随海拔高度的增加,温差也增大,气温降低。气象站与白果坪各月温差分别为3.2℃～5.1℃。

表1.17　气象站与新兴、白果坪两站的月平均气温差值(℃)(多年平均)

站名	月份											
	1	2	3	4	5	6	7	8	9	10	11	12
新兴	−0.9	−1.1	−1.6	−1.1	−2.2	−2.0	−1.8	−1.5	−1.6	−1.8	−1.7	−0.9
白果坪	−3.5	−3.9	−4.2	−4.4	−5.0	−5.1	−4.5	−4.5	−4.5	−4.2	−3.8	−3.2

②气温年际变化。表1.18给出了1959～1991年三站年平均气温多年平均值、最高值、最低值。由表可见:随海拔高度升高,年平均气温、最高值和最低值均降低;年平均温度的多年波动值基本上小于2℃,说明气温的异常年份少,这对多年生作物的正常栽培有利。市气象站1959～1991年中,最热月(7月)平均气温1961年最高,为26.1℃,1982年最低,为23.0℃,相差3.1℃,而7月多年平均气温为24.9℃,气温变幅较小;最冷月(1月)平均气温1987年最高,为6.8℃,1977年最低,为2.6℃,相差4.2℃,而1月份多年平均气温为5.2℃,相对于7月而言,1月气温变幅较大。

表1.18　1959～1991年的年平均气温(℃)

站名	多年年平均	最高值	最低值	变幅
市气象站	15.6	16.2	14.9	1.3
新兴	14.1	14.7	13.4	1.3
白果坪	11.4	12.2	10.2	2.0

③气温年内变化。由表1.19可见,就1959～1991年多年平均而言,7月是最热月,1月是最冷月,最热月与最冷月的差值为18.7～19.7℃。1959～1991年间,7～8月份平均气温非常接近,有22年最热月为7月,仅10年为8月;有21年最冷月为1月,仅有7年为2月、有4年为12月。表1.19还表明,随海拔高度的增加,月平均气温降低。1月份,市气象站至新兴,气温高程递减率为0.3℃/100m,新兴至白果坪为0.8℃/100m;7月份市气象站至新兴气温递减率为0.6℃/100m,新兴至白果坪为0.84℃/100m;最冷月平均温度高于1.7℃,表明彭州市热量资源丰富,一年四季都可进行农业生产活动,生长期长。

④极端温度。市气象站1959～1991年33年间,其中25年未出现过日平均温度低于0℃的天数,仅有8年每年出现1～4d日平均温度低于0℃的天数;各年日平均温度大于25℃的天数为18～56d;只有1959年仅1d日平均温度大于30℃的天数,其余各年未出现过日平均温度大于30℃的天数。

表 1.19　彭州各站 1959～1991 年各月平均气温(℃)

站　名	月								份					
	1	2	3	4	5	6	7	8	9	10	11	12	平均	年较差
市气象站	5.2	6.7	11.1	16.0	20.5	23.2	24.9	24.6	20.7	16.5	11.5	6.7	15.6	19.7
新　兴	4.3	5.6	9.5	14.9	18.3	21.2	23.1	23.1	19.1	14.7	9.8	5.8	14.1	18.8
白 果 坪	1.7	2.8	6.9	11.6	15.5	18.1	20.4	20.1	16.2	12.3	7.6	3.5	11.4	18.7

白果坪 1985～1989 年极端温度低于 0℃的天数为 4～21d；未出现过大于 25℃的天数；日极端气温年最高值为 20～24℃，最低值为－3.7～－1.7℃。气象站 1985～1989 年未出现过日极端气温低于 0℃的天数；大于 25℃的天数为 25～38d；日极端气温年最高值为 27.0～28.8℃，最低值为 0.6～2.4℃。显然，随海拔高度的增加，极端温度降低。

(2)农业界限温度的初、终日期及持续日数

农业界限温度是指农作物生长发育和田间作业的农业指标温度，通常分析日平均气温稳定通过 0℃、5℃、10℃、15℃、20℃的初、终日及持续日数，它们与农作物生长的开始与停止、季节长短关系密切。

①农业界限温度的初、终日期与持续日数。采用 5d 滑动平均法计算各界限温度的初终日期如表 1.20 所示。

表 1.20　1959～1991 年各界温度的平均初、终日期及持续日数

站　名	市气象站			新　兴			白果坪		
界限温度	初日	终日	持续日数(d)	初日	终日	持续日数(d)	初日	终日	持续日数(d)
0℃	1/1	29/12	363	6/1	30/12	358	11/3	28/11	263
5℃	12/2	18/12	310	23/2	9/12	290	13/3	26/11	259
10℃	19/3	17/11	244	24/3	8/11	230	14/4	26/10	196
15℃	16/4	19/10	187	25/4	8/10	165	19/5	19/9	124
20℃	21/5	13/9	116	14/6	25/8	73			

由表 1.20 可见，市气象站、新兴基本上全年稳定通过 0℃，因此一年四季都适合于农业耕作，且有利于多年生植物的生长和越冬植物的安全越冬。界限温度随海拔高度的增加，初日推迟，终日提前，持续日数减少，即喜温作物生长期缩短，热量资源减少。白果坪稳定通过 20℃的持续日数很短，某些年日平均温度几乎没有通过 20℃的天数，因此不适合喜温作物的生长。稳定通过 10℃的持续日数，市气象站至新兴高程递减率为 7d/100m，新兴至白果坪递减率为 8.8d/100m。市气象站 0℃初日只有 1977 年是 2 月 1 日，0℃终日只有 1975 年是 12 月 12 日，其余年均属全部稳定通过。10℃初日最早 1990 年 3 月 7 日，最晚 1982 年 4 月 7 日，相差 1 个月。10℃终日最早 10 月 31 日，最晚 12 月 3 日，相差 33d；10℃持续日数 1980 年最短 220d，1990 年最长 267d，相差 47d。而白果坪，

0℃初日最早与最晚出现日相差 45d，0℃终日最晚与最早出现日则相差 38d；没有 1 年全部稳定通过 0℃；持续日数最长天数与最短天数相差 61d。显然，初终日期以及持续天数的年际变化很大，并且初终日期及持续日数随海拔高度的变化也很大。

②初、终日期的保证率。由于初、终日期和持续日数的年际变化大，很不稳定，为使农业生产成功有较为可靠的把握，不但要分析各界限温度的初、终日期，而且必须分析其保证率。农业生产一般要求 80%以上的保证率，个别多年生作物要求 90%以上的保证率。

(3)积温的分析

①不同界限温度的积温。农作物完成其生育期，不仅要求温度必须高于某一界限温度，而且需要一定的热量积累，这种热量积累可以用积温表示，它既反映了持续日数的长短，也反映了温度强度。积温是作物种植、引种的重要指标，表 1.21 给出各站 1959～1991 年≥0℃、5℃、10℃、15℃、20℃的活动积温。

表 1.21　1959～1991 年大于或等于各界限温度活动积温的多年平均(℃)

站　名	0℃(℃)	5℃(℃)	10℃(℃)	15℃(℃)	20℃(℃)
市气象站	5722	5438	4866	4057	2738
新　兴	5149	4816	4272	3414	1697
白 果 坪	3874	3859	3307	2272	

由表 1.21 可见，界限温度越高，积温越少；随着海拔高度的增加，积温减少。因此，在选种、引种时应当考虑到不同海拔高度热量资源的差异，在不同海拔高度选择不同的种植制度和品种，甚至可以利用这种热量差异，使蔬菜等品种在不同时期成熟，延长上市时间，合理利用丘陵山区立体农业气候资源。

②积温的年变幅。1959～1991 年市气象站≥0℃积温最多年 5935℃，最少年 5457℃，相差 478℃；10℃积温最多年 5193℃，最少年 4498℃，相差 695℃；20℃积温最多年 3350℃，最少年 2148℃，相差 1202℃。这表明积温年变幅较大，可根据积温的这种变化，划分冷、暖年，以表示热量资源偏多或偏少，同时还可以看出，界限温度越高，其积温的变化幅度越大。1959～1991 年白果坪≥0℃积温最多年 4104℃，最少年 3671℃，相差 427℃；10℃积温最多年 3674℃，最少年 951℃，相差 723℃。与气象站积温变幅相比可知，随海拔高度的增加，积温年变幅增大。

③积温保证率分析。由于积温各年差异较大，变幅达几百摄氏度，对应初、终日数前后相差几十天，故仅以平均积温指导农业生产是不可靠的，出现几率仅为 50%，有些年可能无法提供足够的热量而影响作物生长和成熟。因此必须计算出各界限温度不同保证率的积温，供农业生产参考，一般作物要求保证率在 80%以上。

1.7.6.3　降水资源的农业气候分析

(1)年降水量一般特征

①年降水量的垂直分布。为了便于比较，我们取资料年代相同的1970～1979年的降水资料，分析年降水量随高度变化的特征(见表1.22)。由表可见，1970～1979年气象站平均年降水量为905mm，关口984mm，白水河1290mm，白果坪1510mm，雨量充沛。年总降水量随海拔高度的增加而增大，气象站至关口高程变化率47mm/100m，关口至白果坪为100mm/100m，降水量的高程变化显著。白果坪比气象站高679m，平均年降水量多605mm，为气象站的1.7倍。

根据以上资料可分析出：不同年的降水量基本上随海拔高度的增加而增大；不同海拔高度年降水量的变化趋势基本一致，但各站降水量的大小差异很大，这是海拔高度不同等局地小气候差异而造成的。

表1.22　1970～1979年的年降水量(mm)

站　名	1970	1971	1972	1973	1974	1975	1976	1977	1978	7979	平均
气象站	773	943	999	928	788	922	961	889	1149	699	905
关　口	1291	980	980	/	602	1012	979	982	1376	667	984
白水河	1256	1327	1708	1151	855	1160	1468	1054	1853	1076	1290
白果坪	1541	1312	1599	1392	868	1596	1644	1492	2207	1453	1510

②降水量的年际变化。为了分析降水量的年际变化，图1.13给出了气象站1960～1990年降水量的变化曲线。由图可见，降水量的年际变化较大，具有明显的波动性。

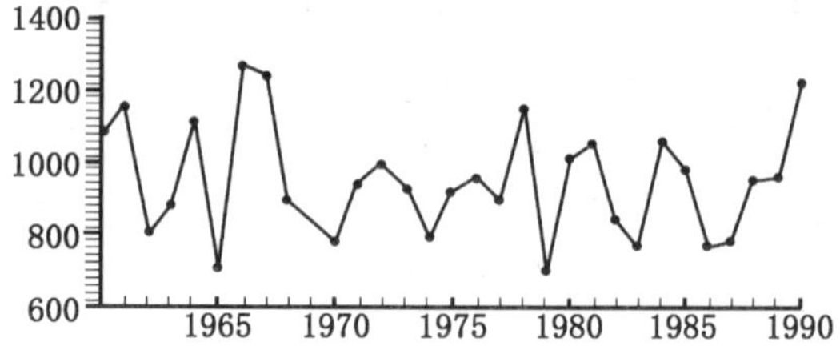

图1.13　气象站1960～1990年的降水量变化曲线

降水变幅：为了更明确地了解降水量的年际变化特点，我们计算了各站的年降水量变幅 P_m

$$P_m = \left(\frac{R_{\max} - R_{\min}}{\overline{R}}\right) \times 100\% \tag{1.49}$$

式中 $R_{\max}$，$R_{\min}$，$\overline{R}$ 分别为最大年降水量、最小年降水量和平均年降水量。彭州市气象站1959～1990年平均年降水量为952mm，1959年最大为1281mm，1965年最小为699mm，降水变幅 P_m 为61%；关口1959～1990年平均年降水量为1042mm，1961年最大为1540mm，1974年最小为602mm，降水量变幅 P_m 达90%，比气象站年降水量变幅大29%，为了比较不同高度年降水量随高度变化的特点，表1.23列出了各站1970～1979年的年降水量及其变幅。由表可见，彭州市年降水量变幅较大，尤其是白果坪本身年降水量较大，而降水量变幅又是市气象站的两倍多，最大年降水量随海拔高度的增加而增大很多，再次表明年降水量的空间分布不均匀，由表还可以看到，最小年降水量随海拔高度的变化较小。

表 1.23　1970～1979 年各站年降水量变幅

项　　目	气象站	关　口	白水河	白果坪
最小年降水量(mm)	773	602	856	869
最大年降水量(mm)	1149	1376	1853	2207
平均年降水量(mm)	906	984	1291	1511
年降水量变幅(%)	41	79	77	89

旱年与涝年：为了分析降水量年际变化对旱涝的影响，我们计算了年降水量相对变化率 P

$$P=\left(\frac{R-\overline{R}}{\overline{R}}\right) \tag{1.50}$$

式中 R 是某年降水量；$\overline{R}$ 为平均年降水量。取 $P\geqslant 25\%$ 为涝年，$P\leqslant -25\%$ 为旱年。计算了气象站和关口 1959～1991 年降水量变化率 P，得出气象站旱年 3 年(9%)，涝年 4 年(12%)，其中 1979 年最干旱，$P=-26\%$，1996 年最涝，$P=33\%$；关口旱年 6 年(18%)，涝年 6 年(18%)，其中 1974 年最干旱 $P=-43\%$，1961 年最涝 $P=45\%$。计算结果表明，关口旱、涝灾害比气象站严重。分析还发现，气象站为旱、涝年时，关口也为旱、涝年；关口为旱、涝年时，气象站的降水量也相应偏少或偏多，这表明两站的降水量在年变化的趋势上有一致性，这是因为它们处于同一大气候背景下，但最旱、最涝年却不一定对应，这是因为它们具有不同的小气候背景。

年降水量的保证率分析：平均年降水量虽然能表示一个地区降水量的充沛的程度，但各年的降水量却有很大差异，为了保证作物生长有足够的水分供应，必须进行降水量的保证率分析，表 1.24 给出了气象站和关口 1959～1991 年的年降水量保证率。

表 1.24　1959～1991 年降水量的保证率

保证率(%)		99	95	90	80	70	60	50
年降水量(mm)	气象站	703	720	738	777	848	896	952
	关　口	602	620	732	834	902	957	1042

(2)降水量的季节分配

降水量除了具有显著的年际变化外，在一年中不同月份和季节，降水量的分配也极不均匀，分析降水量的年内变化规律，对农业生产具有重要的意义。

①降水量的月变化。月降水量的多年平均变化规律如表 1.25 所示。由表可见，一年中各月降水量分布极不均匀差异很大。如气象站降水量最多月(7 月)的降水量为

243.3mm，是最少月（12 月）5.8mm 的 42 倍，7 月降水量占全年降水量的 26.9%；而白果坪最多月降水量与最少月相差 429.2mm，最多月降水量是最少月的 25 倍，最多降水月降水量仅占全年降水量的 18.1%。一年中各月降水量的分布极不均匀，但各月降水量及多年平均降水量基本上是随海拔高度增加而增大的。

表 1.25　1970～1979 年各月降水量的多年平均（mm）

站　名	月份												
	1	2	3	4	5	6	7	8	9	10	11	12	平均
气象站	8.1	9.3	18.5	50.3	72.1	81.7	243.3	193.8	157.8	46.5	18.5	5.8	75.5
关　口	8.8	8.2	27.4	54.5	70.8	88.7	216.5	251.1	168.1	63.3	21.1	5.8	82.0
白水河	20.3	17.5	35.6	74.3	76.3	143.5	278.7	351.6	166.5	76.2	31.6	13.7	107.6
白果坪	18.0	20.7	53.2	96.2	91.0	121.3	329.3	447.2	191.4	82.9	41.9	18.0	151.9

根据资料还可分析出：月降水量的年际变化也很大，如气象站 7 月降水量的年际变幅达 155%。

②降水量的季节变化。为了更好地结合农业生产的需要我们计算了 1970～1979 年的各站不同季节的降水量。计算结果显示，各站夏季降水量最大，占全年的 55%～60%，秋季占 21%～27%，春季占 14%～16%，冬季降水量最少仅占全年的 2%～3%。雨季（4～10 月）降水量占全年的 90%～93%，干季仅占 6%～9%，显然降水量随季节分配极不均匀。各季节降水量随海拔高度的升高仍然是增加的。

各季节降水量的年际变化很显著。以 1959～1990 年夏季为例，气象站夏季 1959 年最大，为 923.5mm（占全年降水量的 74%），1965 年最小，为 324.2mm（占全年降水量 46%），年际变幅为 105%。关口夏季 1961 年最大，为 1210.2mm（占全年降水量的 81%），1974 年最小，为 205.9mm（占全年降水量的 34%），年际变幅为 163%。

（3）雨日分析

年、月、季降水量并不能完全反映一个地区的降水强度，为此分析了气象站和关口的雨日，结果如表 1.26 所示。表中雨日是指日降水量≥0.1mm 的天数，小雨是指日降雨量为 0.1～10mm 的天数，中雨是指日降雨量 10～25mm 的天数，大雨是指日降雨量为 25～50mm 的天数，暴雨是指日降雨量为 50～100mm 的天数。由表可见，两站雨日占全年天数的 42%～44%，说明彭州市降雨日数较多。最长连续有雨日出现在雨季（4～10 月），而最长连续无雨日出现在干季（11～3 月），平均每年有两次暴雨过程，因此应注意预防洪涝灾害。

表 1.26　1959～1991 年平均雨日（d）统计

站　名	雨日（d）	小雨（d）	中雨（d）	大雨（d）	暴雨（d）	最长连续雨日（d）
气象站	154	132	13	5	2	10
关　口	162	136	16	6	2	11

在1959～1991年中，气象站1967年雨日最多，为186d，即一年中有50%的天数在下雨，1987年雨日最少，为127d，仅占全年天数的35%，雨日最多年与最少年相差59d，将近两个月。为了说明雨日随高度变化的特点，表1.27列出了1984～1989年6年3个站的雨日资料。

显然，随海拔高度的增加，雨日数也明显增多。白果坪的年降水量虽然比气象站多，但暴雨和大暴雨过程却没有随高度的增加而增多。

表1.27　1984～1989年平均雨日统计

站　名	雨日(d)	大雨(d)	暴雨、大暴雨(d)	最长连续雨日(d)	最长连续无雨日(d)
气象站	154.7	5.5	2.7	8.7	16.5
关　口	170.0	5.5	2.1	10.7	16
白果坪	240.0	7	2.3	24	14

(4)雨季的开始期、结束期

用降水相对系数分析雨季的起、止日期、降水相对系数，关系为

$$C=\frac{r}{\bar{r}} \tag{1.51}$$

式中r为旬降水量，$\bar{r}$为旬降水量的年平均。将一年中第一个$C\geqslant 1.0$的旬定义为雨季开始期，将最后一个$C\geqslant 1.0$的旬定义为雨季结束期。

根据1959～1991年资料可知，气象站雨季开始期为4月下旬，结束期为9月下旬；关口、白果坪开始期为4月下旬，结束期为10月上旬。三站雨季起、止日期基本一致，故雨季长短相差不大。

1.7.6.4　彭州平坝秋季农业气候资源分析及利用

彭州市平坝地区全年大于10℃活动积温的多年平均为4866℃，其热量保证一年两熟有余，而一年三熟不足。特别是在水稻收获后(平均日期为8月4～25日)，小麦播种前(平均日期为10月31日左右)的这段时间，应该充分利用其光、热、水资源来种植粮食或蔬菜，既丰富了市场，又增加了经济效益，还充分合理地利用了资源。深入分析彭州市秋季农业气候资源的合理利用，不仅为正在进行的田间试验提供了理论依据，而且在成都平原是有其代表性的，它将为整个成都平原充分利用秋季气候资源提供借鉴。

(1)平坝秋季农业气候资源主要特征

根据县气象站(海拔581m)1959～1991年33年秋季9～10月的资料，经统计分析可得以下结论：

①秋季热量资源丰富。9、10月份的多年月平均气温分别为20.7℃、16.5℃；两个月大于10℃活动积温的多年平均为1132.8℃，占全年的19.8%。在33年中，这两个月逐日的平均气温低于10℃的只有6d，其出现频率为6/2013=0.3%。日平均气温稳定通

过 10℃初日保证率为 95%的日期为 4 月 3 日，其终日为 11 月 3 日，即 9、10 两月在 10℃初终日之间，且保证程度较大，故对作物的生长一般是有利的。

根据调查及统计，可以得到当地 9、10 月及各旬气温偏暖、偏冷和正常年出现的频率，如表 1.28 所示。其中正常年，即在多年平均值左右出现的频率在 76%左右，说明秋季热量在年际间变化较为平稳。

表 1.28　秋季偏暖、偏冷和正常年出现频率(%)

时间	9 月			月平均	10 月			月平均
	上	中	下		上	中	下	
偏暖	15.2	12.1	9.1	12.1	12.1	12.1	15.2	13.1
正常	72.7	81.8	78.8	77.8	75.8	78.8	72.7	75.8
偏冷	12.1	6.1	12.1	10.1	12.1	9.1	12.1	11.1

②秋季降水丰沛，但年际变化大。9、10 月降水量的多年平均分别为 160.7mm 和 49.2mm，两个月降水总量占全年降水量的 22.3%，降水十分充沛。但各旬及各月降水为正常年的频率仅在 20%左右，出现偏湿的频率为 20%～25%左右，而出现偏干的频率在 45%～60%左右，如表 1.29 所示。说明秋季降水在年际间变化较大易发生旱涝灾害，特别是旱灾。

表 1.29　秋季偏湿、偏干和正常年出现频率(%)

时间	9 月			月平均	10 月			月平均
	上	中	下		上	中	下	
偏湿	24.2	21.2	18.2	21.2	24.2	36.4	15.2	25.3
正常	18.2	15.2	21.2	18.2	30.3	12.1	15.2	19.2
偏干	57.6	63.6	60.6	60.6	45.5	51.5	69.6	55.5

③秋季日照偏少，但年际间变化不很大。9、10 月日照时数的多年平均值分别为 73.8h 和 64.0h，两个月日照总时数仅占全年日照总时数的 11.6%。从表 1.30 中可以看出，虽然 9、10 月日照为正常年，即在多年平均值左右的年份为 50%，但偏少年出现的频率大于偏多年，再加之 10 月是全年日照时数最少的月份，9、10 月日照时数分别占全年日照时数的月平均值的 73%和 62%，因此秋季日照偏少，且年际间变化小于降水而大于热量，适宜种植不喜光或弱光性作物为好。

表 1.30　秋季各月日照出现频率(%)

月份	偏　多	正　常	偏　少
9	17.4	56.5	26.1
10	26.1	43.5	30.4

(2)秋季豌豆种植的农业气候分析

豌豆为耐寒不耐热、耐旱不耐湿的长日照作物；南方栽培的品种多数对日照长度要求已不严格；一般在 9～23℃下均可生长，当幼苗期遇－5℃低温、开花结荚期遇 0℃低温时，植株会受冻害，各发育期对积温的要求如表 1.31所示。播种后及生长期内若遇雨量过多、土壤湿度过大，易造成烂种烂根。

表 1.31　秋播豌豆各发育期要求的大于 10℃活动积温

发育期	播种发芽	幼苗	抽蔓	开花结荚
要求积温(℃)	180～200	125～162	300～400	270～360
出现日期(日/月)	31/8～8/9	9/9～15/9	16/9～30/9	1/10～18/10
出现积温(℃)	＞180	＞140	＞300	＞300

彭州市秋豌豆在中稻收获后播种，以较保守的时间即 8 月 31 日播种来计算，一般在 10 月中旬末即可上市，10 月下旬大量上市。秋播豌豆不仅能满足各发育期对积温的要求(表 1.31)，而且各发育期内均无高低温的危害。调查发现 1992 年为秋豌豆的丰收年，亩产青荚 500kg 左右，而 1993 年为歉收年，亩产青荚仅 100～200kg。根据这两年秋季气象条件的比较分析可知：1992 年 9 月上旬的降水量为 10.3mm，仅为 1993 年同期降水量 50.5mm 的 20％，因此 1993 年秋豌豆在播种发芽期因雨水过多而影响到出苗率及苗情；出苗期的旬平均气温 1992 年也比 1993 年高 2.6℃，也有利于出苗及幼苗的生长。10 月上中旬秋豌豆处于开花结荚，两年的旬平均气温均大于 15℃，能满足其热量要求；但 1992 年 10 月上中旬降水量为 34.5mm，而 1993 年同期降水量为 62.5mm，为 1992 年的 180％，因雨水过多对开花结荚十分不利，从而影响到结实率和产量。

从以上可以分析出，彭州市种植秋豌豆有 90％的年份可保证其热量的要求，但因秋雨多，特别是秋雨过多出现在播种发芽期(9 月上旬偏湿年份占 24.2％)、开花结荚期(10 月上旬偏湿年份占 30.3％)时，易引起烂种死苗和大量落花落荚，以及白粉病的蔓延。因此在秋雨多的年份除选用抗涝、抗白粉病的品种外，在生产中应采用相应的栽培措施防湿、防渍(如深沟高厢)以趋利避害。

(3)秋季洋芋种植的农业气候分析

洋芋属茄科，又名土豆、马玲薯、山药蛋等。其适应性较强，一般在月平均气温 21℃以下均可生长，茎叶生长的最适温度为 19～21℃，气温小于 10℃时停止生长，块茎分化时若土温在 14～15℃的低温条件下对块茎分化发育有利，生育期间的降水量以 300～400mm 为宜。日照时间长对茎叶生长有利，而日照时间短对薯块生长发育有利。

洋芋的栽培型可分为春作、初夏作，夏作及秋作四种类型，为了在块茎膨大期有冷凉的温度、较短的日长，采用夏作和秋作对其产量及品质的提高是有利的。彭州市的秋洋芋即夏作，一般在 8 月 8 日后(立秋～白露)播种，到 10 月下旬至 11 月初收获，共历时 70d 左右。根据其发育特点，可分为 4 个发育期，各发育期的热量条件见表 1.32。由表可知，秋洋芋整个生育期间共需大于等于 10℃活动积温 1410℃，根据彭州市多年气温资料可统计出从立秋到 10 月中旬末≥10℃活动积温的多年平均值为 1497.8℃，≥10℃活动积温值达到 1410℃的保证率为 100%，达到 1420℃的保证率为 97%；日平均气温虽在逐渐降低，但均大于下限温度 10℃。故秋季热量是完全可以满足其生长发育的热量要求，而且播种越早产量越高。从彭州市多年降水资料中，可统计出从 8 月中旬到 10 月中旬降水总量的多年平均虽然为 339.0mm，正好满足其对水分的要求，但因秋季降水年际变化大，在适宜降水(300～400mm)的年份仅占 24%，基本适宜降水的年份也仅占 58%，其余年份不是旱便是涝。

表 1.32 秋播洋芋各发育期的热量条件(℃)

发育期	萌芽期	发芽形成及开花期	谢花期	变黄枯周期
日期(日/月)	8/8～15/8	16/8～31/8	1/9～30/9	1/10～20/10
平均气温(℃)	25	24	21	17
≥10℃活动积温(℃)	170	300	600	340

从彭州市多年日照资料中可发现在 8 月中下旬日照总时数的多年平均为 98.4h，平均 4.9h/d，此时日照较多、且秋季较长的日长对促进洋芋茎叶生长十分有利；在谢花期的 9 月，3 个旬日照总时数的多年平均为 72.8h，平均 2.4h/d，此时日照减少，且日长在逐渐缩短对开始发育的薯块是有利的；在变黄枯凋期的 10 月上中旬，日照总时数的多年平均为 34.5h，平均仅 1.7h/d，此时日照更少，且日长也更短，这对薯块的膨大及淀粉积累十分有利。

综上所述，可以认为在彭州市种植秋洋芋是有适宜的光热气象条件来满足其生长发育和块茎膨大的，只要注意选择优良品种，防止品种退化以及在秋旱、秋涝年加强田间管理，种植秋洋芋是可以获得丰收的。

(4)秋玉米种植的农业气候分析

玉米为喜温的短日照作物，要求较高的温度、充足的日照及良好的水肥条件。生长期适宜的温度为 20～24℃，生物学下限温度为 10℃，生长期间降水量为 500mm 左右为宜。

彭州市的秋玉米一般是 7 月底播种，为节约时间多采用移栽，从 8 月 5 日移栽到 10 月中旬末采收嫩玉米，共历时 75d 左右。根据其发育特点，可分为 5 个发育期，各发育期对热量的要求见表 1.33。从表中可发现秋玉米在播种出苗、幼苗期是能满足其对热量要求的；在拔节期的气温已偏低，虽低于最适宜温度条件，但也基本上能满足其对热量要求；在抽雄开花、灌浆成熟期则常遇低温危害，这是引起产量低的一个主要气象原因。统计 1959～1991 年抽雄开花期的日平均气温，低于 18℃的日数为 126d，其出现频率为126/330=38.2%,平均每年有3.8d,有的年份(如1988年)多达10d;33年的灌浆成熟期的日平均气温,低于16℃的日数为145d,其出现频率为145/495=29.3%,平均每年有4.4d,最多的年份(如1967年)达13d,可见低温危害是严重的。

秋玉米生长期(8月上旬至10月中旬)彭州市降水量的多年平均为420mm以上,基本上能满足对水分的要求。秋季日照偏少,对玉米的开花灌浆也有不利的影响。

综上所述,彭州市种植秋玉米影响其产量的主要气象因素是开花灌浆期的低温,除选用抗低温早熟的优良品种外,还应合理安排生产尽量早播来避开低温,增施磷、钾肥和微量元素以促进生长、增强抗低温能力。

通过以上分析得出:彭州市平坝秋季热量和水分资源丰富,可种植对光照要求不严格的豌豆、洋芋、玉米等作物,既能获得一定的产量,又能充分利用此时段的农业气候资源、土壤资源。

表1.33 秋玉米各发育期的热量条件

发育期		播种出苗	幼苗	拔节	抽雄开花	灌浆成熟
要求	适温(℃)	28~25	20~30	24~26	25~26	22~24
	上限温度(℃)	44~50	48	35	38	25
	下限温度(℃)	7	4	18	18	16
秋播	日期(日/月)	30/7~4/8	5/8~25/8	26/8~25/9	26/9~5/10	6/10~20/10
	平均温度(℃)	25.4	24.5	21.5	18.6	17.2
	≥10℃活动积温(℃)	120	490	640	190	250

1.7.6.5 山区引种平坝蔬菜的农业气候分析

彭州市由于海拔高度以及地形、地势的差异,使区内平坝、丘陵、山区的气候差异较大,立体农业气候资源十分丰富。为了充分利用山区的农业气候资源,也为了缓和成都市蔬菜淡季(8~9月)的供需矛盾,加速建设二线蔬菜基地,可以利用山区与平坝气候的季节差异,运用农业气候相似的原理对彭州市平坝种植的市场紧俏且便于运输的蔬菜品种,向山区引种作农业气候分析。

(1)彭州市平坝与山区的气候差异

彭州市的平坝一般在700m高度以下,以市气象站(581m)1959~1991年的气候资源来代表平坝地区的气候。彭州市的山区虽有海拔达到3000~4000m的地区,但农耕区一般在1500m高度以下,所以以白果坪(1260m)的气候资料(8年观测资料并订正延长到与市气象站资料相同长的年代)来代表山区的气候。根据两地资料的统计分析,可得出:

①平坝和山区的气温差异比较稳定。在一年中,平坝和山区各旬平均气温差值在2.8~5.5℃之间,平均为4.2℃;月平均气温差值在3.1~5.1℃之间,平均仍为4.2℃,可知平坝的气温较山区约高4℃左右,且两地气温变化趋势基本一致。除了冬季12~2月和夏季7、8月外,平坝和山区春秋季各月的月平均气温的差值也在4℃左右,因此可

认为春季山区比平坝的季节推迟约一个月，而秋季则可使作物生长的季节提早一个月。

②平坝和山区的积温差异较大。大于等于10℃年活动积温平坝比山区多1320.1℃，而10℃的初日平坝比山区提早17d，终日则比山区晚20d（表1.34），所以平坝热量资源丰富。

③山区降水比平坝更加丰富。平坝年降水量为952.2mm，而山区（1260m）的年降水量为1500.0mm，比平坝多了500mm以上。因此应注意山区雨水过多引起的涝灾和病虫害发生。

④山区日照较平地少。平坝和山区日照均偏少，且各季节分布不均，一般夏季最多，而秋季10～11月最少。山区由于地形影响、树木的遮挡，使到达近地面的日照较平坝少，因此不宜种植对光照要求较高的作物。

表1.34　平坝和山区10℃积温及初、终日比较

	10℃初日	10℃终日	持续日数(d)	活动积温(℃)
平坝(581m)	3月22日	11月19日	243	4831.7
山区(1260m)	4月8日	10月30日	216	3511.6
差值	17(d)	20(d)	27	1320.1

综上所述，我们认为山区虽然较平坝的热量资源和光照资源少，但可利用山区与平坝气候的季节差异，在春夏季引种平坝秋、冬种植的蔬菜，就可在8～10月上市，供应成都等市场。

（2）山区引种荷兰豆的农业气候及农业气候相似分析

①荷兰豆对气象条件的要求。荷兰豆又名菜豌豆，属一年生或两年生攀缘草本植物，是较耐寒、耐旱的长日照作物。菜用的豌豆可分为硬荚种和软荚种，其种子、嫩稍、嫩荚均含有丰富的营养。彭州市种植的荷兰豆为皱粒种的软荚品种，以嫩荚供应蔬菜市场。其发育期可分为播种发芽期、幼苗期、抽蔓期（花芽分化）和开花结荚期。该品种对日照长短要求不十分严格。虽能耐旱、不耐湿，但土壤和空气干旱却是造成落花的主要原因，开花最适宜的空气湿度为60%～90%；生长期内排水不良易引起烂根和白粉病的发生。各发育期对热量要求见表1.35。

表1.35　荷兰豆各发育期对热量的要求

发育期	播种发芽	幼苗	抽蔓	开花结荚
适温(℃)	18～20	10～15	9～23	15～20
上限温度(℃)	/	/	/	25
下限温度(℃)	1～2	−5	−5	0
≥10℃活动积温(℃)	180～200	125～165	300～400	270～360

②山区引种荷兰豆的农业气候分析。根据彭州市平坝种植的荷兰豆品种对气象条

件的要求,可分析出在山区种植荷兰豆的气象条件中,光照同样也不是限制因子;水分过多时可通过田间管理来加以调节;而热量条件是否适宜,才是荷兰豆从平坝向山区引种能否成功的关键。荷兰豆在彭州市平坝一般是 10 月下旬开始播种,第二年 5 月上旬开始采摘嫩荚供应市场,5 月下旬下市。为了使山区种植的荷兰豆能在 7、8 月供应市场,因此需要分析出适宜的播种期以及各发育期所需的热量条件是否能得到满足。

根据资料分析,可以发现在 4 月下旬开始在山区播种荷兰豆,则在 7 月上旬可大量上市(表 1.36);如果在 4 月下旬至 5 月中旬的一个月中,采用分期播种,则可使荷兰豆在 7、8 月份陆续供应市场。从分析中我们还发现,平坝种植的荷兰豆在抽蔓期间,从冬至到雨水期间的气温低于 9℃、高于－5℃,虽然荷兰豆不会受冻害,但生长极慢,处于假休眠状态,直到 3 月上旬后气温才逐渐上升到 9℃以上,因此使抽蔓期长达 4 个多月;而山区在 4 月下旬开始播种则不需要休眠,从而缩短了播～收的生育期。平坝荷兰豆在开花结荚期常遇到多阴雨寡日照的情况,从而影响到结荚率;而山区在 6 月份开花结荚时,这正是彭州市一年中日照最多的时段,对开花结荚十分有利。

表 1.36　平坝、山区种植荷兰豆的时间及热量条件

发育期		播种发芽	幼苗	抽蔓	开花结荚	播种～收获
平坝	时间(日/月)	25/10～7/11	8/11～20/11	21/11～8/4	9/4～29/4	下旬/10～上旬/5
	平均气温(℃)	14.3	11.4	/	16.9	/
	积温(℃)	184.4	154.2	362.0	348.2	1048.8
山区	时间(日/月)	25/4～8/5	9/5～18/5	19/5～10/6	11/6～29/6	下旬/4～上旬/7
	平均气温(℃)	14.3	15.5	16.8	18.6	/
	积温(℃)	185.3	153.2	383.2	353.6	1075.3

注:表中积温为≥10℃活动积温,指标保证率达 80%以上。

③荷兰豆引种的欧氏距离系数计算。作物引种是否能成功,应该主要考虑引种地的农业气候条件与作物生长发育所需的农业气候条件是否相似。相似程度高的地区,引种易获得成功;反之,引种易失败。欧氏距离系数就是度量农业气候相似程度常用的统计量之一,其修正的公式为

$$d_{ij}=\sqrt{\frac{1}{m}\sum_{k=1}^{m}(x'_{ik}-x'_{jk})^2} \qquad (1.52)$$

式中 d_{ij} 是 i 地 j 地两地之间的欧氏距离系数;k 表示任一个农业气候要素或农业气候指标($k=1,2,\cdots,m$);x'_{ik} 和 x'_{jk} 分别为 i 地和 j 地第 k 个农业气候要素或农业气候指标的标准化值。

计算时,k 取 1 ～ 3,分别为播种至发芽期间的温度、幼苗期的温度、开花结荚期的温度。并以 M_0 代表作物本身要求;M_{10} 代表平坝 10 月下旬播种;M_3,M_4,M_6 分别代表山区 3 月上旬、4 月下旬、6 月上旬播种。其计算结果见表 1.37。从表中可看出向山区引种荷兰豆以 4 月下旬播种最好。

表 1.37 不同时期、地点播种荷兰豆的欧氏距离系数计算

	M_{10}	M_3	M_4	M_6
M_0	0.53	2.79	0.92	2.14

综上所述，可以得出在山区 4 月下旬引种荷兰豆是可行的。但引种时应注意播种时若土壤湿度太大易引起烂种；播期太晚（5 月中旬后）易发生开花结荚期的高温危害。

(3)山区引种菜豆的农业气候及农业气候相似分析

菜豆又名四季豆、芸豆、扁豆，属一年生草本植物，不耐寒。菜豆依其生长习性可分为蔓性种、半蔓性种和矮性种；依豆荚纤维化的程度可分为软荚种和硬荚种。彭州市准备从平坝向山区引种的菜豆为矮性、软荚种，以采摘嫩荚来供应蔬菜市场。除供鲜食外，由于菜豆比豇豆、豌豆耐贮藏运输，也是罐头工艺的主要原料。

通过对山区引种菜豆的农业气候分析可计算菜豆引种的欧氏距离系数。利用上述原理和公式(1.52)，k 取 1 ～ 4，分别为播种发芽期的温度、幼苗生长期温度、抽蔓期温度及开花结荚期温度。并以 M_0 代表作物本身要求；M_{31} 为平坝 3 月上旬播种；M_{32}，M_4，M_6 分别代表山区 3 月中旬、4 月下旬、6 月上旬播种。其计算结果见表 1.38。从表中同样可看出，向山区引种菜豆以四月下旬最好。

表 1.38 不同时期、不同地点播种菜豆的欧氏距离系数

	M_{31}	M_{32}	M_4	M_6
M_0	0.49	3.34	0.65	2.46

综上所述，可以得出在 4 月下旬向山区引进菜豆是可行的。

1.7.6.6 作物气候生产潜力的计算

我们从太阳辐射能转换原理出发，可以计算各种作物的光合生产潜力，经过水分订正、温度订正，就可得到气候生产潜力 $Y(Q、T、R)$。

(1)作物气候生产潜力的年际变化

将水稻，冬小麦，玉米历年的 $Y(Q,T,R)$ 值绘成时序曲线可以看出，各作物的气候生产潜力随时间有增加的趋势，20 世纪 80 年代的平均值要高于 70 年代的平均值，70 年代的平均值又要高于 60 年代的平均值。且各作物的气候生产潜力的变化趋势基本相似，这说明降水和温度对各作物的影响是大致一样的。

为了便于分析，我们应求出各作物的气候生产潜力的逐年变率：

$$\Delta Y(Q,T,R)\% = \left[\frac{Y(Q,T,R) - \overline{Y}}{\overline{Y}}\right] \times 100 \tag{1.53}$$

式中 $\overline{Y}$ 为历年的 $Y(Q,T,R)$ 的准气候平均值。

将气候生产潜力年变率、温度及降水的年变率绘成时序曲线图可以看出：气温呈正

变率时，气候生产潜力就呈负变率；降水为负变率时，气候生产潜力亦为负变率。这说明气温与气候生产潜力为负相关，降水与气候生产潜力为正相关。且气温对作物产量的影响较降水的影响显著。

①降水对各作物的气候生产潜力年变率的影响。通过线性和非线性相关方程来分析年降水量 (R) 对各种作物的气候生产潜力年变率的影响，其方程形式为

线性方程：
$$\Delta Y(Q,T,R)\% = A + B \times R \tag{1.54}$$

非线性方程：
$$\Delta Y(Q,T,R)\% = A + B \times \ln R_0 \tag{1.55}$$

式中 A,B 为待定系数。非线性方程为对数关系。

由降水量对气候生产潜力年变率影响的相关分析可知，彭州市年降水量对气候生产潜力年变率的影响程度不论是线性相关还是非线性相关(对数关系)均达显著水平。年降水量越大，各作物的气候生产潜力也越大，作物产量也就越高。各作物的气候生产潜力与年降水量呈正相关。

运用相关分析所给出的相关模式，可计算出各类降水量对彭州主要作物的气候生产潜力年变率的影响，如表 1.39 所示。

表 1.39　各类降水量对各作物生产潜力的影响(%)

	玉米	水稻	小麦
多年平均值	0.2	0.336	0.04
极旱年份	−17.01	−13.03	−20.52
极丰年份	21.86	16.89	26.8

由表可知，年降水量对玉米、水稻、小麦的影响均为正值，但是增加的幅度不大。30 年一遇的极旱年份为负效应，极丰年份为正效应，从而说明降水是限制各作物气候生产潜力多少的重要因素，考虑到彭州现在有变干的趋势，为了削弱降水减少对气候生产潜力的负影响，应加强农田水利建设，扩大灌溉面积，合理利用水资源以达到增产、稳产。

②温度对各作物气候生产潜力年变率的影响。根据资料分析可知，彭州的气候 1959～1991 年呈变冷的趋势。采用类似于降水对气候生产潜力年变率影响的分析作年平均气温对各作物的气候生产潜力年变率影响的相关分析，再利用类似公式(1.54)和(1.55)式给出的相关模式，计算出各类气温对彭州主要作物的气候生产潜力变率影响，如表 1.40 所示。

表 1.40　各类年平均气温对各作物生产潜力的影响(%)

	玉米	水稻	小麦
多年平均值	−5.99	8.867	0.02
极暖年	−41.78	−28.84	−33.78
极冷年	37.95	55.168	41.483

由表可知，当气温处于极暖年时，玉米、水稻、小麦的气候生产潜力均因气温偏高，限制了它的同化作用，从而使其气候生产潜力较多年平均值有所减少，即在一定条件下气温越高气候生产潜力越低；反之，气候生产潜力增大，而且变化的幅度很大，水稻竟高达55%。这说明在一定条件下气温是制约各作物的气候生产潜力的主要因素，从相关系数和变化的幅度上可以看出气温与降水相比，气温对作物的气候生产潜力的影响较降水更为明显。

(2)作物气候生产潜力随高度的变化

随着海拔高度的升高，气候等自然条件也会有所变化，如温度降低、降水增多等。而彭州的地形复杂，各种不同的地形共存，因此研究不同海拔高度的气候特点及其对农业生产的影响，是立体农业开发与利用的一个重要方面。我们仅对彭州的县气象站、关口、大宝、楠木四站5年(1983～1987年)的各作物的气候生产潜力进行计算和分析结果如表1.41至表1.43所示。由表可以看出，随着海拔高度的升高，各种作物的气候生产潜力不同程度地有所减少。这主要是因为随着高度的升高，气温降低，热量减少使作物气候生产潜力降低，同时随着高度的升高，降水虽增多，但径流量增大，使水分流失增多，不利于作物生产潜力的增加。

表1.41 不同高度水稻的气候生产潜力

测站	海拔高度(m)	年均气温(℃)	年均总降水(mm)	气候生产潜力(kg/亩)					
				1983年	1984年	1985年	1986年	1987年	五年均值
县站	581.2	15.4	863.0	1121.2	1397.4	1365.2	1280.4	705.6	1174.0
楠木	650.0	15.4	826.1	1009.6	1128.5	988.8	796.5	978.2	980.1
关口	750.2	13.9	857.5	949.5	1043.1	869.2	864.2	982.6	941.7
大宝	1260.1	11.3	1192.6	704.5	1031.3	928.2	747.0	787.3	839.7

表1.42 不同高度玉米的气候生产潜力

测站	气候生产潜力(kg/亩)					
	1983年	1984年	1985年	1986年	1987年	五年均值
县站	820.8	1212.3	1033.9	937.5	521.9	905.3
楠木	854.4	905.2	845.3	762.9	840.8	841.7
关口	815.7	854.4	782.4	780.6	829.1	812.4
大宝	685.8	841.3	792.3	706.1	725.2	750.1

表1.43 不同高度小麦的气候生产潜力

测站	气候生产潜力(kg/亩)					
	1983年	1984年	1985年	1986年	1987年	五年均值
县站	803.3	1226.4	842.5	917.5	516.1	861.2
楠木	793.4	862.4	828.4	781.4	825.4	818.2
关口	761.4	763.3	783.5	743.1	742.0	758.7
大宝	656.6	776.5	741.5	680.0	693.7	709.7

1.7.6.7　小结及相应措施

(1)热量资源

①热量资源丰富,7～8 月为最热月,12～2 月为最冷月。大多年全年稳定通过 0℃,生长期长;

②各界限温度的初、终日期及持续日数年际间变化较大,积温的年变幅显著;

③多年最冷月平均温度大于 1.7℃,可一年四季进行农业耕作,有利于作物越冬和多年生作物的种植;最热月温度不高,多年平均低于 24.9℃,某些喜温作物在生殖生长阶段要求较高温度强度,难以满足;

④热量资源随海拔高度增加而减少,界限温度初日推迟,终日提前,持续日数和积温减少,温度强度也降低,形成显著的立体农业气候。

(2)降水资源

①彭州市境内降水资源丰沛,不同高度的年降水量的变化趋势基本一致,年、季、月降水量基本上随海拔高度的升高而增加;

②年内各月降水量分配极不均匀,不同月份、不同季节降水量相差悬殊,最大降水月为 6～9 月,特别是 7～8 月,最大降水月的降水量可占全年的 31%以上,雨季降水量平均占全年的 90%～93%;

③月、旬降水量的年际变化很大。1959～1991 年,气象站的降水量变幅为 61%,关口达 90%,降水变幅随海拔高度的增加而增大;

④境内旱涝情况不尽相同,但各站在偏旱、偏涝的变化趋势上是一致的;

⑤雨日占全年的 42%以上,且雨日随海拔高度的升高而增多。雨季长短随海拔高度增加变化不大。

彭州秋季热量资源丰富,降水丰沛,日照偏少,利用水稻收获后、小麦播种前这一时段种植秋豌豆、秋洋芋、秋嫩玉米是可行的。一方面充分利用了这一时段的农业气候资源,同时又丰富了市场,增加了经济效益。为了减轻秋雨多对秋豌豆,秋季旱涝对秋洋芋,秋季低温对秋玉米的危害,除了选用优良品种、加强田间管理外,气象部门应作好当年长、中、短期的天气预报,加强气象服务。

影响彭州从平坝向山区引种荷兰豆、菜豆的主要气象因子是热量。而在山区 4～6 月种植荷兰豆、菜豆有较好的热量和光照条件。其中又以 4 月下旬播种荷兰豆、菜豆最好,可在 7 月供应蔬菜市场,缓和蔬菜秋淡矛盾。同时对开发山区、合理利用山区资源、加速建设二线蔬菜基地,以及提高山区农民的经济收入均有积极的意义。

彭州主要作物的气候生产潜力与气候呈负相关,与降水呈正相关;随海拔高度的升高而有减少趋势。为削弱降水减少对气候生产潜力的负影响,应加强农田水利建设,扩大喷灌、滴灌面积。

§1.8 农业气象预报

为了在不同年际的天气条件下充分利用某一地区的农业气象条件来保证农业生产，从实际需要出发开展农业气象预报工作是很重要的。

1.8.1 农业气象预报及其依据

农业气象预报是根据农业生产对天气、气候的具体要求，结合农业气象指标，运用一定的分析方法而编制的一种专业性预报。它比一般气象台站的天气预报更加结合农业生产，深受农业生产部门的欢迎。农业气象预报的依据，除了近代天气、气候的演变原理和农业生产过程（作物生长、发育和产量形成）的生物学规律以外，还依据：

①农业气象要素对农业生产过程作用的持续性。这种持续性，一方面是指农业气象要素可以贮存起来，然后逐渐地对农业生产（作物）发生作用，另一方面是指农业气象要素对作物发生作用后，这种作用的效果可以持续到后一时段（发育期）；

②作物生长发育状况对外界气象条件反应的前后相关性。利用这种相关性，就可用前期的农业气象条件来预报作物后期的生育状况；

③外界气象条件对作物生长发育及产量形成作用的不等同性。这种不等同性，一方面是指在一定的气候区域内，各个气象因子对不同作物的生长发育和产量形成的重要性不相同，另一方面是指同一气象因子在作物的不同发育期的作用和重要性不同。

利用以上依据来进行农业气象预报时，为了使预报符合实际和提高它的准确性，还要对预报的内容进行农业气候鉴定和当前农业气象条件分析。农业气候鉴定，主要是对预报内容中有关农业气象条件在历年的平均、极值、出现频率（或保证率）进行统计分析。当前农业气象条件分析，主要是对热量、水分、灾害及作物的生育状况进行分析。通过鉴定和分析，可以使我们确定预报的关键时期，也能了解到预报前已形成的农业气象条件及影响的状况，就能更准确地预报未来农业气象条件的作用和影响。

1.8.2 农业气象预报的种类

从目前国内外开展的情况看，农业气象预报的种类很多，按预报时效可分为长、中、短期预报。按预报内容，主要可分为以下三种。

1.8.2.1 田间工作适宜期预报

田间工作适宜期预报的内容比较多，因各地农业生产情况不同，开展的具体项目也不同。主要有：

（1）农作物适宜播种期和收获期预报

这是进行农作物栽培的起点和终点。播种和收获是否适宜，不仅影响到整个作物的生长发育过程，而且还影响到最终产量。农作物适宜播种期和收获期预报的实际意义就在于，帮助农业生产部门适应每年变动着的气象条件，使每年的作物播种和收获都能安排在当年气象条件的最适时期内，以保障作物生长发育良好，丰产、丰收。

(2)土壤水分(包括灌溉期、灌溉量)预报

土壤水分是农作物生长发育的重要农业气象条件之一，并对各项田间作业影响很大。在我国北方，由于降水量少、变率大，在作物生长发育期间，土壤水分常不能满足作物的需要，特别在春季有“十年九春旱”之说，有的年份甚至春旱连夏旱，严重地影响了作物生长发育和产量形成。在南方，雨水多固然对水稻生长有利，但对小麦、油菜等旱作物易造成湿害。因此农业生产部门需要经常了解土壤水分的动态，以便正确安排和指导农业生产活动。特别在干旱发生时，土壤水分预报、情报就成为生产主管部门动员抗旱和采取必要措施的重要依据。

(3)牧区牲畜放牧期和放牧条件预报

在牧区常因大批牲畜在野外放牧，遇急剧变化的恶劣天气而造成大批量损失。牲畜放牧期、放牧条件的预报，对牲畜的科学饲养，畜群安全转场、防止家畜传染病的流行以及提高牧草收获贮藏的质量都具有一定意义。

1.8.2.2　抗御自然灾害方面的预报

(1)晚稻抽穗开花期的低温冷害预报

晚稻抽穗开花期遇低温冷害，会造成大量空壳秕粒而减产，是我国双季稻区晚稻减产“低而不稳”的主要农业气象灾害。如果能及早地、准确地预报出低温冷害出现的时间和强度，农业生产部门就可以对晚稻种植面积、品种、适宜播种期以及早晚稻品种的搭配等作出合理安排，并采取一些其他措施，使晚稻在低温来临前安全齐穗。

(2)冬小麦干热风预报

在我国华北、西北以及徐淮地区，轻度小麦干热风年年出现，严重的小麦干热风出现的几率也很大，使小麦叶片干枯、植株死亡，籽粒千粒重下降而减产。小麦干热风预报的意义在于：从长期预报中了解到某年是干热风发生严重的年份，农业生产部门就可以选用抗干热风强的品种，及早作好抗干热风所需的物质准备和计划安排，当短期内将出现干热风时，在田间管理上就必须及时浇水，喷洒草木灰水、喷石油助长剂等，使小麦能战胜高温低湿的天气，克服其生育后期的不良气象条件影响，对争取小麦的高产稳产是有重要意义的。

(3)春秋季节霜冻预报

这是根据天气形势，单站观测资料，结合作物种类、品种、发育期、生长状况，及时向农业生产部门提出霜冻出现的时间及强度，以便采取防御措施，夺取农业生产的丰收。

(4)冬作物越冬冻害预报

冬小麦、油菜、多年生果树以及经济作物，由于冬季干旱、寒冷、风抽等原因，常发生

不同程度的死亡。为了及时、有效地采取措施,防御越冬冻害,需要对越冬期间出现的有害低温的时段、强度进行预报,以保证越冬作物安全越冬。

(5)旱涝趋势预报

旱和涝对农作物生长发育、农事活动影响都很大,但正确的预报可以使农业生产部门合理安排农业生产和合理用水,水多可以贮存,也可以排掉,天旱可以及早准备抗旱物资,也可以调节播种期以避开干旱时段。旱涝趋势预报应预报出年降水量是偏多或是偏少,干旱的主要时段及雨季开始的早晚。

(6)病虫害预报

农作物病虫害的发生、发展、危害都是和外界一定的气象条件紧密相关的。根据病虫害的生物学规律,病虫害发生、蔓延的气象条件,及时作出病虫的发生期(流行期)预报和发生量(流行程度)预报,对农业生产部门及时防治,争取高产优质的农产品有重大意义。

(7)森林火险预报

森林火灾发生的主要地区在23°～56°N之间,发生的时期主要在冬半年。火灾给森林资源带来很大损失,而开展森林火险预报,可以保护资源,使防火由被动变主动,免去瞭望巡逻、航空巡逻,节约了人力和物力,有助于有计划地确定防火方法和防火人员。

1.8.2.3 产量形成条件预报

(1)农作物主要物候期预报

农作物播种出苗以后,以冬小麦为例,要顺次通过三叶、分蘖、拔节、孕穗、抽穗、开花、灌浆、乳熟、黄熟等物候现象,这些物候现象出现的日期称为农作物物候期或生育期。其中拔节、抽穗、黄熟等物候期既标志着本茬作物生长发育的主要进程,又对后茬作物播种(育秧)的安排有指示意义,称为农作物的主要物候期。

农作物生长发育速度的快慢,即各物候期出现的早晚,在很大程度上取决于外界气象条件,特别是温度是否适宜。农作物主要物候期预报就是根据农作物的生物学特性,结合外界气象条件的变化,预测出农作物主要物候期出现的日期,以便生产部门适时地进行科学的田间管理。农作物的主要物候期预报除了直接为田间管理等生产活动服务外,还是另一些农业气象预报的基础。如小麦干热风预报,必须预报小麦乳熟—黄熟出现的时期,晚稻低温冷害预报,必须预报晚稻抽穗—开花出现的时期,霜冻、病虫害等预报均需配合有关农作物的物候期来一起分析。

(2)农作物产量质量预报

产量预报是目前世界各国开展较为广泛的一项农业气象预报。在进行产量质量预报时,要首先分析确定影响产量质量的气候关键期,并对关键期中明确影响作物产量的主要气象因子进行分析,然后利用数理统计方法、气象条件对比评定产量法、生物学法(如叶面积指数法)、数值模拟法、卫星遥感法来进行产量质量预报。

(3)农业年景趋势预报

年景即收成的好坏，是气象条件综合对农作物生育过程作用结果的概括。当各主要农业气象条件配合适宜时，农业丰收；反之，农业减产。每年气象条件中的水、热状况的变化，是影响产量的重要因子，因此在农业年景趋势预报中，主要是将农业年度内大范围的旱涝、冷暖趋势预报和农业生产相结合，来编制农业丰歉的年景趋势预报。

1.8.3　农业气象预报的主要方法

农业气象预报的方法较多，但它们的分析程序可用如下模型来表示：

收集历史资料 → 加工处理资料 → 提取相关因子或有关指标 → 建立预报关系式或预报模式 → 试报符合要求后用于预报

1.8.3.1　数理统计方法

数理统计方法是以概率论、大数定理、中心极限定理等统计数学理论为依据，运用统计手段建立各随机变量之间相关关系的方法来进行预报。一般是将预报对象 y 和有关因子 $x_i(i=1,2,3,\cdots,n)$ 经过大量统计，最后建立预报方程

$$y=a_0+a_1x_1+a_2x_2+\cdots+a_nx_n \tag{1.56}$$

式中 $a_0,a_1,a_2,\cdots,a_n$ 为待定常数，$x_1,x_2,\cdots,x_n$ 为农业或气象方面的预报因子。

要使预报准确，关键在于选择与预报对象 y 相关较好且有一定的气象学、生物学意义的预报因子 x_i，然后根据数理统计学中的判别分析或复相关分析，做出预报对象 y 是否出现的判别式或预报 y 数量大小的预报方程。在日常预报中，常用的方法有多元统计分析法和气象要素时间序列分析法。

由于数理统计方法能够比较客观、定量地揭示各种随机变量之间的内部规律，能够很好地反映农业生产与气象条件之间的相关关系，所以是农业气象预报中应用得最广泛的一种预报方法。

1.8.3.2　天气学方法

天气学方法是以天气学原理为依据，运用历史天气图、表、资料来分析当地常年各农事关键季节和作物生长发育期间的主要天气，特别是灾害性天气的形成、变化特点，从而找出其规律并归纳成具体的预报指标来进行农业气象预报。常用的方法可归纳为：

①趋势法（外推法）。即把天气系统过去的演变趋势外延一段时间（可采用等速外推或变速外推的方法）来预测未来的变化及对农业生产的影响。

②物理分析法。即应用涡度平流和温度平流对气压的影响以及气压系统的相互关系来预报气压系统的变化趋势，来进行农业气象预报。

③模式法（即相似形势法）。利用已经总结出的各类天气形势的大气环流稳定性、影响系统的演变规律建立天气过程模式，来进行农业气象预报。目前，已广泛用计算机代

替人工找相似天气形势。

④预报指标法。通过对过去某类天气过程进行普查分析，找出其出现的共同特点及与其他类天气过程出现的不同特点，作为该类天气出现的指标，用来进行农业气象预报。

由于天气学方法综合考虑了天气形势背景、影响的天气系统和当地的地理特点、天气演变的全过程，物理意义比较明确，因此比用单一的气象因子来做农业气象预报考虑全面，而且时效增长，也避免了用天气形势来预报气象要素，再来做农业气象预报的中间误差。天气学方法多用于编制产量预报、农业气象灾害预报及病虫害预报。

1.8.3.3　气候学方法

气候学方法是以气候学原理为依据，运用历史气候资料，分析当地常年各农事关键季节的作物生长发育期间的气候形成和变化特点，从中找出其规律并归纳成具体的预报指标用来进行农业气象预报。运用气候学方法分析得出的预报指标，不仅准确率高，而且时效较长，适用于长期和超长期预报。主要方法有：

①周期分析法。即找出气候时间序列中存在的周期，用来进行预报。除用数理统计法中的气象要素时间序列分析法外，还可用谐波分析法和树木年轮分析法等。

②相似分析法。同天气学方法中的相似形势法类似。

③最大最小可能性分析法。任何气象要素，在一定历史时间内，其数量的变化是在适当的范围内。一个气象要素要超过它过去的历史变化范围不是绝对不可能，但可能性较小。超出历史变化范围的可能性我们称为最小可能性，而历史变化中经常出现的范围称为最大可能性。当进行最小可能性预报时，要用多种方法证论，有充分理由后，才可下结论。

另还有丰歉年景、旱涝状况对比分析法等。

1.8.3.4　生物学方法

生物学方法是以生物学原理为依据，运用有关历史生物物候资料，分析当地常年各种生物物候（农作物物候和自然物候），尤其是那些对农业生产活动有指示意义的生物物候出现的早晚、间隔日数的长短及其与气象条件关系的演变特点，从中找出其固有的规律，并归纳成具体的预报指标，用来进行农业气象预报。常用的方法有：

①积温法。常用的表达式为

$$D = D_1 + \frac{A_i}{\bar{t} - B_i} \tag{1.57}$$

式中 D 为某作物某一发育期的预报出现日期，D_1 为该作物前一发育期的实际出现日期，A_i 为前一发育期到预报发育期间的有效积温常数，B_i 为预报发育期的生物学下限温度，$\bar{t}$ 为预报期内的平均气温。除用于发育期预报外，还用于病虫害预报。

②物候指示法。生物有机体发育期的出现对外界气象条件有一定的要求，它们对未来天气条件的变化具有敏感的反应，生物之间、生物与环境之间凭借物质循环结成一定

的生态系统,物候指示法就是根据以上原理而编制的预报。用自然界生物(植物或动物)的出现或状态来预报作物发育期或农事活动的日期,称为自然物候法。用作物前期发育期出现日期(物候期),结合该时期内的温度订正、光照长度订正等来预报后期发育期出现日期(物候期),称为物候相关法。该方法虽较简单,但应用时不仅要找到物候之间、候物与天气之间的良好相关,而且要经过计算验证后才能应用。

此外,生物学方法还可应用实验室获得的数据,然后用数学方法拟合出方程来进行预报。

1.8.3.5 卫星遥感法

卫星遥感法是以辐射感应原理为依据,根据从卫星上接收到的遥感图像和数据资料,将其进行各种技术处理,使其清晰化和标准化,以便从中提取有关的遥感信息。将遥感信息对照预先测定的地面各种农作物有机体的辐射特征和遥感原理,连续多次分析,比较前后不同时间的遥感图像和数据资料,就可以对所研究地区的天气气候条件和作物生长发育状况作出判断和预测。由于此法不受高山、沙漠、海洋、国界等地面条件限制,可以对大范围地区成像,因此便于宏观地研究各种自然现象和规律,能迅速发现和掌握自然界各现象的动态变化。卫星遥感方法主要用于编制农作物产量、主要物候期、农业气象灾害、病虫害和土壤水分等多种类型的预报。

从 1985 年开始,我国开展了牧场生物的估算研究,全国冬小麦遥感估产以及玉米、水稻等的试验研究,其中冬小麦的遥感估算已投入业务,其主要步骤(图 1.14)如下:

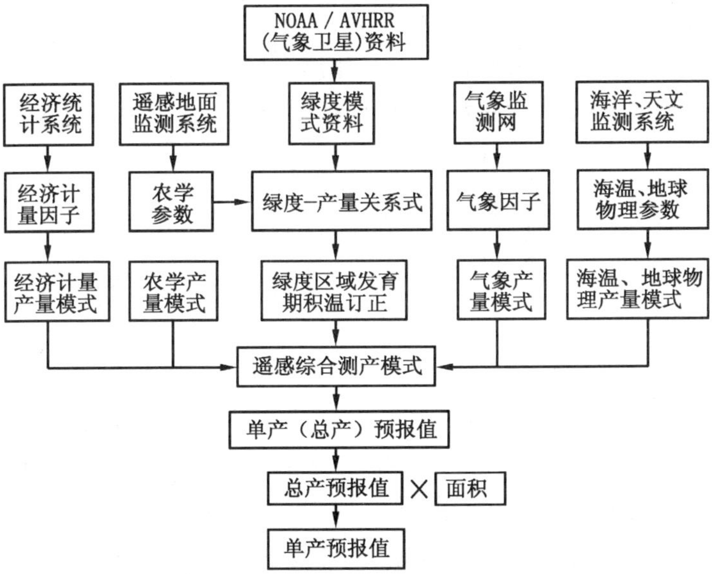

图 1.14 冬小麦遥感综合测产流程图

第一步：用历史产量资料和绿度资料做相关分析。

分析表明大范围(省)的相关性优于小范围(市、县)；不同发育期的相关性不同，其中从拔节到乳熟期的相关性好，即此发育期是遥感估产的最适宜期；绿度与总产的相关性优于绿度与单产的相关性，即用绿度做小麦总产预报较为准确。

第二步：建立绿度-产量预报模式。

其基本模式为

$$y = a + bG \tag{1.58}$$

$$y = ab^G \tag{1.59}$$

式中 y 为产量，G 为绿度值，a 和 b 为待定系数。

第三步：预报年的绿度资料订正。

主要进行区域、积温、发育期和时间的订正，以改善预报模式的稳定性。

第四步：遥感综合测产。

这是以遥感手段为主，气象学、农学等非遥感为辅的测产方法，它比单一的测产方法预报准确度可提高5%以上。此方法可归纳为综合模式法和预报结果综合法。

1.8.3.6 数值模拟方法(数学物理方法)

数值模拟方法是以相似性原理为依据，根据模拟对象的有关试验观测资料，分析模拟对象运动变化的物理过程、机制和条件，从中找出其固有规律，设法建立模拟对象(农作物)运动变化与外界条件的综合模式，确定参数，并通过实践检验修正模式，用模式来作农业气象预报。

主要类型有：

①生物生长过程模式。模拟的对象是作物有机质的增长量(m_1)，即模拟光合作用制造的有机质(Φ)与呼吸作用消耗的有机质(R)的差额，常用的模式为

$$\frac{\mathrm{d}m_1}{\mathrm{d}t} = a\left(\sum\Phi - \sum R\right) \tag{1.60}$$

式中 t 为时间，其步长为一昼夜，a 为作物生长函数。

②作物产量模式。其模拟的对象是每一种作物的产量形成过程，时间为一生长周期。常用的动态模式为

$$\frac{\mathrm{d}y}{\mathrm{d}t} = m_2\frac{\mathrm{d}P}{\mathrm{d}t} + P\frac{\mathrm{d}m_2}{\mathrm{d}t} \tag{1.61}$$

式中 y 为作物产量，P 为单位面积上作物的株数，m_2 为单株作物的生产器官质量。

③轮作农业植物群落生产力模式。该模式的对象是自然植物群落或间、混、套种农田中各种作物群体的总产量。时间尺度一般为一年。模式可用下列方程式表示

$$y_i = a_0 + \sum a_i x_i(t) \tag{1.62}$$

式中 a_0 为趋势产量，a_i 为系数，$x_i(t)$ 取决于趋势水平的指标。

以上三类模式在研究和建立时，都必须综合相同时空尺度的土壤肥力和气象肥力模式。建立模式的主要方法有统计学方法、动力学方法（生物物理方法）、统计-动力学方法（综合方法）。由于模式计算很复杂，所以此方法大部分尚处于研究阶段。

数值模拟方法主要用于编制农作物产量和农业年景预报，也可用于编制作物生长发育状况和主要物候期预报。

以上各种农业气象的预报方法，在实际应用时常常将多种方法综合起来加以分析和运用。

1.8.4　农业气象预报实例

1.8.4.1　预报因子具有明确的农业（生物）意义——水稻产量预报

（江西省气科所，王保生）

（1）产量预报因子的选择。

水稻的产量是由单位面积的有效穗数，平均每穗实粒数和千粒重三个要素构成的。这三个因素是在水稻生长过程中的不同时期内先后形成的，一般来说移栽至分蘖盛期是决定单位面积穗数多少的主要时期；幼穗分化始期至抽穗始期是决定每穗总粒数多少的时期，抽穗扬花期则是决定结实率高低的关键时期；孕穗期决定了谷粒外形的大小，灌浆期则决定了谷粒的饱满程度。为了在较短的时间里获得水稻各发育期与气象条件关系的较多样本资料，可使用分期播种的试验方法。

作者从3月31日起，每10d播种一期，共6期。这6期的田间管理水平相同，但产量不同。造成产量不同的主要原因是各播种期的时间不同，这就使水稻的同一发育期处于不同的时期，即不同的气象条件下，因此就可根据有效穗数，每穗总粒数、结实率、千粒重与气象因子之间的相关分析，将通过显著性水平检验的因子确定为产量预报的预报因子（参见表1.44）。

表1.44　相关系数表

要素	时段＼气象因子	日照(h)	降水(mm)	日平均温度(℃)	降水日数(d)	日较差之和(℃)	08～20时≥5mm降水日数(d)
有效穗数 y_1	移栽至分蘖盛期	0.84*	−0.54				
总粒数 y_2	幼穗分化始期至抽穗始期	−0.448	−0.551		−0.616		−0.92**
结实率 y_3	抽穗扬花期	0.673	−0.157	0.883*	−0.813*		
千粒重 y_4	孕穗期	−0.44	−0.66	0.72*	−0.96**		
	成熟期	−0.58	−0.18		−0.16	0.69	

注：“*”为信度0.1或0.05时达到显著性水平；“**”为信度0.01时达到显著性水平。

(2)产量预报方程的建立

①利用最小二乘法建立产量三要素与气象因子之间的回归方程

$$y_1 = 6.8543 + 0.0898x_1 \tag{1.63}$$

$$y_2 = 187.131 + 3.307x_3 \tag{1.64}$$

$$y_3 = 32.058 + 4.6434x_3 - 2.1902x_4 \tag{1.65}$$

$$y_4 = 29.373 + 0.0399x_5 - 0.3176x_6 \tag{1.66}$$

式中 y_1 为每蔸有效穗数(穗),y_2 为每穗总粒数(粒),y_3 为结实率(%),y_4 为千粒重(g/千粒);x_1 为移栽至分蘖盛期的日照时数(h),x_2 为幼穗分化始期至抽穗始期 08～20 时 ≥5mm 降水日数(d),x_3 为抽穗扬花期的日平均气温(℃),x_4 为抽穗扬花期的降水日数(d),x_5 为孕穗期日平均气温(℃),x_6 为孕穗期降水日数(d)。方程(1.63)～(1.66)均通过 F 检验。

②产量预报方程

$$y = \frac{0.012y_1y_2y_3y_4}{E}(\text{斤/亩}) \tag{1.67}$$

式中 E 为栽插密度(平方寸),0.12 为换算系数,即

$$\frac{600000}{100 \times 1000 \times 500} = 0.012$$

式中 1 亩=600000 平方寸,100 为结实率的百分数,1000 为千粒重的千粒,1 斤=500g。将(1.63)～(1.64)式代入(1.67)式,则为产量预报方程。

③检验。将各播期间的相关气象因子代入(1.63)～(1.67)式计算,其计算的产量与实际产量的标准误差为 53.57 斤/亩,相对误差为 4.2%,即与实际产量值相差不大。

④预报。将第二年相关气象因子代入(1.63)～(1.67)式计算,预报产量为 1310.09 斤/亩,与实际产量标准误差为 19.79 斤/亩,相对误差为 1.5%。虽然误差较小,但随着时间的推移,预报方程必须逐年补充修正,以便使之更加完善。

1.8.4.2　用多种方法预报同一预报对象——四川省稻飞虱发生程度及趋势预报

(成都信息工程学院,胡毅等)

稻飞虱为世界性的季节性迁飞昆虫,是我国水稻的主要害虫之一。四川是我国水稻的主要种植区,近几年来飞虱大发生明显增加,仅在 1979～1991 年,大发生或特大发生年就达 6 年之多,严重影响四川水稻的产量。稻飞虱的发生受虫源、天敌、水稻生育期等多种条件的影响,而虫源、水稻生育期等又和气象条件密切相关。因此,分析稻飞虱虫量与前期气象因子之间的关系,并用多种方法来进行预报,对作好综合防治、减少水稻产量的损失是十分重要的。

(1)资料来源处理

本文选用四川省川东、川南稻飞虱易发生县市 1979～1991 年的气象资料和飞虱资料(灯诱日资料和田间每百丛的虫量资料)。

据研究:四川省白背飞虱成灾期为 7 月份,褐飞虱成灾期为 7 月下半月到 8 月上半月,因此对白背飞虱只预报 7 月份的虫量,褐飞虱预报从 7 月始到 8 月中旬止的虫量。预报分虫量预报和级别预报。虫量预报又分灯下和田间两种:田间虫量为每百丛飞虱头数的月总量;灯下虫量为采用白光灯诱捕的飞虱头数。级别预报为植保部门制定的灯下和田间的综合级别,分为 6 级:轻度发生、中等偏轻、中等发生、中偏重、大发生、特大发生。

(2)稻飞虱虫量与前期气象因子的关系

因川东、川南稻区白背飞虱 7 月成灾,褐飞虱 7 月下半月至 8 月上半月成灾,故用白背飞虱 7 月虫量与前期(4～6 月)各旬气象因子求相关系数,再用褐飞虱 7 月下半月至 8 月上半月虫量与前期(4～6 月)各旬气象因子求相关系数;对每一个站,选取单相关系数绝对值最大者进行 t 检验,并对相关显著的因子进行讨论。

①白背飞虱与前期气象因子的相关分析。通过计算,发现与 7 月份主害代白背飞虱虫量线性相关显著的因子有 4 月上旬、5 月上旬、5 月下旬降水量,5 月中旬最低温度等,以上均通过了信度为 0.05 的检验。由此可分析出:

- 白背飞虱在灯下的始见期及后期主害代虫量与 4～5 月降水量相关显著。在 4～5 月,川东綦江、秀山,川南叙永,气温上升逐渐适宜飞虱的生长繁殖,当降水出现时,飞迁中的飞虱随着下沉气流这个载体,纷纷迫降地面,故使迁入第一代成虫量大,繁殖基数大,使后期 7 月虫量也大,故 7 月虫量与 4、5 月降水成显著正相关,信度为 0.01～0.05。到了 6 月,降水强度逐渐增大,甚至可能出现暴雨,这又对虫量的增多起到抑制作用。
- 川东川南,5、6 月较温暖,旬最低温度多为 16℃左右,大于稻飞虱各虫态生长、发育的起始适宜温度 15℃,使迁入的成虫定居后繁殖快,虫量成倍增加,故若虫高峰期虫量也大。
- 温度、降水量、平均相对湿度诸因子只有较好的配合,飞虱才会大量繁殖,若 4 月温度低于下限温度,即使有降水携带大量稻飞虱迁入,也只能冻死或不能生长发育繁殖,故当 3 者形成最佳组合,稻飞虱才会大发生,如平均温度为 25～27℃,平均相对湿度达 80%以上,又有降水时,则稻飞虱大量繁殖。

②褐飞虱与前期气象因子的相关分析。通过计算,发现与 7 月下半月到 8 月上半月主害代褐飞虱虫量相关显著的因子有 4 月上旬和 5 月下旬降水量、4 月下旬和 6 月中旬平均相对湿度、4 月下旬气温日较差、6 月中旬最低温度,全都通过了信度为 0.025 的检验。由此可分析出:

- 褐飞虱主害代虫量与 4、5、6 月降水量、平均相对湿度相关显著，信度达 0.005。
- 根据研究：褐飞虱产卵高峰前期、平均卵历期和若虫历期均随温度升高而缩短，温度在 20℃以下最为显著。川东 4 月下旬最低温度一般为 14.2℃左右，虽小于飞虱各虫态生长、发育起始适宜温度，但白天气温高，使飞虱繁殖较快，繁衍倍数多，所以，4 月下旬气温日较差与 8 月虫量成正相关，信度达 0.005。6 月在川东、川南气温已达 30℃以上，不利于飞虱生存，故其温度与 8 月虫量成负相关，信度达 0.005。

无论是褐飞虱还是白背飞虱，与前期气象因子的相关都是显著的，故可以通过前期已出现的气象因子来初步估算当年当地的虫情。

(3)用 Bayes 判断分析法作稻飞虱发生程度的趋势预报

①判别方程建立的思路：对每个站点，选取前期 4～6 月逐旬气象因子及前期虫量代入方程进行判别，用 F_j，F_c（F_j 是引入自变量时统计量 F 的临界值，F_c 是剔除自变量时统计量 F 的临界值）来控制入选因子数，再利用 Bayes 方法建立判别方程。用所选因子的当年观测值代入方程，求出对应的 Y_i 值（i 级别，$i=1,2,\cdots,6$），即可作出当年发生程度的趋势预报）。

②判断结果及分析：用以上方法对 1979～1990 年的资料进行统计，可得川东（涪陵、忠县、綦江、秀山）川南（高县、叙永）白背飞虱和褐飞虱的判别方程。经与历史资料对照，其拟合次数如表 1.45 所示。从表中可看出，除川东秀山的白背飞虱和綦江的褐飞虱有一年与实况不符外，其余均与实况一致，可以说判别方程的历史拟合是较好的。

表 1.45　预报方程的历史拟合

虫　类	涪陵	忠县	綦江	秀山	高县	叙永
白背飞虱	11/11	8/8	8/8	10/11	10/10	6/6
褐飞虱	11/11	8/8	7/8	11/11	10/10	6/6

再用此方程对 1990、1991、1993 年分别进行预报（表 1.46），其结果也较好。除高县因历史上从未出现过飞虱 5 级（大发生）的年代，而使 1993 年无法预报外，其余县各年的预报与实际值最多仅相差一级。可以说用逐步判别分析法建立的级别（趋势）预报方程是可以用于飞虱虫情的业务预报的。

(4)用神经网络法作稻飞虱发生量及发生程度的预报

由于统计预报方法对预报因子选择的局限性，有必要探讨新的预测方法。近年来，人工神经网络法迅速发展，由于该模型有自组织、自学习、自适应的能力，并且无需对象结构的先验知识，这种优点对难以识别的非线性对象有利，加之神经网络的 Back Propagation 算法（简称 B-P 算法）在理论上可对任意非线性对象精确建模，所以将 B-P 算法用于四川省水稻稻飞虱的预测。

表 1.46　预报结果

年份		1990 年		1991 年		1993 年
虫类		褐飞虱	白背飞虱	褐飞虱	白背飞虱	白背飞虱
涪陵	预报	2	1	4	6	4
	实况	2	1	5	6	5
忠县	预报	1	3	*	*	*
	实况	1	3	*	*	*
綦江	预报	1	1	*	*	6
	实况	1	1	*	*	5
秀山	预报	3	3	*	*	5
	实况	3	3	*	*	5
高县	预报	1	2	*	*	3
	实况	1	2	*	*	5
叙永	预报	1	2	2	4	*
	实况	1	3	3	4	*

注："＊"表示因无前期虫量而无法预报

①神经网络的基本原理及步骤：网络的拓扑结构；B-P 算法框图；具体学习过程。

②建模。为弥补资料年代少的缺点和避免在计算过程中出现局部最小值的问题，在学习过程中我们给定的准确度足够小，以尽量保证其学习次数，并使其在稳定收敛的情况下达到要求的准确度。所用的 30 个模型在建立过程中准确度均达到 0.0005 或 0.00001，学习次数都达到 10000 次以上，个别为 5000 次到 10000 次之间，所以样本的拟合程度很高。白背飞虱和褐飞虱的级别预报，拟合率达到 100%，而白背飞虱和褐飞虱的灯下、田间头数预报的相对误差，详见表 1.47，从表中可以看出相对误差基本上在 3%以下。

表 1.47　预报相对误差

虫类	白背飞虱		褐飞虱	
	田间数	灯下数	田间数	灯下数
涪陵	0.013	0.016	0.014	0.007
忠县	0.024	0.015	0.016	0.014
秀山	0.019	0.010	0.009	0.010
綦江	0.017	0.027	0.014	0.016
叙永	0.025	0.049	0.017	0.013

③预报检验。为了检验所建立的预报模式的实用性，我们去掉涪陵、秀山、叙永、忠县等站 1990 年的资料重新进行学习建模，并用 1990 年的资料试作预报，得到表 1.48。

从表中仍然可以看出预报值和实测值之间误差较小。

表 1.48　1990 年飞虱级别预报

虫　类		涪陵	秀山	忠县	綦江	叙永
白背飞虱	预报值	2	1	2	3	3
	实测值	1	1	3	3	3
褐飞虱	预报值	3	1	2	1	1
	实测值	2	1	3	1	1

(5)稻飞虱发生的天气环流形势分析

①分析方法和依据。研究表明，稻飞虱远距离迁入和大型天气系统的分布变化及移动密切相关，稻飞虱一次迁飞峰期一般来说和一个天气过程相联系。随着天气的演变，迁飞路径、迁入虫量发生相应变化。研究还表明，昆虫远距离迁飞必须具备大范围高空水平输送气流和适宜的温度。四川稻飞虱迁入时，大范围西南或偏南气流是其运载气流；在迁入地区，850hPa 高空在迁入始期和主要迁入期气温需在 15℃以上，地面需 20℃以上。春、夏气温由低到高，两种飞虱的迁飞高度不同，春季白背飞虱和褐飞虱多数个体迁飞高度均为 1500m 左右；夏季白背飞虱多数个体的迁飞高度为 2000m 左右，褐飞虱为 1500m 左右。鉴于白背飞虱和褐飞虱的主要迁飞高度为 1000～2000m，为便于使用气象资料，同时避免地形的影响，我们主要根据平均高度为 1500m 的 850hPa 天气图来分析四川稻飞虱迁入气流特征。地势较高的地区，夏季也参看 700hPa(约 3000m 高度)的天气图。

②虫源性质分析。据我国南方水稻区近几年来对飞虱迁飞规律的研究，认为飞虱在 25°N 以北稻区不能越冬。由西南三省稻飞虱科研协作组调查得出：四川境内的稻飞虱不能以任何虫态越冬。因此，四川境内的稻飞虱主要由南方早稻区迁入。

③迁飞的基本特征分析。由于四川盆地四面环山，自西北顺时针沿盆地周边依次为：龙门山、米仓山、大巴山、巫山、大娄山、邛崃山、大凉山等，这些山脉大多在 1000m 以上，造成四川盆地气流闭塞，使其降虫和发生特点与全国其他各地具有其独特的特性：

- 四川盆地稻飞虱迁入始期和主要迁入期随地理位置的变化特征：四川盆地两种稻飞虱的迁入始期和主要迁入期的方向与我国大部分地区由南向北推进不同，比较结果见表 1.49。可见：四川盆地迁入始期和主要迁入期的南北差异较小，而且表现为由东向西推迟。分析其主要原因是由于高山的阻挡作用而造成的。由于南部云贵高原山地，使底层西南气流不能进入盆地，四川盆地春季并不能经常见虫，这样使其每年迁入始期比同纬度的长江中下游地区偏迟。但是，盆地东部可在 5 月中旬左右始见，6 月迁入量增多，常比西部早。这主要由于在盆地东南或南部，850hPa 高空有低涡形成，湘黔一带的偏南气流至东面时折向西北或向西进入盆地，即“川东低涡”气流的出现，造成盆地东部的成虫的多次突增。6 月以后，随着气温的升高，飞虱的迁飞高度增高后，偏南气流携带的成虫才能翻越高山进入盆地的南部和西部。观察涪陵等 7 站的虫情资料，结合各年发生程度，可以看出涪陵地区的虫情可以代表川东南的情况。从涪陵白背飞虱和褐飞虱每月灯诱虫头总量的对比表明：川东南 6 月、7 月的主害代以白背飞虱为主，8 月主害代以褐飞虱为主。这是由于白背飞虱迁飞高度高，迁飞能力强，适宜温度较褐飞虱低，因而能较早迁入且大量繁殖而造成危害。

夏季中、短距离的迁飞特征：四川属于亚热带润湿季风气候区，常年冬暖夏热、降水充沛。境内多丘陵和山地，夏季地面受热不均匀，常多雨，造成大量虫不能远距离迁出而迫降于附近地区，加大当地下一代虫情的发生量，以致出现两次主害时期。如 1980 年 8 月四川盆地东部持续阴雨天气，近地面层下沉气流显著，造成褐飞虱的主害带的成虫迁不出去。涪陵 1980 年 8 月灯下诱虫总量为 262967 头，其中白背飞虱为 38096 头，是多年平均的 4 倍以上，褐飞虱为 224871 头，为多年平均的 12 倍以上，致使 8 月上旬至 8 月下旬辗转为害，水稻产量损失惨重。

表 1.49　四川盆地稻飞虱的迁入始期和主要迁入期(1979 **年**)

地点	纬度(N)	经度(E)	海拔(m)	虫　种	迁入始期	主要迁入期
秀山	28°25′	108°53′	401.0	白背飞虱	4 月 28 日	5 月底以后
				褐飞虱	4 月 28 日	6 月中旬以后
黔江	28°27′	108°29′	538.0	白背飞虱	5 月 9 日	6 月中下旬以后
				褐飞虱	6 月 4 日	7 月初以后
涪陵	29°45′	107°25′	272.2	白背飞虱	4 月 29 日	6 月底以后
				褐飞虱	4 月 29 日	7 月初以后
泸县	28°52′	105°25′	322.2	白背飞虱	6 月 6 日	7 月上旬以后
				褐飞虱	6 月 19 日	8 月上旬以后
乐山	29°52′	103°45′	328.4	白背飞虱	6 月 17 日	8 月中下旬以后
				褐飞虱	6 月 19 日	8 月中旬以后

④迁入路径及时间分析。每年大约从 4 月中下旬开始，850hPa 高空图上 16℃等温线达四川东南部，从其西南或偏南方向，就有部分成虫随西南或偏南气流迁入四川东南稻区，如图 1.15(a)所示，成为当地主要虫源。推测其虫源主要来自中南半岛西北部地区。

6 月中下旬以后，我国南方稻区有大量虫源迁出。这时除随西南、偏南气流迁入外，主要随东南气流迁入，如图 1.15(b)所示。推测其迁入虫源主要来自两广、江西和湖南及云贵各省(自治区)的南部稻区。另外，北部湾台风西行和南海台风的东南气流，对四川东部稻飞虱的迁入也有一定的影响，如图 1.15(c)所示。8 月盆地的偏东气流对四川盆地西部的迁入影响较大，如图 1.15(d)所示。

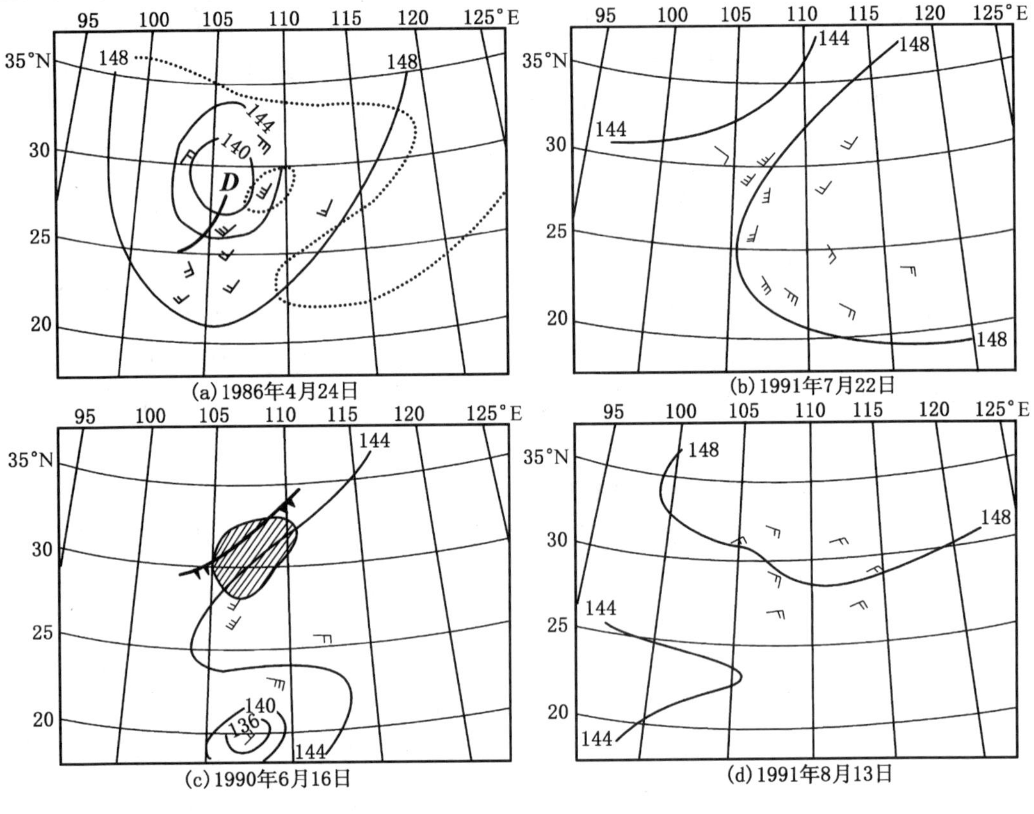

图 1.15　08 时 850hPa 高空天气图

8 月下旬以后，我国季风发生转换，副高开始南撤，此时稻飞虱处于混行状态。9 月，副高逐渐南撤，冷空气加强，北方稻区的成虫在东北气流(偏北气流)运送下，造成川东南飞虱的堆积现象。但这一时期，由于四川水稻处于乳熟或黄熟阶段，虫害对产量影响不大。

⑤迁入的天气形势特征。寄生性昆虫必须具备可食用的寄生植物和可使其发展蔓延的适宜条件。据分析，稻飞虱的迁飞与水稻生育期密切相关。入夏以后，双季早稻自南向北依次成熟，田间食料相继恶化，稻飞虱相应也具备了自南向北的迁出条件，四川成为零星降落区或主降区。但是能否迁出，决定于迁出地与迁入地的天气形势特征。

据研究，稻飞虱的迁入多数发生在副高西侧（或南支槽前）和850hPa低涡切变线或切变线之间的向北气流中，这是飞虱迁入的运载气流。途中遇到槽线、切变线、脊线、锋面冷区及雨区时，具备降落条件即降至地面，成为迁入虫源。

分析各测站灯诱的逐日资料和田间虫情的逐日资料，发现虫量随时间变化具有明显的“波峰波谷”现象，而且各测站表现为一定的同时性。根据这个现象，我们把同期突增的波峰时期定为一次迁入峰，把迁入峰对应的时段称为一次迁入过程。根据这些峰期查历史天气图，发现这些峰期往往对应着一次次天气过程。

在地面图上，绝大多数在大陆低压系统的东部、东南部或锋面南侧，即处于暖空气中，受热低压系统控制，热对流旺盛，稻飞虱受暖空气上升运动的挟带离开地面进入高空后，在高空（1000～2000m）西南气流或偏南气流的运载下向北迁飞，途中遇到降水或下沉气流即降至地面。

迁入地其主要的形势特征是850hPa和地面图上均处于西南低压东部，此时往往东南沿海地区有西伸的高压脊或另有高压中心，迁入地则处于东高西低的气压场形势之中。

总之，高空西南或偏南风形成的水平运载和近地面下沉气流的并存，或者是和降雨并存，则是稻飞虱北迁入川的基础条件。

⑥迁入的环流分型：

- 迁入过程、天气过程与环流型之间的关系。由以上分析得出：迁入过程与适当的天气过程密切相关。就一地而言，西南气流或偏南气流加强北伸，迁飞成虫过境北上，切变线南移接近本地，天气转阴雨时可有降虫迁入，切变线移过境后，气流发生转向，一次迁飞过程结束。就一次迁飞过程来说，西南或偏南气流影响的范围也是变动的，西南或偏南气流发展北伸后，随着一次冷空气南下，切变线南移，西南或偏南气流影响的北界随着南移。降水区往往出现在切变线附近或其南侧，故雨区随切变线南移，如有虫源配合，由西南或偏南气流输送，可造成一次迁入过程，主要降虫区在雨区南缘附近。因此，一次迁飞过程中，降虫常常是北部先于南部，每次迁飞过程对应于一次适当的天气过程，致使田间和灯下的成虫突增。
- 迁入的环流分型。根据历年稻飞虱的迁飞峰次和气象资料并着重分析迁飞峰期对应的迁入地的天气系统，运用气象学的相似性原则，把发展阶段相似的归为一类。且以850hPa为主，其他天气图为辅进行分型，初步归纳为以下5种型式：低涡东移型、切变线型、南支槽型、台风西行型和副高西伸型等。并统计各年各型发生频率，结果见表1.50。从表中可以看出，飞虱多发生在低涡东移的环流形势下。

⑦分析结果：

- 四川稻区飞虱主要由南方早稻区迁入。
- 四川稻飞虱迁入具有其特殊性：迁入始期及主要迁入期自东向西推移；白背飞虱主要迁入期早于褐飞虱，其中 6、7 月主害代以白背飞虱为主，8 月主害代以褐飞虱为主，常年以白背飞虱的危害为主；夏季中、短距离迁飞频繁，有的年份在水稻上常造成两次主害时期。
- 迁入路径较多，以偏南路径迁入最多。
- 在迁入过程中，迁入地以副高或锋面控制为主。
- 稻飞虱远距离迁入和大型天气系统的分布变化与移动密切相关。在一次迁入过程中，随着切变线的移动，降虫经常是北部先于南部，主要降虫区在雨区南缘附近。
- 一次迁飞过程对应一次适当的天气过程，它常可与一次次环流型的建立相联系。根据相似性原则，把其分为：低涡东移、切变线、南支槽、台风西行、副高西伸型等五种，其中以低涡东移型最多，约占全部的一半以上。

表 1.50　迁飞峰次环流分型表

年　份	1984	1985	1987	1990	1991	所占比例（%）
发生程度	中等发生	特大发生	大发生	轻发生	特大发生	
总计峰次	13	12	18	16	15	
低涡东移型	7	6	10	8	8	52.2
台风西行型	2	3	2	3	2	16.7
南支槽型	1	1	3	3	3	14.3
切变线型	1	1	2	1	2	9.3
副高西伸型	1	1	1	1	/	5.6
两种以上环流型	1	/	/	/	/	1.5

（6）几种预报方法的配合

①飞虱虫量与前期（4～6 月）某旬气象因子，特别是降水量，最低温度相关显著。因此可用 4～6 月相关旬的气象因子，运用统计学中的判别分析法、B-P 神经网络法预报飞虱 7～8 月发生级别的趋势预报和虫量预报。

②通过飞虱发生的天气环流分析，了解到四川飞虱虫源地，迁飞入川的路径和时间，迁飞的特点及其天气环流型与飞虱入川导致地面主害带和主害时期的关系，则可运用天气形势预报来预报飞虱在不同地区、不同时期出现的程度。

以上预报均为提前作好飞虱的综合防治工作提供了气象科学依据。

习题及思考题

1. 概念：

基本气象因子	平行观测法	光周期现象	光饱和点
光补偿点	凋萎湿度	三基点温度	水分临界期
蒸腾系数	蒸腾效率	蒸散(量)	田间持水量
农业气象灾害	农业气候指标	生理辐射(光合有效辐射)	

2. 气象条件从哪些方面来影响农业生产？
3. 农业上在南北方向进行优良品种的引种时，应怎样考虑光照长度和温度对作物发育速度的影响？
4. 什么是光能利用率？掌握其计算方法。
5. 作物生命活动的三基点温度有什么规律？
6. 在自然界绿色植物为什么能不断地生长发育？
7. 什么是积温学说，常用的积温有哪些种类？
8. 掌握积温在农业上、气候上、农业气候分析及农业气象预报上的应用。
9. 什么是降水当量(降水临界值)？在农业生产上怎样应用降水当量来指导生产。
10. 影响作物蒸腾的主要气象因子是哪些？
11. 掌握作物田间总需水量的计算。
12. 掌握土壤水分平衡公式及简化后的计算。
13. 掌握张宝堃干燥度的物理意义及计算。
14. 掌握土壤湿度计算的三种主要方法。
15. 我国水稻栽培中的主要农业气象问题是什么？
16. 分析比较农业气象灾害中的冷害与霜冻的异同。
17. 我国冬小麦栽培中的主要农业气象问题是什么？
18. 掌握干旱的概念及分类。
19. 掌握干热风出现的天气气候背景及分类。
20. 掌握农业气候分析的步骤。
21. 什么是农业气候相似？用什么统计方法可以进行定量的计算分析。
22. 什么是保证率？计算保证率常用什么方法？
23. 农业气象预报的依据是什么？其主要种类和方法有哪些？

实习题

实习1　农业界限温度稳定通过初、终日期的计算

一、目的要求

1. 掌握用五日滑动平均法求界限温度的初、终日期。

2. 掌握用日期序列表查算：

(1)界限温度初、终日期间持续日数；

(2)界限温度初(终)日期的多年平均；

(3)界限温度初、终日期间，持续日数的多年平均。

二、实习方法

1. 界限温度初、终日：

(1)五日滑动平均法：是在具有逐日气温资料时才能使用。具体求法是：

从春季第一次出现高于某界限温度之日起，向前推4d，按日序依次计算出每连续5d的滑动平均气温；然后从5d滑动平均气温中，选出第一个大于或等于界限温度的数值，在这个值后不能再出现小于该界限温度的数值；最后在与这个滑动平均值所对应的连续日中，选出第一个日平均气温大于或等于该界限温度的日期，即为春季日平均气温稳定通过该界限温度的初日(表1)。

表1　成都市1977年10℃初日计算表

日　期	日平均气温	5d滑动平均气温	滑动对应时段
3月22日	9.6	8.2	3月22～26日
23日	4.8	8.7	23～27日
24日	6.9	10.6	24～28日
25日	8.8	12.2	25～29日
26日	10.7	>10.0	26～30日
27日	12.4	⋮	⋮
28日	14.3		
29日	15.0		
30日	⋮		
⋮			

结果：10℃初日是3月26日

从秋季第一次出现低于某界限温度之日起，向前推 4d，按日序依次计算出每连续 5d 的滑动平均气温；然后从 5d 滑动平均气温中，选出第一个小于界限温度的数值之前的一个大于或等于界于温度的数值；在与这个滑动平均值所对应的连续 5d 中，最后一个大于或等于该界限温度的日平均气温的日期，即为秋季日平均气温稳定通过该界限温度的终日（表 2）。

表 2　成都市 1977 年 10℃终日计算表

日　期	日平均气温	5d 滑动平均气温	滑动对应时段
11 月 16 日	11.9	11.0	11 月 16～20 日
17 日	2.6	10.7	17～21 日
18 日	10.5	9.9	18～22 日
19 日	11.3	9.7	19～23 日
20 日	8.7	⋮	⋮
21 日	10.3		
22 日	8.7		
23 日	9.5		
⋮	⋮		
结果：10℃终日是 11 月 21 日			

（2）图解法：在没有逐日气温资料时，基于平均气温随时间变化是线性关系这一假设的基础上，利用大于和小于某界限温度相邻两月（两旬、两候）的平均气温资料进行内插，因此所得结果是近似的。

2. 某年≥界限温度的持续日数

$$\boxed{\text{某年}\geqslant\text{界限温度的持续日数}} = \boxed{\text{界限温度终日日期序列值}} - \boxed{\text{界限温度初日日期序列值}} + 1$$

3. 界限温度初（终）日期的多年平均

从日期序列表上查得历年该界限温度初（终）日的日期序列值，将历年日期序列值求和，再求平均值，用此平均值在日期序列表上反查日期，即得该界限温度初（终）日的平均日期。

4. 历年≥界限温度持续日数的多年平均

$$\boxed{\text{历年}\geqslant\text{界限温度持续日数的多年平均}} = \boxed{\text{界限温度终日的多年平均的日期序列值}} - \boxed{\text{界限温度初日的多年平均的日期序列值}} + 1$$

三、实习资料

1. 成都 1980 年逐日平均气温资料（表 3）。

表 3　成都 1980 年逐日气温

日＼月	1	2	3	4	5	6	7	8	9	10	11	12
1	7.3	1.8	14.0	10.0	21.6	23.2	27.6	27.5	26.4	15.4	17.0	10.8
2	7.0	2.6	10.4	14.2	23.7	24.5	27.0	25.7	26.6	17.6	15.3	10.5
3	6.7	3.5	8.7	14.2	24.3	25.0	23.3	26.9	24.1	18.3	14.0	12.3
4	6.1	2.0	9.1	16.6	21.9	24.2	24.3	27.7	19.2	17.6	15.2	11.7
5	5.4	0.7	8.2	17.2	17.8	21.7	26.0	27.1	21.9	17.4	15.1	11.6
6	4.7	0.3	9.5	18.4	17.5	24.5	24.8	24.7	21.2	18.2	17.3	11.7
7	6.1	1.5	11.5	20.2	18.3	24.9	21.4	21.8	20.6	19.9	17.8	11.5
8	6.2	2.0	13.9	22.2	20.4	24.2	23.5	24.4	18.8	19.6	14.4	10.6
9	6.0	2.1	13.8	21.5	20.7	21.3	23.7	22.6	20.1	20.9	13.7	10.6
10	6.6	2.7	14.9	18.5	16.6	23.1	25.3	22.9	21.1	21.8	14.2	9.4
上旬计	62.1	19.2	114.0	173.0	202.8	236.6	246.9	251.3	220.0	186.7	154.0	110.7
11	6.3	4.2	15.0	19.0	18.4	24.8	26.0	28.5	22.4	21.6	15.2	10.5
12	7.1	3.7	9.6	18.6	22.0	25.6	26.3	25.5	21.8	21.1	13.7	10.3
13	7.7	5.7	8.3	11.2	23.8	27.4	27.0	23.8	21.7	20.2	14.4	7.6
14	6.2	6.4	10.5	11.3	26.9	28.0	28.1	21.5	19.7	19.3	16.1	8.8
15	5.0	5.9	10.8	14.4	26.8	26.1	22.7	22.7	17.9	18.3	14.3	7.2
16	7.9	5.9	10.0	18.1	16.4	26.0	22.9	21.5	19.1	18.8	15.8	8.4
17	5.8	6.3	13.4	20.2	14.6	25.0	25.7	20.5	18.1	13.4	16.6	9.0
18	8.8	7.1	15.8	21.8	18.1	23.1	25.8	22.8	19.1	20.0	14.9	9.5
19	8.4	8.7	16.2	24.4	20.9	23.1	26.6	23.7	21.1	20.4	14.6	8.8
20	7.9	9.8	16.9	24.8	21.7	25.0	28.1	21.5	21.6	17.7	15.5	8.5
中旬计	71.1	63.7	126.5	183.8	209.6	254.1	259.2	232.0	202.5	190.8	151.1	88.6
21	7.6	10.4	13.8	19.6	20.2	26.1	28.4	23.7	20.6	15.1	15.7	6.9
22	7.4	10.3	14.3	18.5	22.3	23.9	28.0	24.6	18.2	14.1	15.0	6.5
23	8.2	10.1	12.8	16.7	22.4	21.7	26.8	23.5	18.1	15.1	13.3	6.7
24	8.9	11.2	10.0	13.3	24.2	25.0	27.3	26.2	18.5	16.6	13.1	7.7
25	9.4	10.2	9.9	13.6	21.5	26.6	26.6	26.6	19.5	14.6	13.0	8.2
26	9.0	10.5	11.6	15.3	23.0	27.3	28.1	23.9	18.9	13.4	12.8	8.1
27	10.3	9.9	11.2	16.0	23.1	27.3	26.1	23.5	18.2	14.1	13.6	7.2
28	9.6	11.5	12.5	16.4	26.1	24.4	26.7	26.3	18.9	15.6	13.4	5.9
29	5.7	13.4	13.7	19.2	25.8	25.5	25.2	27.0	20.2	15.8	13.7	5.2
30	1.6		14.8	21.6	23.5	15.8	27.1	25.0	21.2	16.0	13.8	7.0
31	0.1		9.4		20.4		28.4	25.5		16.9		6.6
下旬计	77.8	97.5	134.0	170.2	252.5	243.6	298.7	275.8	192.3	167.3	137.4	76.0
月合计	211.0	180.4	374.5	527.0	664.9	734.3	804.8	759.1	614.8	544.8	442.5	275.3
月平均	6.8	6.2	12.1	17.6	22.0	24.5	25.9	24.5	20.5	17.6	14.8	8.9

2. 成都1951～1979年10℃初终日期(表4)。

表4　成都1951～1979年>10℃初、终日期及活动积温(℃)

年　份	初　日	终　日	活动积温	年　份	初　日	终　日	活动积温	年　份	初　日	终　日	活动积温
				1960年	23/3	23/11	5295.3	1970年	27/3	14/11	4820.1
1951年	9/3	20/11	5274.4	1961年	12/3	22/11	5178.3	1971年	8/3	13/11	5063.7
1952年	9/3	18/11	5271.1	1962年	25/3	20/11	4968.2	1972年	4/4	23/11	4817.2
1953年	24/2	2/12	5580.4	1963年	16/3	29/11	5271.6	1973年	7/3	4/12	5347.4
1954年	17/3	29/11	5287.3	1964年	6/3	1/12	5351.5	1974年	29/3	12/11	4818.0
1955年	27/3	14/11	4861.5	1965年	11/3	24/11	5149.3	1975年	24/2	17/11	5320.9
1956年	8/3	21/11	5310.8	1966年	10/3	17/11	5050.3	1976年	25/3	10/11	4671.6
1957年	10/3	28/11	5186.6	1967年	11/3	12/11	5004.7	1977年	26/3	21/11	4959.9
1958年	5/3	20/11	5200.6	1968年	27/3	14/12	5010.3	1978年	26/3	22/11	5009.8
1959年	16/3	23/11	5191.3	1969年	6/4	15/11	4851.3	1979年	19/3	16/11	5119.0

3. 日期序列表(表5)。

表5　日期序列表

日＼月	1	2	3	4	5	6	7	8	9	10	11	12	月／日
1	1	32	60	91	121	152	182	213	244	274	305	335	1
2	2	33	61	92	122	153	183	214	245	275	306	336	2
3	3	34	62	93	123	154	184	215	246	276	307	337	3
4	4	35	63	94	124	155	185	216	247	277	308	338	4
5	5	36	64	95	125	156	186	217	248	278	309	339	5
6	6	37	65	96	126	157	187	218	249	279	310	340	6
7	7	38	66	97	127	158	188	219	250	280	311	341	7
8	8	39	67	98	128	159	189	220	251	281	312	342	8
9	9	40	68	99	129	160	190	221	252	282	313	343	9
10	10	41	69	100	130	161	191	222	253	283	314	344	10
11	11	42	70	101	131	162	192	223	254	284	315	345	11
12	12	43	71	102	132	163	193	224	255	285	316	346	12
13	13	44	72	103	133	164	194	225	256	286	317	347	13
14	14	45	73	104	134	165	195	226	257	287	318	348	14
15	15	46	74	105	135	166	196	227	258	288	319	349	15
16	16	47	75	106	136	167	197	228	259	289	320	350	16
17	17	48	76	107	137	168	198	229	260	290	321	351	17
18	18	49	77	108	138	169	199	230	261	291	322	352	18
19	19	50	78	109	139	170	200	231	262	292	323	353	19
20	20	51	79	110	140	171	201	232	263	293	324	354	20
21	21	52	80	111	141	172	202	233	264	294	325	355	21
22	22	53	81	112	142	173	203	234	265	295	326	356	22
23	23	54	82	113	143	174	204	235	266	296	327	357	23
24	24	55	83	114	144	175	205	236	267	297	328	358	24
25	25	56	84	115	145	176	206	237	268	298	329	359	25
26	26	57	85	116	146	177	207	238	269	299	330	360	26
27	27	58	86	117	147	178	208	239	270	300	331	361	27
28	28	59	87	118	148	179	209	240	271	301	332	362	28
29	29		88	119	149	180	210	241	272	302	333	363	29
30	30		89	120	150	181	211	242	273	303	334	364	30
31	31		90		151		212	243		304		365	31

注:如果遇闰年,则2月29日为第60d,自3月1日起各顺序均增加1d。

四、实习作业

1. 用5d滑动平均法求成都地区1980年日平均气温稳定通过10℃的初、终日期及持续日数。结果填入表6。

表6 成都地区稳定通过10℃初(终)日计算表

日期	日平均气温	5d滑动平均气温	滑动对应时段

2. 求成都地区1951～1980年日平均气温稳定通过10℃初、终日的多年平均日期及持续日数的多年平均。结果填入表7。

表7 成都地区1951～1980年稳定通过10℃初、终日多年平均统计表

年份	初日	日期序列值	终日	日期序列值	初终日间日数
1951					
1952					
⋮					
1979					
1980					
$\sum$					
平均					

实习2 保证率的计算

一、目的要求

掌握用分组法计算保证率。

二、实习方法

1. 对要进行保证率计算的要素值进行逐年统计，并列成一序列值表。如表 8。

表 8　成都地区历年 10℃初日（1951～1977）

年份	1951	1952	1953	1954	1955	1956	1957	1958	1959	1960	1961	1962	1963	1964
10℃初日	9/3	9/3	24/2	17/3	27/3	8/3	10/3	5/3	16/3	23/2	12/3	25/3	16/3	6/3
年份	1965	1966	1967	1968	1969	1970	1971	1972	1973	1974	1975	1976	1977	
10℃初日	11/3	10/3	11/3	27/3	6/4	27/3	8/3	4/4	7/3	29/3	24/2	25/3	26/3	

2. 在序列值表中选取极值。

3. 在极值之间，按一定组距分成若干组段。一般分成 6～8 组为宜，$N \leqslant 5\tan n$（n 为资料样本个数，N 为组数）。

4. 统计各组段中出现的频数，频率（取整数）。公式如

$$频率 = \frac{频数}{资料年代数} \times 100\%$$

5. 计算累积频率，即保证率。成都地区气温稳定通过 10℃初日保证率表如表 9所示。

表 9　成都气温稳定通过 10℃初日保证率

组　距	频数	频率(%)	保证率(累计频率)(%)
23/2～2/3	3	3/27=11	11
3/3～10/3	9	9/27=33	44
11/3～18/3	6	6/27=22	66
19/3～26/3	3	3/27=11	77
27/3～3/4	4	4/27=15	92
4/4～11/4	2	2/27=7	99

6. 绘制保证率曲线。以横坐标为气候要素值，纵坐标为保证率百分数，将各组段保证率点在该组段的下限位置上，将各点连成一平滑曲线，即为保证率曲线(图 1)。

7. 根据保证率曲线，查取不同保证率的要素值或不同要素值的保证率。列成表（表 10）以供农业气象分析用。

表 10　成都日平均气温稳定通过 10℃初日的不同保证率及日期

保证率(%)	10	20	30	40	50	60	70	80	90	100
日期(日/月)	28/2	3/3	7/3	11/3	15/3	18/3	22/3	27/3	1/4	11/4

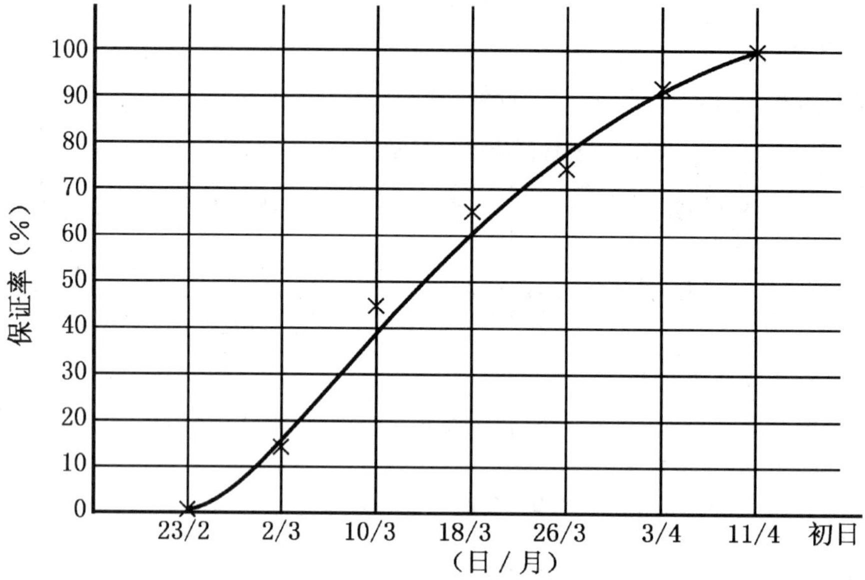

图 1　成都地区平均气温稳定通过 10℃初日保证率曲线

三、实习资料

成都地区 1951～1979 年≥10℃初终日期(表 4)。

四、实习作业

1. 绘制成都 1951～1979 年≥10℃初(终)日的保证率曲线(写明步骤)。

2. 从≥10℃初(终)日期保证率曲线上查出成都地区 10℃初(终)日保证率为 50%和 80%的日期。

实习 3　大于某界限温度积温的计算

一、目的要求

掌握大于某界限温度积温的主要计算方法。

二、实习方法

1. 逐日累加法：

(1)确定界限温度(或生物学下限温度)。

(2)求出日平均气温稳定通过该界限温度的初、终日期。

(3)在界限温度初、终日期以内,将大于或等于界限温度的日平均气温累加起来,即为活动积温;将大于或等于界限温度的日平均气温与界限温度之差累加起来,即为有效积温。

2. 直方图法

(1)以时间为横坐标,温度为纵坐标作直方图。

(2)联接各月中间日期的温度,画成一平滑的气温年变化曲线。

(3)根据所给的界限温度作一平行于横坐标的直线,与温度曲线交 a,b 两点。

(4) 从 a,b 两点作纵坐标的平行线,交横坐标于 c,d 两点,即为我们所求的界限温度初、终日。

(5) 统计 c,d 日期之间的活动积温和有效积温。

三、实习资料

1. 成都地区 1980 年逐日、逐月平均气温资料(表 3)。

2. 成都地区 1951～1979 年≥10℃各年的活动积温(表 4)。

四、实习作业

1. 用逐日累加法计算成都 1980 年≥10℃初、终日期间的活动积温,有效积温。

2. 计算成都 1951～1980 年≥10℃活动积温的多年平均值。

3. 用直方图法,利用成都 1980 年逐月气温资料,求出 10℃的初、终日期,≥10℃的活动积温和有效积温。

4. 完成表 11 所列各项目。

表 11　成都 1951～1980 年≥10℃活动积温统计表

年　份	初　日	终　日	活动积温
1951			
1952			
⋮			
1979			
1980			
$\sum$			
平　均			

参 考 文 献

北京农业大学主编. 1981. 农业气象. 北京:农业出版社
何树林等. 1995. 稻飞虱中期预报技术研究. 北京:中国科学技术出版社
侯宏森等. 1985. 新编农业气象手册. 北京:农业出版社
胡毅等. 1994. 四川稻飞虱发生程度及趋势预报. 成都气象学院学报,(4)
胡毅等. 1994. 应用气象学. 北京:气象出版社
胡毅等. 1995. 彭州市平坝地区秋季农业气候资源的分析利用. 成都气象学院学报,(3)
胡毅等. 1996. 彭州市山区引种平坝蔬菜的农业气候分析. 成都气象学院学报,(3)
刘汉中等. 1982. 农业气象学. 北京:科学出版社
欧阳海等. 1990. 农业气候学. 北京:气象出版社
沈国权等. 1989. 亚热带东部山区农业气候资源及农业发展利用研究. 北京:科学出版社
中国农业百科全书编委会. 1986. 中国农业百科全书(农业气象卷). 北京:农业出版社
中国亚热带东部丘陵山区农业气候资源及其合理利用研究课题协作组. 1990. 中国亚热带东部山区农业气候. 北京:气象出版社
周定文等. 2001. 彭州市立体农业气候资源的研究. 成都气象学院学报,(3)

第二章　林业气象

林业气象是研究森林和气象条件相互作用和相互影响的一门应用气象学科。主要是研究气象条件对森林和树木的生长发育、产量形成的影响，森林对天气、气候环境的作用。更具体的是研究气象条件与森林育苗、营林、采伐的关系；气象条件与森林病虫害、火险的关系；防护林带结构的气象效应；森林对调节气候和净化大气的作用；农、林生态平衡中能量转换与物质输送等方面的问题。早期的林业气象侧重于研究林木生长发育与气象条件的关系。20 世纪 70 年代以后，世界上很多国家十分重视环境保护和生态平衡，因而促使林业气象转向了森林在改造及调节气候方面的作用和规律，增强和维护生态平衡方面的研究。

§2.1　森林小气候

森林小气候是指由森林以及林冠下灌木丛、草被等形成的一种特殊小气候。由于森林的树种、林龄、结构、郁闭度以及灌木丛和草被等特性的变化，引起森林小气候中各要素也随之发生变化，因此研究森林小气候必须建立在分析森林特性和自然环境的基础上。

2.1.1　林中太阳辐射和照度

2.1.1.1　林中辐射平衡方程

当我们将整个森林作为一个以林冠表面为活动层的系统，且忽略林冠对直接辐射和散射辐射的透射系数的差别，忽略林冠对大气逆辐射的反射作用时，林冠表面的辐射平衡方程为

$$B = Q[1-(\alpha+\kappa_a\alpha_n)]+SG-U \tag{2.1}$$

式中 Q 为林冠表面总辐射，α 为林冠反射率，α_n 为林内地表（草被）的反射率，κ_a 为林冠对总辐射的透射系数，G 为大气逆辐射，U 为森林系统（林冠和林土，草被）的长波辐射，S 为相对辐射系数。(2.1) 式是假设林内没有灌木丛时，将林内活动层分为林冠和林土，分别求它的辐射平衡方程后综合而得的一个近似公式。

观测和计算表明，各种森林中总辐射到达量比空旷地总辐射到达量小得多（见表 2.1），总辐射在树冠稠密部分减弱最大，总辐射约有 20%～25%被林冠反射回大气，仅有 5%～40%透过林冠到达林土表面。林冠对总辐射的透过率随太阳高度角、赤纬的

增高而增大，而对总辐射的吸收率则相反。

表 2.1　各种森林中总辐射到达量(占空旷地总辐射)(引自 M. и. 萨哈罗夫观测资料)

森林类型	总辐射(%)	森林类型	总辐射(%)
苔藓类松林	39.8	具有第二云杉层的榛树丛松林	10.7
越桔林松林	24.9	绣线菊赤柏树丛	7.8
莫离草丛松林	16.2	具有第二云杉层的真菌林松林	6.5
椴树丛松林	11.2	黑莓一酢浆草科云杉林	5.2

2.1.1.2　影响林中太阳辐射的因子

林龄：一般幼林和成熟林中得到的辐射比杆材林中多。随着树木衰老，林冠郁闭度减小，林中得到的辐射又有所增加。

森林郁闭度：郁闭度越大，太阳辐照度越小。

森林密度(株行距)：密度越大(株行距越小)，则太阳辐照度越小。

林木的季节变化：阔叶林因冬季落叶而使林内得到的太阳辐射比夏季枝叶茂盛时多。

另外人类活动和树种对林内太阳辐射的强弱也有影响。

2.1.1.3　林中的日照

林中的日照时间及照度均比空旷地上的少，而且相对照度与森林密度有较好的线性关系。

2.1.2　林中的热状况

2.1.2.1　林中土壤热状况

由于林中得到的太阳辐射减少，一般来说林中的土壤温度要比空旷地土壤温度低。以夏季为例，白天林内得到的太阳辐射比空旷地少，故林内土温低于空旷地土温，夜间空旷地强烈的辐射冷却使土温下降，而林内虽然辐射冷却较弱，但林冠冷空气的下沉使林内土温也下降较大。从表 2.2 可以看出，林内的土温低于空旷地土温，日较差也比空旷地小，土温的垂直变化虽然均是越到土壤深层，较差越加减小，但林内土温的垂直变化远小于空旷地土温的垂直变化。观测结果还说明，林内土温极值的出现时间均较空旷地的后延。

此外因不同的林种、不同的郁闭度、不同林土的理化性质等也会影响到林内土壤温度的变化规律。

在一年中，由于在寒冷季节有林冠和枯枝落叶层对土壤的保暖作用，所以林内外的土温相差较温暖季节小些。除个别情况外(如稀疏林)，一般土壤温度是随着土壤深度增加而降低的，称为**日射型**。

总之，林内土温变化较空旷的缓和，有利于林内植物的生长。

表 2.2　林中和空旷地土温

温度(℃) 测点 / 土深度(cm)	空旷地			红松林			落叶松林		
	最高	最低	较差	最高	最低	较差	最高	最低	较差
0	47.0	9.5	37.5	23.6	10.0	13.6	38.8	9.2	20.6
5	33.5	11.5	22.0	9.2	6.8	2.4	18.4	10.7	7.7
10	23.3	13.5	9.8	8.0	6.0	2.0	16.3	10.7	5.6
15	21.1	13.5	7.6	5.5	4.7	0.8	14.3	10.4	3.9
20	19.6	13.5	6.1	4.8	4.5	0.3	12.9	10.1	2.8

注：表中资料是 1960 年北京林学院在东北红旗林场观测所得。

2.1.2.2　林中气温变化规律

(1)气温的日变化和年变化

在一年中，冬季(12～2 月)林中气温不论白天，还是夜间均高于林外气温，但相差很小(见图 2.1)，这与树木枝干的蓄热有关；春季(3～6 月)，白天林中获得充足的太阳辐射，树干、树枝、树叶和土壤所吸收的太阳辐射，不仅使树木和土壤温度升高，同时还以长波辐射将热传给空气，使林中气温较高，加之林中乱流交换较弱，所以使林中气温比林外高，夜间因乱流交换更弱，夜间的辐射冷却和林冠上冷空气的下沉，使林中气温比林外低，所以春季林中气温日较差大于林外。夏季和初秋(6～9 月)由于林冠稠密，削弱了太阳辐射，致使白天林中获得的热量较林外少，加之森林蒸腾作用强、耗热大，所以白天林中气温比林外低；夜间因乱流交换较弱，以及林冠辐射冷却、冷空气下沉和蒸发耗热等原因，使林中气温仍低于林外。深秋(10～11 月)，林中气温的变化近似于春季。由于冬季林中气温高于林外气温，夏季林中气温又低于林外气温，使林中气温年较差小于林外气温年较差，气温变化平缓。冬暖夏凉是森林小气候的显著特点。

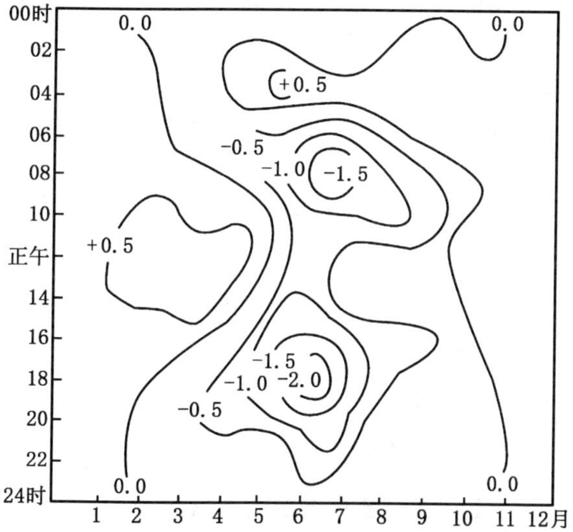

图 2.1　栎树林中与无林地的气温差(℃)
(引自 A. A. 莫尔恰诺夫观测资料)

林中气温的日变化和年变化一样，较林外气温变化平缓(见表 2.3)，即林中最高气温较林外低，而最低气温又较林外高，当然日较差也较林外的小。

表 2.3　林中和空旷地气温

气温(℃)	林　内	林　外	差　值
日平均	17.0	17.4	−0.4
最　高	25.4	28.1	−2.7
最　低	10.4	8.7	1.7
日较差	15.0	19.4	−4.4

注：表中资料是 1960 年北京林学院在东北红旗林场观测所得。

(2)林中气温的垂直变化

以夏季为例，可分析林中气温的垂直变化规律(见表 2.4)。在日出前，林冠因辐射冷却而温度最低，林冠以下，因林冠的阻碍使林中热量不易放出而使林中气温高于林冠表面的气温。日出后，林冠因获得太阳辐射而逐渐升温。日出一小时后，林冠表面的气温升得较快，但林中气温变化极小，因而林冠表面的气温高于林中气温很多，甚至高出 5℃以上。在上午，因稠密的林冠吸收了大量的太阳辐射，使林冠部位的气温逐渐上升，并与林冠表面的气温相等，而林冠以下部位的林中气温也开始了升温。中午，林冠部位气温达最高，高于林冠表面气温和林冠以下部位的林中气温。下午，各高度的气温均下降。傍晚，林内外气温均有可能出现逆温，但一般林中逆温强度小于林外逆温强度。

从观测资料中还可分析出林中上午气温升温较快，下午下降较缓和。白天，林中气温的垂直分布由林冠到地面逐渐降低，夜间到日出前，林中气温的垂直分布则相反，由林冠到地面逐渐升高，林中各高度气温的日平均值，最大出现在树冠的表面，郁闭度大的树林中，气温的垂直差异较小，林中各高度的气温日较差均小于林外，但高度越高处的日较差越大。

表 2.4　林中气温的垂直变化

高度(m) 湿度(℃)	0.0 林土	0.5	1.5	7.0 树高 1/3	12.0 树高 1/2	15.0 林冠下	19.0 林冠中	23.0 林冠表面
日平均	18.4	16.2	16.5	16.7	16.4	16.8	17.2	17.3
最　高	33.3	25.7	25.5	26.3	26.1	26.4	26.5	27.8
最　低	10.3	8.8	8.9	9.3	8.6	8.8	8.8	8.4
较　差	23.0	16.9	16.6	17.0	17.5	17.6	17.7	19.4

注：表中资料是 1960 年北京林学院在东北红旗林场观测所得。

2.1.3　林中的湿度状况

2.1.3.1　绝对湿度的变化规律

(1)日变化规律

林中绝对湿度(水汽压)的变化不仅受到林型的影响，而且还受到天气的影响。

在稠密、郁闭度大的林型内，由于林中土壤湿度大，气温不很高，乱流交换较弱，因此绝对湿度随气温的升降而升降，出现一天中有一个最大值（午后）和一个最小值（日出前）的**单峰型**。

在稀疏的林中，由于林中的土壤湿度、林土的蒸发及森林的蒸腾量不仅受到气温高低的影响，还受到林中乱流交换强弱的影响，因而在一天中的午后和清晨出现低值，而在上午 10～11 时和下午 15 时左右出现高值，称为**双峰型**。

在林木郁闭度中等的林中，由于绝对湿度的变化，有时是温度在起主导作用，有时又是乱流交换在起主导作用，因此一天中出现多个高值和低值，称为**多峰型**。

观测表明，在晴天时，稀疏林中和郁闭度中等的林中湿度日变化会出现双峰型；在阴天、昙天时，郁闭度中等的林中湿度日变化却为多峰型。观测还表明，林中近地层绝对湿度的日平均值大于林外，而且日变化也是林中大于林外（见表 2.5）。

表 2.5　林内外绝对湿度比较（hPa）

观测点	20 时	02 时	08 时	14 时
红松林	18.0	13.6	16.7	23.1
空旷地	16.5	11.8	17.2	21.0
差　值	1.5	1.8	−0.5	2.1

注：表中资料是 1960 年北京林学院在东北红旗林场观测所得。

（2）年变化规律

一年中绝对湿度最大值出现在夏季，最小值出现在冬季，春、秋季绝对湿度介于其间。林中的绝对湿度基本上全年均大于林外。

2.1.3.2　相对湿度的变化规律

由于林中土壤湿度大，森林蒸腾量大，而气温又较空旷地低，所以林中相对湿度较空旷地高。但空旷地气温比林中变化大，因而空旷地相对湿度的日较差、年较差大于林中。林中相对湿度在一天中，最大值出现在日出前后，最小值多出现在午后，在一年中，夏季林中相对湿度小于冬季。

2.1.3.3　林中湿度的垂直变化规律

据观测和研究表明，不论是在一天中，还是在林木的生长期中，林中空气绝对湿度的垂直变化是由地面向上递增的，在 1.5～2.0m 高度以下变化剧烈，再往上递增又较为和缓，在林冠中和林冠表面又略有增大（见表 2.6）。在一天中，又以中午到下午这一时段在 1.5～2.0m 高度的湿度变化最为剧烈。

林中土壤湿度一般较空旷地土壤湿度大，特别在地表下 0～10cm 深度内。林中土壤湿度在 0～20cm 深度内垂直变化较明显，再往下则变化较小。

表 2.6　夏季林内绝对湿度垂直分布(hPa)

时间＼高度(m)	0.2	0.5	1.5	7.0 1/3 树高	12.0 1/2 树高	15.0 林冠下	19.0 林冠中	23.0 林冠表面
01 时	12.8	12.7	12.4	12.8	12.4	12.0	12.6	13.3
05 时	11.2	11.3	11.4	11.2	11.2	10.6	11.0	11.0
07 时	12.7	12.7	12.6	12.8	12.4	12.2	12.5	12.9
11 时	25.8	22.5	17.9	17.0	16.7	16.6	17.1	16.8
15 时	22.9	22.8	16.4	16.2	15.3	14.2	14.9	(31.7)
19 时	21.0	20.8	19.8	(24.6)	18.6	18.0	17.6	19.0

注:表中资料是 1960 年北京林学院在东北红旗林场观测所得。

2.1.4　林中的降水和蒸发

2.1.4.1　森林对降水的影响

(1)森林对垂直降水的影响

由于森林大量的蒸腾,使林区上空的空气湿度增加,气温下降,又由于森林对移动气流的阻碍,使林区上空的空气垂直交换加强,从而使林区的垂直降水增加。聂斯切罗夫(И. С. Несчелов)在莫斯科季米里亚捷夫农学院实验林场 21 年的连续观测表明(见表 2.7),林区降水量平均每年较无林区增多 17.4%,绝对值增多 93mm。一年中夏季增多最少,冬季增多最大,最大可增多降水 81.7%

表 2.7　林区比无林区降水增加的季节分配

降水增加(%)	春季	夏季	秋季	冬季	全年
年平均	13.1	8.0	14.8	52.4	17.4
最低值	0.0	1.4	0.4	28.0	3.8
最高值	46.7	24.0	27.7	81.7	26.6

注:据聂斯切罗夫观测资料统计。

研究还表明,当森林面积增大时,可使林区附近在暖季的降水明显增加。

(2)森林对水平降水的影响

由于森林内雾、霜、雨凇的凝聚量比无林地区多,使林区的水平降水量有所增加。

(3)林冠对降水的截留作用

由于林冠对降水的截留作用,使落到林中土表的降水量减小,一般林冠对降水的截留量约为降水量的 15%～40%。截留量的大小与树种、郁闭度、森林结构及降水强度等因素有关。森林郁闭度越大、结构越复杂,其截留量也越多。降水强度较小时,截留量较大,降水强度大时,或降水时间较长时,则截留量减小。常绿树林冠的截留量较落叶树林冠的截留量大,热带森林的截留量可达 65%以上。由于林冠的截留作用,使林内地表径流减少，雨水逐渐地渗入林土，增加了林土的湿度。而透入林土的降水量，在树干附近较树外围处的量少。

总之，森林无论是对垂直降水还是对水平降水的影响，都使林区的降水量增加。又因林冠的截留作用，使林土湿度增加，地表径流减小。森林在涵养水源，保持水土，维护生态平衡方面的作用更是不可忽视。

2.1.4.2 林中的蒸发

林中的总蒸发量是林冠、林土表面的蒸发量与林木蒸腾量之和。

林冠表面的蒸发量较大，其水汽来源是截留的降水量、夜间空气中水汽的凝结量。林土表面的蒸发量较小，这是因为林中较空旷地的日照少、获得的总辐射少、气温和土温低、风速小的缘故。

林土蒸发量的大小还与林型、郁闭度、林龄及生长期有关。在同一地区，不同林型的林中总蒸发量差异很大，郁闭度越大的林土蒸发量越小，幼林、针叶林、冬季的林土蒸发量分别较杆材林、润叶林、夏季的小。

森林植物的蒸腾作用不仅与空气温度、湿度、风、光照、土壤成分及特性有关，还与林型、林龄、树种、郁闭度、树木发育状况及根的分布状态有关。它是决定林中总蒸发量大小的主要项，与太阳总辐射 Q 之间存在着线性关系，即

$$T = KQ + a \tag{2.2}$$

式中 T 为蒸腾日总量(mm)，K 和 a 为常数。森林的蒸腾量以上层林冠高度最大，林中下层及灌木的蒸腾量较小。

此外，不同气候区的林中总蒸发量也不一样，干燥地区森林的总蒸发量一般要比湿润地区森林的总蒸发量要小。

2.1.5 林中的风状况

当风吹向森林时，一部分气流沿林缘上升越过森林，风速虽然因林冠粗糙起伏而受到削弱，但同时更因气流受压缩而增强，因此在风越过森林时，在森林上空几百米高度上都能出现乱流加强的现象。另一部分气流进入林中，风速因树干、树枝的阻挡、摩擦而很快减弱。

2.1.5.1 林中风速的水平分布

从林缘向林中，距离越远，则风速越小，在离林缘约 150m 的地方，风速几乎为零。根据卡伊戈罗多夫(A. И. Кайдолотов)的研究，林中风速 V 与林外风速 V_0 之间的关系为

$$V = V_0 \cdot e^{-kL} \tag{2.3}$$

式中 L 为林缘到测点的距离，k 为因林种、密度、生长期而异的系数。

风速在林中减弱的程度是因森林密度、郁闭度,林种、结构的不同而异的。在稀疏的森林中,风速减弱小,其风速约为稠密森林中的两倍。

2.1.5.2　林中风速的垂直分布

观测资料表明,林中风速随高度的变化不大(见表 2.8),林冠表面的风速最大。从图 2.2 中可以看出,在长满叶的林中,风速最大出现在林冠表面,林冠及树干高度的风速均较小,而风速最小出现在林冠层中部。在未发叶的林中,林冠层的风速较长满叶的林冠层要大。

在无灌木的稀疏林中,有时在树干高度有较大风速,在近地面有最小风速,而最大风速仍出现在林冠表面。

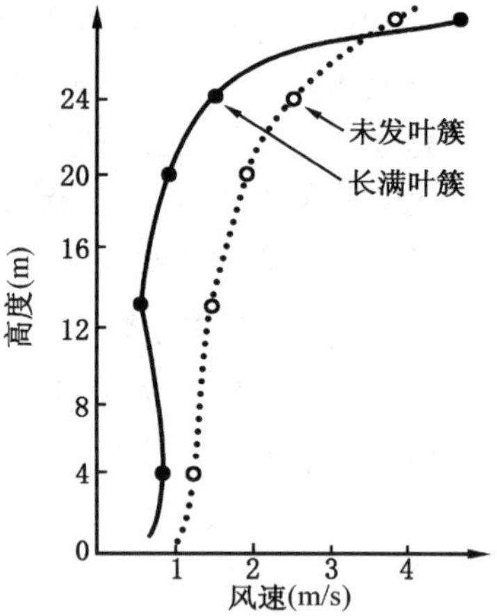

图 2.2　橡树林中风速随高度的变化
(引自 R. 盖格尔和 H. 安曼)

表 2.8　林中不同高度的风速

高度(m)	1.0	2.0	7.0 1/3 树高	12.0 1/2 树高	15.0 林冠下	19.0 林冠中	23.0 林冠表面
风速(m/s)	0.1	0.2	0.2	0.3	0.4	0.4	1.9

注:表中资料是 1960 年北京林学院在东北红旗林场观测所得。

2.1.6　林中空地小气候

林中空地因受周围森林的影响,而形成不同于森林小气候特征的林中空地小气候。

白天,林中空地获得较林中好的辐射条件,加之周围森林的影响,使风速和乱流交换减弱,因而土壤和空气发生强烈的增温。

夜间,林冠及其表面的冷空气流向空地,使冷却作用加强。所以林中空地白天气温比林中高,湿度比林中小,夜间气温比林中、林外更低,湿度比林中又大。其温、湿日较差大,小气候变化剧烈,霜冻出现频繁且较严重。

林中空地的降水量,一般较空旷地多。

林中空地的小气候特征与空地的大小有关。当空地直径不超过周围树高时,其小气候特征与森林小气候相似,当空地直径为周围树高的 3～20 倍时,其小气候特征显著,当空地直径大于周围树高的 20 倍后,其小气候特征已与空旷地气候接近。

§2.2　防护林带小气候

由于森林具有防风、固沙、理水、保土、防旱、改造及调节小气候的作用,因此在林带的影响下，在一定范围内改变了气候条件，形成特有的小气候环境，称为**防护林带小气候**。

2.2.1　防护林的主要种类

根据其作用，防护林可分为以下几种类型：

①农田防护林（护田林）。可防止和减轻风沙、大风、台风、干热风、干旱和霜冻等自然灾害，改善农田小气候条件（如提高土壤湿度、调节气温等），形成有利于作物生长发育的小气候环境，以保证农作物的高产稳产。在林带保护下的谷类作物，一般较无林带保护的谷类作物产量高10%～30%，在自然灾害越严重时，其保护作用越明显。我国在东北、西北、内蒙古及华北营造了大面积的农田防护林，其经济效益较大。目前，对这类防护林的研究较多。

②水土保持林。主要为减少地表径流，防止土壤冲刷流失以致湖、塘、河流、水源的沉积淤塞而营造的林带。水土保持林多在河流的上中游，特别是上游营造，对保持生态平衡具有重要作用。

③防沙林。主要为防止流沙移动，保护沙漠地区道路交通、农田及建筑物而营造的林带，它能起到防沙、固沙的作用。在我国北方沙漠边缘如新疆、内蒙古、甘肃、陕北等地营造的防沙林较多，且防御效果很明显。

④海防林。主要用于防止海上袭来的台风、海浪及海风带来的盐分而营造的林带，因而多在沿海营造海防林。

⑤防火林。利用含水量较多的树种，营造成较密的防火林墙，以阻止火势蔓延。多在城市和工业重地营造。

⑥护路林。护路林是在铁路和公路两侧营造的林带，其主要作用是防止路基塌崩。

⑦防雾林。防雾林是在飞机场周围、河岸及海岸营造的林带，其主要作用是防止浓雾袭击。

2.2.2　防护林带的结构

防护林带对气候改造和调节的作用大小、影响范围，与林带的结构及宽度、树种、营造方法等很多因素有关，主要取决于林带的结构。根据林带结构的疏密度，我们把防护林分为以下几种类型：

①不透风结构的林带。这种林带从上到下都很稠密，透风系数小。在林带中和背风面的林缘，风速极小或静风，气流主要从林带的林冠上面越过。

②透风结构的林带。这种林带有很大的孔隙和缺口，透风系数较大。

③疏透结构的林带。这种林带从上到下密度不大，透风系数中等。当5～7m/s的风经过林带时，林带不会改变风向。这种林带是前两种林带的中间类型。

2.2.3　防护林对小气候的影响

2.2.3.1　风

(1)防风效能及透风系数

防风是防护林带的主要作用。风在通过林带后,风的动能因摩擦而消耗,从而引起风速的减小和湍流交换的减弱。林带的防风效果一般用防风效能 E 来表示,表达式为

$$E = \frac{V_0 - V_i}{V_0}\% \tag{2.4}$$

式中 V_i 为林带后(背风面) 某一定距离处的风速,V_0 同(2.3) 式。

林带的透风能力称为透风系数,可表示为

$$k = \frac{u_1' + u_2' + u_3'}{u_1 + u_2 + u_3} \tag{2.5}$$

式中 k 为透风系数,u_1' 为距背风面林缘 1m 远,离地面 1m 高处的风速,u_2' 为林带中部高度处的风速,u_3' 为林冠高度处的风速,u_1 为迎风面、距林带 10 ~ 20 倍树高(即风不受扰动的地方) 的风速,u_2 为离地面 1m 高、林带中部高度的风速,u_3 为林冠高度的风速。

透风系数随风速的增大而增大,同时也随林带疏密度的增大而减小。

(2)不同结构林带的防风效应

在不透风结构林带的背风面,紧靠林缘为静风区,风速减弱幅度极大(见表 2.9),随着远离林缘,风速迅速恢复, 在 15H(H 为林带高) 距离处,风速可达原风速的 80% 左右;减弱风速 20% 的有效距离为 15H,有效高度为1 ~ 1.4H;林带上 2.2 ~ 2.5H 高处,有风速的高值区出现,最大相对风速可达原风速的 130% 以上。

表 2.9　不透风林带背风面风速变化

位　置	林　带　背　风　面				
	0.5H	1H	2H	3H	5H
风速(m/s)	0.5	0.9	0.9	1.7	1.9
为 5H 处的%	26.3	47.4	47.4	89.5	100.0

注:据赵宗哲等在扬州地区的观测资料。

在透风结构林带的背风面,风速减弱很小,在距林缘 3 ~ 11H 处有低风速区,因林带剖面存在大小不同的孔隙,因此在林带中,背风面 1H 内及林带上 1.5 ~ 2.0H 高处有风速的高值区出现,甚至大于空旷地的风速,减弱风速 20% 的距离在 1H 以远(见表 2.10)。

在疏透结构林带的背风面有弱风区,在距林缘 3 ~ 9H 处有低风速区(见表 2.11),减弱风速 20%的有效水平距离最远,其有效高度为 1H, 林带上仍有风速的高值区。

表 2.10 透风林带迎、背风面风速变化

位置	迎风面	林带中心	背风面					
	1H		0.5H	1H	2H	3H	5H	16H
风速(m/s)	6.2	7.0	6.3	6.3	4.6	4.3	4.2	5.1
%	121.6	130.7	123.5	123.5	90.2	84.5	82.4	100

注:据赵宗哲等在扬州地区的观测资料。

表 2.11 疏透林带迎、背风面风速变化

位置	迎风面	林带中心	背风面					
	1H		0.5H	1H	2H	3H	5H	25H
风速(m/s)	2.3	2.1	1.3	0.8		1.7	2.1	2.5
%	92.0	84.0	52.0	32.0		68.0	84.0	100.0
风速(m/s)	2.8	3.7	3.8	2.3	2.7	2.0	2.7	4.4
%	63.6	84.1	86.4	52.3	57.4	45.5	57.4	100.0

注:据赵宗哲等在扬州地区的观测资料。

比较不同结构林带的防风效能,可以看出林带对风速的减弱程度与林带的透风系数有关。透风系数越小,减弱风速越强烈,且最低风速区越接近林缘。在林带后 20～30H 范围内,以疏透结构林带的防风效能最好,在林带后 5～10H 范围内,则以不透风结构林带的防风效能好。

在不透风结构林带和疏透结构林带的迎风面,林带对风速也有减弱,但一般风速减弱不超过 20%,水平距离不超过 5H。

由灌木组成的林带的防风效果也很显著,风速在迎风面和背风面的变化规律和由树木组成的林带相似。疏透结构的灌木林带的防风效能较其他结构的灌木林带好(见表 2.12)。

表 2.12 2m 高疏透灌木林带背风面 1m 高处风速变化

离林带距离 (H)	林缘	2.5	5	10	15	24.5	39	44
占空旷地风速(%)	39	75	53	61	56	71	87	94

林带的防风效应除与林带的结构有关外,还与林高、林带网格大小、林带是否有缺口、林带与风向的交角及风速大小等因素有关。

研究认为,随着林带高度 (H) 的增加,防风的水平距离也增加。在背风面减弱风速 10% 的水平距离一般为 20～40 H,平均 30H,在迎风面为 0～10H,平均 5H。当风速为 5m/s 时,在背风面减弱风速 30%～40%的水平距离则为 10～15H。有两条(或多条) 林带时,防风效应比单条林带的好。

(3)坡地林带的防风效应

当林带营造在坡地上时,由于坡地地形起伏对气流的抬升,使在坡地迎风面、背风

面的风速与该点的相对高度有关，当坡度小于10°时，模拟的计算公式为

迎风面 $$u_i = ah + b \tag{2.6}$$

背风面 $$v_i = Ae^{Bh} \tag{2.7}$$

若已知坡度为 θ，坡面某点相对高度(h) 与该点至坡底距离 x 的关系为

$$h = x\sin\theta \tag{2.8}$$

将(2.8)式代入(2.6)式和(2.7)式中，有

迎风面 $$u_i = (a\sin\theta)x + b \tag{2.9}$$

背风面 $$v_i = Ae^{B(\sin\theta)x} \tag{2.10}$$

式中 a,b,A,B 为与 h 有关的常数(见表 2.13)。

表 2.13 坡地林带的风速模拟常数和相关系数 (r)

高度 (h)	a	b	r	A	$B\times10^{-3}$	r
0.2H	319.940	432.729	0.975	−272.4	518.8	0.971
0.4H	383.830	468.242	0.989	−359.6	620.5	0.993
1.0H	467.750	515.157	0.982	−475.5	754.7	0.992

注：据朱廷曜等的风洞实验结果。

实验还得出，在坡地林带的背风面有较大范围的弱风区，疏透结构和透风结构林带背风面的弱风区则更大，林带上有较大范围的风速增值区，在林带上 1.5～2.0 H 高度上有最大风速中心，其最大风速随林带在坡地上的位置不同而有差异；坡地迎风坡和背风坡林带的防风范围差异很大，背风坡因气流下沉辐散，风速减弱，因此防风范围远大于迎风坡。

2.2.3.2 温度

林带对近地层气温和土温的影响，主要决定于乱流交换强弱和蒸散的大小。由于林带削弱了风速，使离林缘不远处的近地层气温和土温相对稳定，一般仅高出空旷地 1℃左右。

林带结构、林带网格大小和水分状况对林带的温度均有影响。不同结构林带背风面的温度随水平距离的变化是不同的。不透风结构的林带，因气流不易透过林带，而在林带迎风面堆积，所以在迎风面形成气流的高压区，在背风面形成一弱风区，造成了空气白天增热和夜间冷却的有利条件。因而在林带背风面靠近林缘附近的气温是白天比空旷地高，夜间比空旷地低，温度变化最剧烈处出现在风速的最低值处，如表 2.14 所示。

疏透结构的林带对温度的影响，与不透风结构林带近似，只是在林带背风面温度的变化，比不透风结构林带的变化小，且离林缘远一些，对温度的影响不显著。透风结构林带对温度的影响更不显著。

林带附近的气温有春秋季增温、夏季降温的趋势(见表 2.15 和表 2.16)，因此在农

作物的不同生长发育期，林带有不同的调温功能，这对作物的生长发育是十分有利的。据东北林业大学在黑龙江肇州县的观测，还得出了防护林带可提高积温值210℃的结论，这对提高作物的产量、质量也是有利的。

表 2.14　不透风林带附近 0.25m 高处白昼平均气温(℃)

时　间	空旷地	距林带位置						
		2*H*	8*H*	17*H*	33*H*	58*H*	83*H*	108*H*
8月中旬	21.6	22.1	21.2	21.1	21.1	21.2	21.1	21.3
8月下旬	26.8	27.8	27.1	27.0	27.0	27.2	27.4	27.3

表 2.15　林带与空旷地气温的月变化(℃)

气温(℃)　月份 观测点	4	5	6	7	8	9	10
林网内	10.2	16.1	21.0	22.3	20.7	15.4	6.0
空旷地	10.1	16.0	21.1	22.4	20.6	15.5	5.8
差　值	+0.1	+0.1	−0.1	−0.1	+0.1	+0.1 +0.2	

注：据周俊义等在宁夏同心县观测资料。

表 2.16　不同季节林带对气温的影响

平均气温(℃)　测点位置 时　间	空旷地	林带迎面风		林带背风面				林带两侧总平均
		林缘	3*H*	林缘	3*H*	7*H*	11*H*	
4～5月	12.0	14.4	15.9	14.6	13.6	14.1	13.3	14.3
6～9月	22.2	20.9	21.6	20.9	21.1			21.1
10～11月	7.9	8.5	8.7	8.3	8.8			8.6

注：据陕西省榆林治沙站观测资料。

林带的温度效应在不同的天气状况下是不同的。阴雨天气时，林带能阻滞或延缓空气降温。在寒潮侵袭、受冷空气影响时，林带因林冠中的冷空气下沉而形成降温。在晴朗天气时，白天因林冠的遮阴而增温不明显，甚至还有降温，夜间因有效辐射强烈而降温。

林带对土壤温度的影响大于对空气温度的影响。在林带保护下，土壤温度有一定提高，特别是在背风面 2～9*H* 范围内，作物的根层深度土壤温度的提高对作物的播种、出苗、延长生育期等都是有利的。

2.2.3.3　日照及辐射

林带对日照及辐射的影响除了与林带结构、郁闭度、树种及林龄有关外，还与林带的走向有关。东西走向林带主要影响南北两侧的日照时数及总辐射量，其特点是季节变化明显，日变化范围小。冬半年，林带南侧不受林带影响，林带北侧 1.6*H* 范围以内全天无日照，离林带越远其日照时数也越长。夏半年，低纬地区林带的南侧，只在中午时才有一定范围的遮蔽，而北侧除了中午不被遮蔽外，其余时间都有一定范围的遮蔽，而且愈接近早晚，其遮蔽的范围也愈大。南北走向林带对东西两侧的日照时数及总辐射的影响特点是：季节变化小，两侧相同 H 处的日照时数相等，愈近林带遮蔽的时间愈长，愈离开林带，所受的影响愈小。

表 2.17 所示为东西走向林带南侧的日照时数，表 2.18 所示为南北走向林带东西两侧日照时数，表 2.19 所示为南北走向林带东西两侧日总辐射。

表 2.17　东西走向林带南侧的日照时数(7 月 15 日)

位　置	林缘下	0.5H	1H	2H	3H	5H	空旷地
日照时数	7.06	10.23	11.35	12.31	12.74	13.14	13.98

注：据赵宗哲等在扬州地区的观测资料。

表 2.18　南北走向林带东西两侧日照时数

位　置	林缘下	0.5H	1H	2H	3H	5H	空旷地
日照时数	7.0	8.9	10.3	11.8	12.4	13.0	14.0
占空旷地的百分数(%)	50.0	63.6	73.0	84.7	88.6	92.9	100.0

注：据赵宗哲等在扬州地区的观测资料。

表 2.19　南北走向林带东西两侧日总辐射(7 月 15～18 日)

位　置	林缘下	0.5H	1H	2H	3H	5H	空旷地
辐照度(cal/(cm^2.d))	390.7	473.1	526.6	557.2	560.5	565.0	565.0
占空旷地的百分数(%)	69.2	83.7	93.2	98.6	99.2	100.0	100.0

注：据赵宗哲等在扬州地区的观测资料。

2.2.3.4　湿度

由于林带的防风效能减少了近地气层的乱流交换强度，使土壤蒸发和植物蒸腾的水分在近地层滞留的时间变长，所以空气的湿度比空旷地的空气湿度大(见表 2.20)。离林带越近，相对湿度越大。相对湿度日变化与温度日变化趋势相反，即在晴天早晨相对湿度大，而中午最小。

表 2.20　林带与空旷地的空气相对湿度(%)

相对湿度(%)　位置 月份	空旷地	林带背风面				平均增值(%)
		1H	10H	20H	平均	
4 月	34	39	37	36	37	8.8
5 月	36	48	39	38	42	16.7
6 月	38	48	46	41	45	18.4
7 月	49	58	64	51	58	18.4
8 月	55	64	60	55	60	9.1
9 月	50	68	58	49	58	16.0

注：据赵宗哲等在扬州地区的观测资料。

林带因减少了土壤蒸发，以及对地表径流的截留作用，使土壤中的水分能较好地保持在土壤的耕作层而增加土壤湿度（见表 2.21），这对干旱地区作物的生长是有利的。

表 2.21　林带与空旷地的土壤湿度（%）

土壤湿渡(%) 位置 / 时间	深度(cm)	空旷地	林带背风面					平均增值
			1H	10H	20H	30H	平均	
1980 年 5 月 19 日	1～40	6.13	7.55	10.14	11.10	9.94	9.70	58
1980 年 6 月 19 口	1～40	11.30	17.80	23.40	17.80	11.40	17.60	56

注：据赵宗哲等在扬州地区的观测资料。

2.2.3.5　蒸发

由于林带的增湿效应及近地气层乱流交换作用的削弱，林带影响下的土壤蒸发比空旷地小，不透风结构林带对蒸发的影响比透风结构林带显著，蒸发量明显减小的位置在 10H 范围内。林带内风速减小与蒸发量减小的规律基本一致；风速越大，蒸发量也越大。另外林带内的辐射强弱、温度高低、湿度大小也影响到蒸发量的大小。

表 2.22 所示为不同天气和风速下条件下林带与空矿地的蒸发情况。

表 2.22　不同天气和风速下林带与空矿地的蒸发（mm/d）

天气	位置 / 风速(m/s)	空旷地	林带背风面									平均比空旷地少(%)
			林缘下	0.8H	2.6H	4.3H	6.0H	8.6H	12.9H	17.1H	21.4H	
晴天	7	14.0	12.5	13.1	12.3	11.5	11.0	11.2	12.1	12.7	13.4	13
	4～6	13.5	10.9	12.8	12.2	11.5	11.3	11.7	12.0	12.7	13.3	11
	3	12.0	8.4	11.2	11.5	10.8	11.3	11.3	11.4	11.4	11.7	8
阴天	—	9.9	8.7	9.7	9.5	9.3	9.3	9.5	9.8	9.8	9.7	5

注：据王述礼等在辽宁省昌图县的观测资料。

§2.3　森林小气候观测

2.3.1　森林小气候及其特点

我们通常研究的大气候所涉及的空间范围和时间范围都很大，常将水平范围为 10^5～10^7m，垂直范围为 10^0～10^5m，时间以年为周期出现的气候特点称为大气候。影响一个地区气候形成的因子是太阳辐射、大气环流、下垫面性质。具体说，可包括地理纬度、经度、离海远近、大地形特点、海拔高度、洋流特征、大气环流等。这些因子是不以人们意志为转移而客观存在的，企图通过改变气候形成因子来改造气候，目前只能是一种大胆的设想。但是，人类通过长期的社会实践所积累起来的丰富经验使我们认识到，可以通过改变局部地区的下垫面条件来改变局地气候。

例如：

同一地区，城市中心空气温度高，而郊区气温低的“城市热岛”现象；

同一块农田，冬季温室内可栽种各类蔬菜、花卉，在温室之外因气温低而不能生长；

同一座山，向阳坡上可种柑桔，而背阳的阴坡就不能种植；

同一座楼内，朝南的房间冬暖，而朝北的房间则冬冷；

……

那么，在同样气候条件下，为什么会产生局地气候差异的现象呢？显然可以归结到主要是由于局地下垫面条件不同。据研究，这种局地气候差异仅仅存在于与人类关系最密切的低层大气之中，说明下垫面对大气的影响是有一定局限性的，它只能对最贴近它的一层空气产生影响，离下垫面越远，影响越小，至某高度以上，这种影响便消失了。

2.3.1.1 小气候的概念

小气候是由于下垫面的不均一性以及人类和生物活动所产生的近地气层和土壤上层中的气候。它是在一定大气候背景下，由于下垫面的不均匀性、微地形的起伏、水域（自然水面、人工水库等）的存在、防护林带的营造、农田及建筑群等的影响所产生的局地的小范围内的气候。根据下垫面的性质不同而产生的局地气候差异，可以区分为农田小气候、森林小气候、护田林带小气候、水域小气候、雪被小气候、起伏地形小气候、城市小气候等。

按照气候研究的空间尺度来划分，小气候所涉及的水平范围和垂直范围都不大，其水平范围约为 $10^1 \sim 10^4$m，垂直范围约为 $10^{-1} \sim 10^2$m。

我们将研究近地气层和土壤上层中的气候的学科称为**小气候学**，它是气候学的一个重要分支。小气候学主要研究近地气层和土壤上层的气候特征是如何形成的，是如何进行动量、热量、水分交换的，研究各种类型小气候各自的规律性，以及如何应用这些规律服务于国民经济建设和国防建设。其研究成果对提高生产力，发展国民经济，改善人类生活和生产的环境有重大的意义和实用价值。它是一门实践性、理论性都比较强的学科。

2.3.1.2 小气候的特点

在近地气层和土壤上层中，局地下垫面条件是造成各种小气候差异的根本原因，是内因。而天气条件、太阳辐射条件则是施加在这些局部地段上的外加因素，是外因。外因通过内因而起作用。

通过大量小气候观测资料可以分析出小气候的特点主要表现在：

①空间尺度小。垂直范围虽然一般在 $10^{-1} \sim 10^2$m 以内，但主要还是局限在 2m 以下人类活动、动植物生存的主要空间。水平范围多在 $10^1 \sim 10^4$m 内。由于空间尺度小，所以小气候差异总是在同一天气条件下发生的，而天气条件（天气过程）只能起着加剧或缓和小气候差异的作用。

②个别气象要素和天气现象的差异大。从表 2.2 可分析出：林中空旷地与其相邻的红松林、落叶松林在 0cm 土壤表面的最高温度差分别为 23.4℃和 8.2℃；在 20cm 土壤深处的最高温度差分别为 14.8℃和 6.7℃。

在垂直方向上，0cm 与 20cm 处最高温度差则分别为 27.4℃、18.8℃、25.9℃。还有观测资料表明：在沙漠地区贴地气层 2mm 内，其温度差可达 10℃及 10℃以上。大量观测资料说明，某类小气候范围内的不同高度(深度)，在不同水平分布点，相邻的不同类型小气候之间，个别气象要素(如温度、湿度、风速、降水等)以及某些天气现象(如露、霜等)的数值和分布上差异很大，而且越靠近下垫面，要素值的差异也越大，小气候特点就越明显。

在水平方向上，从一种小气候类型(下垫面)过渡到另一种小气候类型，气象要素的分布有时可能出现不连续的现象。但气象要素的水平梯度却远远小于垂直梯度。

③气象要素具有明显的日变化。从表 2.6 中可分析出。夏季林中在 0.5m 高度及其以下，绝对湿度最大出现在 11～15 时(因气温升高，促使地面蒸发加大)，在 0.5m 高度以上最大值在 19 时(白天林木大量蒸腾，水分积聚的结果)，而最小值均出现在早上 5 时，各高度的绝对湿度均呈现有规律的日变化，而且垂直梯度也具有明显的日变化。

④小气候规律较为稳定。根据观测资料可得出：某类型的小气候规律(空间、时间)是比较稳定的。因为空间尺度小，由某类下垫面引起的小气候差异不易被混合，随着时间(如不同日期)的变化，同一时刻某气象要素的差异变化较小，所以说小气候差异较为稳定。

小气候观测总是短期的、季节性的，不像气象台站那样成年累月地进行观测。利用小气候规律较为稳定的特点就可以根据邻近气象台站长期的观测资料将某类型小气候短期的观测资料进行订正、延长。

某类型小气候和大气候之间的联系，对于某一气象要素值来说，可用下列公式近似表示

$$X = \overline{X} + \Delta X \tag{2.11}$$

式中 X 为某类型小气候的某种气象要素值；$\overline{X}$ 为大气候背景下的该气象要素的平均值，可由气象台站多年平均值表示；ΔX 则为该气象要素的小气候差异(局地差异)。它表明某类型小气候的气象要素值 X 的大小，总是由大气候背景气象要素值与小气候差异 ΔX 叠加而成。但是不同类型小气候的 ΔX 是不一样的。

2.3.1.3　小气候观测的重要性

某类型小气候是在一定的下垫面、自然景观和大气候的背景下产生的局地气候，它与大气候或其他类型的小气候的规律不同，其气象要素的数值和分布有差异，因此气象台站的观测资料或其他类型小气候的观测资料是不能代表该类型小气候的，否则就会得出错误的小气候规律。又由于小气候的尺度小，所以通常气象台站的分布密度、观测项目、观测

高度(深度)都不能满足小气候工作的需要。因此在研究某类型小气候时，首先要组织小气候观测，测点的密度、观测次数、观测项目、观测高度(深度)均以研究目的而定。

小气候观测是一种特殊观测。在观测场地和测点的选择、仪器及其安装、观测项目及方法、观测资料的精确性和审查订正等方面均需认真对待，按有关原则和方法来进行，使观测资料能真正揭示该类型小气候的规律，用于理论研究、指导生产才能获得正确的结论。

2.3.2　小气候观测点的选择及描述

2.3.2.1　观测点选择的原则

(1)观测点应有代表性

观测点应选在该类型小气候内的典型地段。如在研究农田小气候时，观测点应选择土壤性质、作物品种、农技措施等条件与当地一般条件相近的地段内，这些点对研究农田小气候来说是具有代表性的。又如在研究森林小气候时，其测点应设在代表该林型一般状况的地方，因此对森林的树种、郁闭度、林龄、高度、土壤性质及地形等都应考虑。

若研究某一林型小气候特点，则测点应选择在该林型中有代表性的地方，并避免靠近林缘或林窗附近。若研究农田防护林带小气候效应，选择有代表性的林带，应沿着盛行风向，在林带前设 1～2 个测点，在林带中、林带后林缘至 30 H 的范围内，每隔一定距离分别设一个测点。若研究坡地森林(或防护林带)的小气候效应，那么应在气象条件变化最显著的坡顶、坡中、山麓设点，或从坡顶到山麓每隔一定距离设一个测点。

(2)测点应有比较性

在研究不同林型的小气候特点时，应选择树种、林龄、地形、土壤性质及林业技术措施基本相同的不同林型来设点进行观测，观测的资料才能说明小气候的差异仅仅是因林型不同引起的。另外，固定观测点和流动观测点相结合，以利于资料的对比分析。

2.3.2.2　观测点的描述

①观测点的地理位置(经、纬度)及海拔高度。

②观测点的地形。属平原、丘陵还是山地(位于坡的哪一部分及坡向、坡度)，周围山地、山脉、河谷的走向，附近水域的面积及其离测点的距离。

③植被状况。包括森林(针叶、阔叶，混合)的组成、树种、林龄、密度、郁闭度、层次、高度、平均胸径、林冠高度，发育期等，防护林的结构、类型及高度等。

④土壤状况。包括土壤种类、表面性质、腐殖层厚度、湿度(季节变化及垂直变化)、地下水位、被雪覆盖的时期及密度等。

⑤周围建筑物的高度及其离测点的距离。

⑥绘制测点地平线遮蔽图。利用经纬仪测量绘制，可以了解测点的日照、蔽风及霜害情况。

2.3.3 小气候观测及仪器

2.3.3.1 观测项目

主要观测的气象要素有：太阳辐射、日照、空气温度及湿度、风速，降水量、CO_2 浓度、土壤水势及热通量等。在观测气象要素的同时，还要对林木的物候期及生长发育状况进行观测，即进行平行观测，这样才能研究出林木生长发育与气象条件之间的关系。

2.3.3.2 观测的高度

一般在林内的观测高度为：林冠层以上 1.5～2.0m 高度，林冠内 2/3 高度，林冠底部高度，树高 1/2 高度，近地面灌木层和植被层（0.2m 和 1.5m），土壤的不同深度（0cm，5cm，10cm，15cm，20cm）观测项目较多。

2.3.3.3 观测的时间

各个季节（春、夏、秋、冬）和林木、作物的主要发育期。每个季节连续观测 7～10 天以上。要包括几种典型的天气——晴天、阴天、昙天。根据研究目的和人力，可每天每小时观测一次，也可每隔数小时观测一次。

2.3.3.4 观测仪器

选用的观测仪器应体积小，重量轻，携带方便，牢固可靠，操作简单，适于在风、雨、雾等恶劣条件下使用。仪器应能遥测和自动记录，以便观测时不破坏林木群体的自然状态。仪器能进行梯度和多点观测，以了解环境气象要素的垂直分布和水平分布。

按测定的要素，仪器可分为以下几种类型：

（1）测温仪器

一般多用水银温度表或铂电阻温度表，近距离遥测多用铜电阻温度表或热电偶温度表，远距离遥测多用半导体温度表，森林表面或叶表面温度多用红外测温仪或热电偶温度表。

（2）测湿仪器

一般用通风干湿表，氯化锂湿度计、红外湿度计和露点湿度表也常应用。

（3）测风仪器

用各种较灵敏的风速表。

（4）测光照和辐射的仪器

测光照用照度计，测太阳辐射可用直接辐射表、总辐射表、漫射辐射表、反射率表、净辐射表，测森林中树木或林带中作物的光合作用可用光合有效辐射表或分光光谱辐射表。

（5）测土壤水分的仪器

常用的是用土钻取土烘干来测土壤水分。目前开始用中子土壤湿度计、电阻土壤湿度计、微波土壤湿度计、热扩散土壤湿度计、γ 射线土壤湿度计来测土壤水分。土壤的吸水力用负压计来测定。

2.3.4 观测资料的整理和分析

2.3.4.1 单点观测资料的整理和分析

要分析所观测要素随时间(小时、日、月、年或生长期)和垂直方向(不同高度和不同土壤深度)的变化规律,并绘制成各种图表。

2.3.4.2 各点观测资料的综合分析

将各观测点同一气象要素随时间的变化进行比较分析,并结合对林木的物候观测,分析出不同点气象要素对林木生长发育的影响。还可分析出该林区各气象要素的时空变化规律及对林木的影响。

习题及思考题

1. 了解森林在维护生态平衡中的作用。
2. 森林小气候、防护林带小气候有哪些特点?
3. 什么是小气候,其主要特点是什么?
4. 在选择小气候观测点时应注意哪些问题?
6. 怎样决定小气候观测的时间及仪器安装高度?

参考文献

胡毅等. 1994. 应用气象学. 北京:气象出版社

江爱良等. 1984. 林业气象论文集(论农田防护林网和片林在农业生态系统中的作用). 北京:气象出版社

潘守文. 1989. 小气候考察的理论基础及其应用. 北京:气象出版社

王正飞. 1984. 林业气象论文集(林业气象的概念、发展和内容). 北京:气象出版社

王正飞等. 1985. 森林气象学. 北京:中国林业出版社

翁笃鸣等. 1979. 小气候和农田小气候. 北京:农业出版社

张富国. 1984. 林业气象论文集(黄土高原上林业发展与气象关系调查报告). 北京:气象出版社

赵宗哲等. 1984. 林业气象论文集(水网区林带边缘气象效应及其对作物产量的影响). 北京:气象出版社

周俊义等. 1984. 林业气象论文集(干旱地区农田防护林增产效应研究). 北京:气象出版社

朱廷曜等. 1984. 林业气象论文集(林带附近的风场结构). 北京:气象出版社

第三章　气象能源

§3.1　气象能源及其特点

人们将气象要素直接产生的能称为**气象能源**，如太阳能、风能。而目前人们使用的常规能源，如石油、煤、天然气等属于太阳能间接产生的能源，因而不包含在本文所介绍的气象能源的范围之内。

气象能源有着其他能源所没有的优点。首先它是一种巨大的、永久性的能源。太阳每秒钟要辐射巨大的能量，虽然只有几十亿分之一的能量到达地球的大气上界，但这个能量约为180×10^{12}kW，是目前全世界能量消耗的几万倍。据研究，今后数十亿年内，到达地球的太阳能是不会发生明显变化的，因此可以认为太阳能是"取之不尽，用之不竭"的一种新能源。由于到达地球表面的太阳能的不均匀性引起了空气的水平运动，这种水平运动产生的风能也是"取之不尽，用之不竭"的。在一定条件下，风能也是用后可以再生的永久性能源。其次，气象能源是一种清洁的、无污染的能源。这在环境污染越来越严重的今天，使人们越加重视对气象能源的研究和利用。第三，地球上任何地方都存在气象能源，因而利用它可以就地取能，不必运输。

然而气象能源也存在着不足之处，这使得人们对它的利用受到了限制。首先，气象能源在地球上的总能量虽然很多，但由于能量的密度低，若要在单位面积上获得较多的能量，必须采用一定的装置，这些造价高的装置必然会影响到气象能源利用的推广；其次是由于天气条件和季节的变化会引起气象能源数量的变化，使其能量输出不稳定。

为了更有效的利用气象能源，就要求气象工作者不仅在更新能源方面发挥作用，而且还要弄清某一地区气象能源的蕴藏量及其变化规律，使气象能源与常规能源能配合有计划地综合利用。我国人口众多，常规能源相对少且分布不均，加之幅员辽阔、地形复杂，对边远山区输送常规能源十分不便，特别是工农业生产、国防建设及人民生活对能源需求量的急剧增加，都将促使气象能源的研究和利用得到重视和加强。

§3.2　太阳能

广义的太阳能包括太阳辐射能及其转换成其他形式的能，如水能、风能、生物能、波浪能及煤、石油、天然气等。但气象能源中的太阳能仅仅只是指太阳辐射。到达地球各地的太阳辐射能的数量多少与纬度、季节、天空状况有关，由于我国的日射观测站点少，且分布不均，所以仅利用观测站的辐射资料来分析、计算太阳能是远远不够的，通常借助日射观测站的辐射资料和与辐射有关的气象要素资料，建立它们之间的统计关系，利用这种统计关系来计算无日射观测资料地点的太阳能。

3.2.1 太阳能的计算

总辐射的计算方法很多，但可以综合成下面的基本形式

$$Q = Q_0 f(J) \tag{3.1}$$

式中 Q 为总辐射，Q_0 为基础的（起始的）数据，$f(J)$ 为表征天空遮蔽度的函数。

3.2.1.1 基础数据 Q_0

基础数据 Q_0 可用以下三种太阳辐射来表示：

(1)天文辐射 Q_a

天文辐射是指研究地点大气上界处的水平面上，在单位时间、单位面积上所获得的太阳辐射能量（或某时段内的辐射总量）。它完全未受大气的任何影响，是可由天文关系准确计算的理论值，而不依赖于实测的日射值。

计算纬度为 φ 处某季节时的 Q_a 的公式为

$$Q_a = \frac{S_0}{r^2}\sin h_\theta \tag{3.2}$$

式中 h_θ 为该地该季节正午时的太阳高度角，S_0 为太阳常数，r 为该季节时的日地距离。

(2)理想大气总辐射 Q_i

理想大气总辐射是假定研究地点的大气是干洁大气，在水平地表面上，单位时间、单位面积上所获得的太阳辐射能量（或某时段内的辐射总量）。使理想大气辐射衰减的主要因子是空气中分子的散射和臭氧的吸收。Q_i 可由纬度 φ、时间（季节）、研究地点的海拔高度等条件，从理论上准确计算出来，仍不依赖于实测的日射值。

(3)晴天总辐射 Q_c

晴天总辐射是研究地点实测的总辐射中的最大值，是太阳辐射经过大气中的气溶胶、水汽等种种削弱后，在单位时间（或某时段内）到达单位水平地表面上的太阳辐射能量。Q_c 不仅与纬度 φ、时间（季节）、海拔高度有关，还与每日的大气透明度有关，因而须从年代较长的实测日射资料中整理、求出，或用理论公式计算得出。

研究表明，在同一纬度上，用 Q_a，Q_i，Q_c 三种基础数据作为自变量，分别与总辐射 Q 建立的回归方程的回归系数及常数的空间分布的稳定性及误差差别不大，而且，三种基础数据两两间相关系数达 0.97 以上，所以，三种基础数据在实用上无明显的差别。

3.2.1.2 天空遮蔽度函数 $f(J)$

可用总云量、低云量、日照百分率或上述几种要素的多种形式组合来表示 $f(J)$。用

我国有日射观测台站的资料，按不同要素进行试算，并与实测值对照加以鉴定，得出用日照百分率 S_1 表示最好，日照百分率 S_1 和云量 n 结合次之，单用云量最差。因而，目前国内使用较多的是：

$$f(J) = a + bS_1 \tag{3.3}$$

式中 a,b 为系数。

3.2.1.3 水平面上的总辐射

结合(3.1)式和(3.3)式，我们可以得出计算总辐射的常用公式为

$$Q = Q_0(a + bS_1) \tag{3.4}$$

不同的学者考虑的角度不同，因而运用(3.4)式时，基础数据 Q_0 也就不同。

王炳忠因考虑到理想大气总辐射 Q_i 可以通过计算精确地求得

$$Q_i = S_m + D_m \tag{3.5}$$

式中 S_m 为理想大气的直接辐射，D_m 为理想大气的散射辐射。而

$$S_m = \int_0^{\infty} S_{01}\lambda \cdot P_\lambda^m(O_3) \cdot P_\lambda^m(F)\mathrm{d}\lambda - \Delta K \tag{3.6}$$

式中 $S_{01}\lambda$ 是大气上界波长为 λ 的日射量，m 为大气质量数，当阳光垂直于地表投射时，$m = 1$；$P_\lambda(O_3)$ 为臭氧对于波长为 λ 的辐射的透明系数，$P_\lambda(F)$ 为空气分子对于波长为 λ 的辐射的透明系数，氧气和二氧化碳对太阳辐射的吸收很弱，粗略的计算可以略去不计。

为了便于计算，进行相应的订正 ΔK，它随 m 的变化而变化。

$$D_m = \frac{1}{2}(S_0 - S_m)S_m h_\theta \tag{3.7}$$

同时还可以计算出不同海拔高度和纬度的 Q_i 值，因而选择理想大气总辐射 Q_i 作为计算总辐射的 Q 基础数据。通过用 $Q = Q_i(a + bS_1)$ 式计算各站点的系数 a,b。还得出：a 值变化较小，可取各站点的平均值 0.18；b 与地面绝对湿度 E_n 有良好相关(相关系数为 0.86)，其经验公式为

$$b = 0.55 + 1.11\frac{1}{E_n} \tag{3.8}$$

因而在有了某一地的平均气压、平均绝对湿度和日照百分率后，就可利用下式计算出总辐射

$$Q = Q_i\left[0.18 + \left(0.55 + 1.11\frac{1}{E_n}\right)S_1\right] \tag{3.9}$$

在我国西部山区农业气候资源研究中，因考虑到我国西部山区地形起伏大、山高坡陡、相对高差悬殊，因而引起大气质量、大气中的水汽及气溶胶等都有一定的变化，所以在总辐射计算时用晴天总辐射 Q_c 作为基础数据。

晴天总辐射 Q_c 用别尔良特(Т. Г. Берлянд)的理论公式计算，即：

$$Q_c = \frac{S_0}{\pi}\left[(A-f)\omega_0 + B\sin\omega_0 + \frac{2f^2}{\sqrt{(A+f)^2-B^2}}\tan^{-1}\left(\sqrt{\frac{f+A-B}{f+A+B}}\right)\cdot\tan\frac{\omega_0}{2}\right]$$

$$(A+f)^2 > B^2 \qquad (3.10a)$$

或

$$Q_c = \frac{S_0}{\pi}\left[(A-f)\omega_0 + B\sin\omega_0 + \frac{f^2}{\sqrt{B^2-(A+f)^2}}\ln\frac{\sqrt{B+A+f}+\sqrt{B-(A+f)}\cdot\tan\frac{\omega_0}{2}}{\sqrt{B+A+f}-\sqrt{B-(A+f)}\cdot\tan\frac{\omega_0}{2}}\right]$$

$$(A+f)^2 \leqslant B^2 \qquad (3.10b)$$

式中 $A=\sin\varphi\sin\delta$，$B=\cos\varphi\cos\delta$，$\omega_0=-(\tan\varphi\tan\delta)$，$f$ 可由实测值计算出来。而 $f(J)$ 仍用日照百分率 S_1，在没有气象观测的点，则要求出该点的日照百分率或日照时数 $n=f(\varphi,E_n,h)$。通过对西部地区 24 个日射站 1～12 月分别建立计算方程的计算结果表明，用 Q_c 作为基础数据与 S_1 求出的总辐射 Q 的误差小于用 Q_a 和 Q_i 作为基础数据与 S_1 求出的总辐射 Q。

3.2.1.4　倾斜面上的总辐射

太阳能利用装置的集光面往往不是水平放置的，当与太阳光线垂直时，它获得的太阳辐射能最强。倾斜面上获得的辐射能数量不仅受到直接辐射和散射辐射即总辐射的影响，而且还受到来自地面的反射辐射的影响。在一般准确度要求不很高的情况下，可通过下式直接从水平面上的总辐射求出：

$$Q(\beta,\alpha) = K_g Q \qquad (3.11)$$

式中 $Q(\beta,\alpha)$ 是倾斜面与水平面夹角为 β、倾斜面的方位角为 α 时倾斜面上获得的总辐射，K_g 为经验性换算系数(表 3.1)。

为了最有效地获得太阳能，太阳能利用装置的集光面与水平面之间的最佳倾角 β 要根据各地的纬度 φ 和各季节的太阳高度角 h_θ 来进行调整。太阳能利用装置的集光面有可调节式和固定式两种。

(1)可调节式集光面的 β

从图 3.1 中可以看出 h_θ 与 β 互为余角，即

$$\beta = 90° - h_\theta \qquad (3.12)$$

而正午时的 h_θ 又与纬度 φ，赤纬 δ 有关，其关系式为

$$h_\theta = 90° - |\varphi-\delta|$$

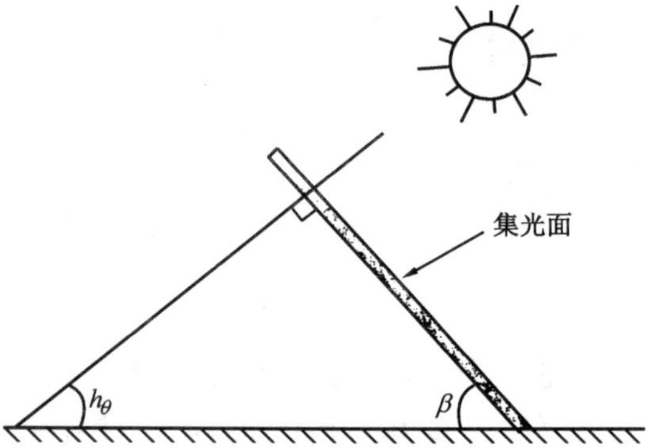

图 3.1　集光面的倾角和太阳高度角

所以有

$$\beta = |\varphi - \delta| \tag{3.13}$$

当 φ 一定时，δ 可取该季节（或该月）的中间日期的值来计算 β。

表 3.1　晴天各纬度的 K_g 月平均值

集光面倾斜角 β	纬度 φ	在北半球方位角为 $\alpha = 0$ 时				
		4 月	5 月	6 月	7 月	8 月
30°	10°			0.95	0.95	1.02
	50°			1.01	1.08	1.23
	60°			1.06	1.20	1.45
60°	30°			0.70	0.73	0.80
	40°			0.75	0.78	0.92
	50°			0.80	0.90	1.10
	60°			0.90	1.08	1.25
90°	0°	0.20	0.19	0.19	0.21	0.21
	10°	0.25	0.20	0.20	0.22	0.25
	20°	0.30	0.23	0.22	0.24	0.30
	30°	0.40	0.30	0.25	0.28	0.40
	40°	0.60	0.40	0.35	0.36	0.50
	50°	0.95	0.60	0.50	0.53	0.72
	60°			0.62	0.68	0.36

注：数据取自王炳忠的《太阳能——未来能源之星》，气象出版社，1990。

（2）固定式集光面的 β

将 δ 的年平均值 $\delta = 0$ 代入（3.13）式，可得 $\beta = \varphi$，即最佳倾角等于当地的纬度时，集光面获得最强的太阳能。

据研究，当纬度 φ 和集光面的倾角 β 一定时，集光面的方位角 $\alpha = 0$，即集光面朝南时所获得的太阳能最强。

3.2.2　太阳能利用的形式

目前国内外利用太阳能主要采取光热转换、光电转换、光化学转换和生物转换等转换方式。

（1）光热转换

这是利用太阳能最主要、最普遍的形式。它是将集光面收集的太阳光能转换为热能，直接利用热能或由热能再转换成的电能、机械能来为人类服务。常见的有利用太阳能集热器产生热水的热水器，利用太阳能烹饪食物的太阳灶，利用太阳能烘干粮食、烟叶、干果、农副产品和木材的干燥器(或烘干机),利用太阳能蒸馏、淡化海水的蒸馏器,以及应用最广泛的太阳能温室和塑料大棚等。

(2)光电转换

这是将太阳能直接转换为电能。目前应用较多的是硅太阳能电池,它不仅可以转换太阳的直射光,并且还可以转换散射光,并且具有重量轻、无放射性、使用安全等很多优点。虽然太阳能电池的成本较高,但对于边远地区的通讯及照明电源是适宜的。如我国在无人灯塔、无人气象站、高山和海岛的无线电中继站以及在航天工程中均使用太阳能电池作为电源。随着科学技术的发展,太阳能电池的成本不断下降,这种电能来源将会得到更广泛的应用。

(3)光化学转换

这是利用太阳能通过光化学分解水、光电化学电池分解水、光催化分解水来制氢,而氢是无污染、可远距离输送、可长期贮存、能放出巨大能量的燃料。虽然利用太阳能制氢的方法目前还不成熟,但它是发展新能源的重要方向之一。

(4)生物转换

这是通过植物的光合作用将太阳能转换为生物化学能,然后将植物有机体经化学和生物处理来利用其生物化学能。这种转换的利用是很广泛的,除将植物作为燃料和提取酒精的原料外,目前还正在研究利用微生物的光合作用来制氢。

3.2.3 我国太阳能资源及区划

我国太阳能资源的分布除受纬度、海拔高度的影响外,还受各地气候条件(如云量、降水、湿度等)的影响。

1980 年,中国气象科学研究院、中国科学院能源所、中国农业工程研究院等单位,分析了我国太阳能资源并作出了区划。采用公式

$$Q = Q_i(a + bS_1)$$

对全国 700 个站点的资料进行计算,并分析各站多年平均日照百分率的年变化曲线,以年变化曲线中的最大值(峰值)出现的月份(季节)作为区划划分的一级标准。据此将全国划分为三个带:

A 带:主峰值出现在秋季 9～10 月;

B 带:主峰值出现在冬季 12～2 月;

C 带:主峰值出现在夏季 6～8 月。

同时,按年变化曲线中的最小值(谷值)出现的月份拟定五种类型,为第二级分区标准。考虑到太阳能利用的有利时段,根据日照时数(当地真太阳时),以最长者为 1,次者为 2,然后为 3,最次为 4,作出全国的太阳能区划,如表 3.2 所示。

1982 年王炳忠以太阳能资源的年总量(kcal/cm^2 · a)为一级区划指标,日照时数≥

6h 的天数出现最多和最少的月份分布为二级区划指标，日间太阳能利用的有利时段为三级区划指标，对全国太阳能资源进行区划，如表 3.3 所示。

无论从表 3.2 中还是从表 3.3 中，均可以看出我国的西北（宁夏北部、甘肃西部、新疆东南部、青海西部和西藏大部）是太阳能资源最丰富的地区，太阳年总辐射量大于 150kcal/(cm^2 · a)，最大值达 200kcal/(cm^2 · a)。而四川、贵州是我国太阳能资源最贫乏的地区，太阳年总辐射量最低值约为 80～90kcal/(cm^2 · a)，这与当地秋冬多静止锋、春季多西南低涡活动形成的多阴雨天气有关。

表 3.2　太阳能资源区划

一级区	二级区		年总量 (kcal/(cm^2 · a))	主要地区
AⅠ 西北大区	AⅠ1	南疆至青海湖区	140～160	青海北部、甘肃西南、新疆东部一部分及中部
	AⅠ2	北山至狼山区	160	甘肃和宁夏北部，内蒙古西北部，新疆东部一部分
	AⅠ4	北疆区	130～150	新疆北部
BⅡ 东北、华北大区	BⅡ1	黄土高原区	120～160	甘肃中部、宁夏中部和南部，陕西北部、内蒙古西南、青海东部一部分
	BⅡ2	松辽栾海区	110～150	黑龙江、吉林、辽宁、内蒙古东南部、山西北部、河北北部和中部、北京、天津
BⅢ 西南大区	BⅢ2	青藏高原区	110～240	新疆南部、青海南部和东部一部分、西藏、四川北部和南部、云南西北部和东南部、贵州西部
CⅣ 华东、华南大区	CⅣ1	江淮区	120	江苏、上海、安徽、湖北东部和中南部、山西南部、河南东部和南部、陕西东部一部分
	CⅣ2	黄河下游区	130	山东、江苏和安徽北部、河北东南部
	CⅣ1-4	东南丘陵区	110～120	江西、福建西部和南部、海南南部、广东北部、广西东北部
	C′Ⅳ1*	粤桂沿海区	120	广西南部、广东东南沿海地区
CⅤ 中南大区	CⅤ3	川陕区	80～120	陕西中部、四川中部、甘肃南部
	CⅤ4	川秦鄂湘贵区	90～110	四川东部、贵州、湖南西部、湖北西部、陕西南部

注：粤桂沿海区——主峰值出现在 9～10 月，应属 A 带。但该区与 A 带在地区位置上相差甚远，自然条件不同，故划为一带不合适，若另立一带面积又小。该区在诸多方面与 CⅣ 区更接近，故合并于 CⅣ 区，为区别两区以 C′Ⅳ 表示。

表 3.3　全国太阳能利用区划系统及分区特征(摘要)

第一级	季节分布特点	月最多日数/月最少日数	一年内月平均温度≥10℃且日照时数≥6h 的总天数	主要地区
资源丰富带*	秋盛冬弱	<2	275～325	南疆、藏北、青海西部
	秋盛夏弱	<2	275～325	甘肃、内蒙古及青海的西部
	冬盛夏弱	<2	250～300	青海南部
	前冬盛后冬弱	<2	250～275	青海西南部
	冬盛夏弱	<2	250～300	西藏大部
	春盛秋弱	<2	>300	内蒙古的阴山、贺兰山区
资源较富带*	夏盛冬弱	<2	275 左右	新疆北部
	春盛冬弱	<2	225～275	黑龙江及吉林、内蒙古大部
	春盛夏弱	<2	250～275	山西、河北北部、辽宁大部
	秋盛夏弱	<2	250～275	北京、天津及河北大部
	春盛冬弱	<2	200～250	山西南部、河南大部,山东、江苏部分
	春盛秋弱	<2	225～300	内蒙古及陕西部分
	冬盛秋弱	<2	200～300	青海东部、甘肃南部、四川西部
	春盛秋弱	2～3	200～250	川南及滇北的部分
	冬盛夏弱	2～3	<250	西藏东部、川西、滇西北的部分
	春盛夏弱	2～4	175～200	滇东南、滇西南部分
	夏盛春弱	2～3	175～200	福建、广东沿海一带
	春盛冬弱	2～4	225 左右	海南岛
资源较贫带*	夏盛春弱	2～4	125～200	浙及鄂、皖、苏、闽、粤、湘、桂部分
	夏盛冬弱	3～4	125～175	陕西南部及湖北、河南西部
	冬盛秋弱	2～3	125～175	四川西部
	春盛秋弱	2～3	150～175	贵州西部、云南东南部
	夏盛冬弱	2～3	150～175	广西西部
资源贫乏带*	夏盛冬弱	<4	<125	成都平原、四川、贵州大部

注：资源丰富带指>150kcal/(cm^2·a),资源较富带指 120～150kcal/(cm^2·a),资源较贫带指 100～120kcal/(cm^2·a),资源贫乏带指<100kcal/(cm^2·a)。

§3.3　风　　能

风作为一种能源被人类利用已有两千多年的历史,过去主要应用在农副产品的加工、汲水与航行上,近年来由于环境污染和能源危机的冲击,使各国对风能的研究重新重视起来,风能在发电、供暖、运输、制冷、海水淡化等方面的应用也越来越广泛。所谓风能利用,就是将自然界的风经过转换,成为电能、机械能等能量形式来为人类服务。据估计,全球近地气层的风能总储存量约为 1.3×10^{12}kW,是目前全世界能量消耗的 3000

倍左右，其利用前景是十分可观的。

由于风的方向和速度的多变性，风力又过于分散，使单位面积上可以获得的风能功率不大，因而不能保证风力机稳定地输出能量。因此我们在分析某一地区风能资源时，必须揭示出风能随时间的变化规律及在地域上的分布规律，结合评价风能的指标，作出风能区划和规划，以提高风能的利用率。

3.3.1　风能的概念及其指标的计算

3.3.1.1　风能的概念

将风能转换为其他的能量形式，一般采用风力机。风力机产生的风能大小，通常用风能密度（W/m^2）来表示。风能密度是指在单位时间内通过单位面积的风所具有的动能。当风速为 V（m/s）、空气密度为 ρ（kg/m^3）、风轮面积为

$$F = \pi\left(\frac{D}{2}\right)^2 \qquad (m^2)$$

时（式中 D 为风轮直径），在单位时间内通过风轮面积 F 的风能功率为 W，可表示为

$$W = \frac{1}{2}mV^2 = \frac{1}{2}\rho F V^3 = \frac{1}{8}\rho\pi D^2 V^3 \qquad (3.14)$$

从(3.14)式可以看出，风能的大小主要取决于风速的大小，其次是风轮面积和空气密度。但通过风轮的气流不是全部冲击在风轮上，总有一部分从叶翼间流过，这部分动能没有能被风力机利用，气流冲击到叶翼后，气流也未完全静止，它的动能没有完全传到叶翼上；气流在叶翼周围（特别是下风方向）还会产生一些涡旋，阻碍叶翼的运动。所以，通过风力机风轮截面的气流动能，仅仅只有一部分变成了风力机的能量。我们令：

$$\frac{\text{风力机所获得的能量}}{\text{通过风轮的气流的动能}} = \xi$$

式中 ξ 称为风力利用系数。1920 年茹可夫斯基（Зуковский）求出 ξ 的可能最大值为 0.593，后来，沙比宁（Г. Х. Сабинин）创立的理论求出 ξ 的可能最大值为 0.687，实际上很好的风力机的 ξ 值也只有 0.20 ～ 0.40。因此风力机输出的实际功率应为 ξW。

3.3.1.2　风力机的有效风速

使风轮能够开始转动的风速叫**起动风速**，用 V_m 表示。但现代风力机是根据**设计风速** V_c（或称计算风速、定额风速）来设计的，在 V_c 时风力机产生的功率最大，称为**装置功率**。当风速 $V > V_c$，时，为了防止机械损坏，风力机的调速装置会限制风轮的转速，仍按 V_c 时的装置功率输出能量。如果风速过大，可能会破坏风力机时，风力机就要停止转动，这个风速 V_M 称为**截止风速**（或上限风速）。

所以风速在 V_m 至 V_c 之间时，风能 W 随风速 V 增大而增大，与 V^3 成正比；风速在 V_c 至 V_M 之间时，风力机固定以 V_c 时的能量输出；风速小于 V_m 或大于 V_M 时，其能量不能

被利用。所以，在起动风速 V_m 至截止风速 V_M 之间的风速称为**有效风速**。我国设计的风力机，一般取

$$V_m = 3\text{m/s}$$
$$V_c = 8\text{m/s}$$
$$V_M = 20\text{m/s}$$

为了使讨论简便，我们在以下的讨论中均令

$$\xi = 1$$
$$F = 1$$

则风轮获得的风能密度为：

$$W = \frac{\rho}{2}\sum_i V_i^3 P_i \qquad (\text{W/m}^2) \tag{3.15}$$

式中 P_i 为风速 V_i 出现的频率。

而在某一时段内，平均的有效风能密度应为

$$\overline{W} = \frac{\sum_i W}{\sum_i t_i} = \frac{1}{\sum_i t}\left(\frac{\rho}{2}\sum_i V_i^3 P_i\right)$$
$$= \frac{\rho}{2\sum_i t_i}\left(\sum_{V_m<V_i<V_c} V_i^3 t_i + \sum_{V_c<V_i<V_M} V_c^3 t_i\right) \tag{3.16}$$

式中 t_i 为风速 V_i 持续的时间。

3.3.1.3 评价风能的指标

在分析风能资源时，我们一般分析以下指标：

(1)平均总的风能密度

即将该地某一时段(月、年)内，风速 $V > 0\text{m/s}$ 时的全部风能密度求平均，即

$$W = \frac{\rho}{2}\sum_{i=0}^{\infty} V_i^3 P_i \tag{3.17}$$

式中 P_i 为 V_i 出现次数占 $V > 0$ 的总次数的频率。它反映了该地风能的自然蕴藏量。

(2)有效风速出现时数

即在该地某一时段(月、年)风速 $V = 3\sim20\text{m/s}$ 出现的小时数(h)，是风力机能够运转的时间。

(3)平均的有效风能密度

即在该地某一时段(月、年)内，在有效风速出现的时数内的平均风能密度，即

$$W_e = \frac{\rho}{2}\sum_{3\leqslant V_i<20} V_i^3 P'_i \tag{3.18}$$

式中 P'_i 为 V_i 出现次数占 $V = 3\sim20\text{m/s}$ 之间出现的次数的频率。

在分析某地风能资源时，必须将有效风能密度与有效风速出现时数两项指标结合使用，否则不能反映风能的实用资源。如某地有效风能密度较大，但有效风速出现时数不多，则风能利用的价值还是不大的。一般在一年内有效风速出现达 3000h 以上，有效风能密度达 $100W/m^2$ 以上的地区，风能才有利用价值。

3.3.2 风速的概率分布——韦伯分布

在计算风能指标时，因目前气象站无小时平均风速的观测资料，常用正点前 10min 平均风速来代替，这样就可利用气象站自记风速资料统计出每天、每月及全年各级风速 V_i 出现的时数和频率(P_i 及 P_i')。V_i 的分级，一般取 1m/s 为间隔。在无自记风速资料时，也可用每日 4 次风速观测资料近似地计算出风能指标。但不论是用每日 24 次、每次 10min 平均风速，还是用每日 4 次每次 2min 平均风速来计算风能指标，其计算工作量都十分大。所以很多学者都寻求利用某种概率分布来求风能指标。

从(3.15)式可以看出，风能密度 W 是风速 V 和空气密度 ρ 的函数。而对一个定点，ρ 虽然随气压、气温、绝对湿度而改变，即

$$\rho=\frac{1.293}{1+0.00367t}\left(\frac{P-0.378E_n}{1000}\right) \tag{3.19}$$

但变化很小，可以近似地将其看作常数，这样 W 就只决定于 V，即可以认为 W 的概率分布特征只取决于 V 的概率分布特征。

用概率分布拟合风速分布，可以平滑掉实际风速记录中的随机波动，并通过 2～3 个参数来研究风速在地域上的分布及随高度的变化，既便于无资料地点的风能估计，又为理论研究提供了方便。目前国内外多用韦伯分布来拟合风速的分布。

3.3.2.1 韦伯分布的形式

韦伯分布的概率密度函数是

$$f(V)=\frac{k}{c}\left(\frac{V}{c}\right)^{k-1}e^{-\left(\frac{V}{c}\right)^k}\qquad (V\geqslant 0) \tag{3.20}$$

式中 $k>0$，称**形状因子**，无量纲量；$c>0$，称**尺寸因子**，具有速度的量纲。

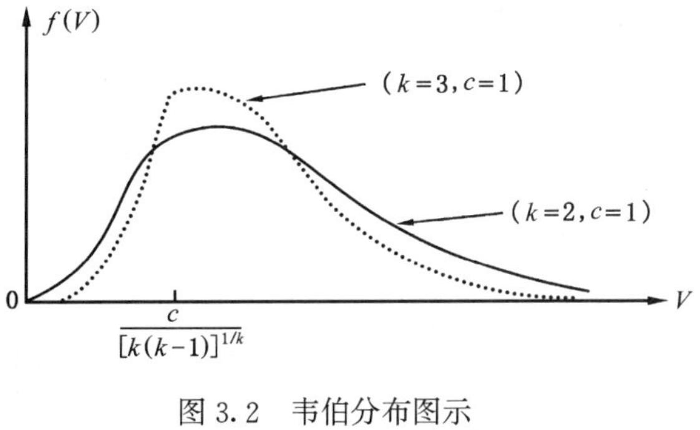

图 3.2　韦伯分布图示

从图 3.2 中可以看出：当 $V=0$ 时，$f(V)=0$；当 $V\rightarrow\infty$ 时，$f(V)=0$。在

$$V=\frac{c}{[k(k-1)]^{1/k}}$$

处有最大概率密度。

其概率分布函数为

$$F(V)=\int_0^V f(V)\mathrm{d}V=\int_0^V \frac{k}{c}\left(\frac{V}{c}\right)^{k-1}\mathrm{e}^{-\left(\frac{V}{c}\right)^k}\mathrm{d}V$$

$$=\int_0^V \mathrm{e}^{-\left(\frac{V}{c}\right)^k}\mathrm{d}\left(\frac{V}{c}\right)^k$$

$$=1-\exp\left[-\left(\frac{V}{c}\right)^k\right] \tag{3.21}$$

其数学期望为

$$M(V)=\int_0^\infty Vf(V)\mathrm{d}V=\int_0^\infty V\frac{k}{c}\left(\frac{V}{c}\right)^{k-1}\mathrm{e}^{-\left(\frac{V}{c}\right)^k}\mathrm{d}V$$

$$=c\int_0^\infty\left(\frac{V}{c}\right)\mathrm{e}^{-\left(\frac{V}{c}\right)^k}\mathrm{d}\left(\frac{V}{c}\right)^k$$

令 $y=\left(\frac{V}{c}\right)^k$，则 $\frac{V}{c}=y^{\frac{1}{k}}$

$$M(V)=c\int_0^\infty y^{\frac{1}{k}}\mathrm{e}^{-y}\mathrm{d}y=C\Gamma\left(1+\frac{1}{k}\right) \tag{3.22}$$

式中 Γ 是伽玛函数，实际计算时可由数学用表查出。

其方差(推导从略) 为

$$D(V)=c^2\left\{\Gamma\left(1+\frac{2}{k}\right)-\left[\Gamma\left(1+\frac{1}{k}\right)\right]^2\right\} \tag{3.23}$$

其三阶原点矩(推导过程与 $M(V)$ 相似，从略) 为

$$M(V^3)=c^3\Gamma\left(1+\frac{3}{k}\right) \tag{3.24}$$

3.3.2.2　利用韦伯分布求风能指标

(1)平均总的风能密度

对连续变量风速，有

$$M(W)=\int_0^\infty \frac{1}{2}\rho V^3 f(V)\mathrm{d}V$$

设 ρ 与 V 无关，则有

$$M(W)=\frac{\rho}{2}\int_0^\infty V^3 f(V)\mathrm{d}V=\frac{\rho}{2}M(V^3)$$

$$=\frac{\rho}{2}c^3\Gamma\left(1+\frac{3}{k}\right) \tag{3.25}$$

(2)平均有效风能密度

指在有效风速 ($V_1\sim V_2$) 范围内的风能密度，表示为

$$M(W_e)=-\frac{\rho}{2}\int_{V_1}^{V_2}V^3\varphi(V)\mathrm{d}V$$

式中 $\varphi(V)$ 是风速在 V_1 至 V_2 的范围内 V 的条件概率密度。

$$\varphi(V) = \frac{f(V)}{P(V_1 \leqslant V_i \leqslant V_2)} = \frac{f(V)}{F(V_2) - F(V_1)}$$

$$= \frac{f(V)}{\left\{1 - \exp\left[-\left(\frac{V_2}{c}\right)^k\right]\right\} - \left\{1 - \exp\left[-\left(\frac{V_1}{c}\right)^k\right]\right\}}$$

$$M(W_e) = \frac{\rho}{2}\int_{V_1}^{V_2} V^3 \frac{\left(\frac{k}{\rho}\right)\left(\frac{V}{c}\right)^{k-1} e^{-\left(\frac{V}{c}\right)^k}}{\exp\left[-\left(\frac{V_1}{c}\right)^k\right] - \exp\left[-\left(\frac{V_2}{c}\right)^k\right]} dV$$

令 $y = \left(\frac{V}{c}\right)^k$，有

$$M(W_e) = \frac{\rho c^3}{2\left\{\exp\left[-\left(\frac{V_1}{c}\right)^k\right] - \exp\left[-\left(\frac{V_2}{c}\right)^k\right]\right\}}\int_{V_1}^{V_2} y^{\frac{3}{k}} e^{-y} dy \tag{3.26}$$

积分号内是不完全 Γ 函数，可通过数值积分求得。

(3)有效风速出现的时数

指在时段 L 之内出现的有效风速($V_1 \leqslant V \leqslant V_2$) 的小时数，用 T 表示，有

$$T = L \cdot P(V_1 \leqslant V \leqslant V_2)$$

$$T = L[F(V_2) - F(V_1)] = L\left\{\exp\left[-\left(\frac{V_1}{c}\right)^k\right] - \exp\left[-\left(\frac{V_2}{c}\right)^k\right]\right\} \tag{3.27}$$

当参数 k,c 已知时，利用(3.25) ～ (3.27) 式就可求出评价某地风能资源的指标。

3.3.2.3 韦伯分布参数 k 和 c 的求法

目前利用风速资料求参数 k 和 c 的方法很多，常用的有以下几种：

(1)由风速频率分布求参数(即最小二乘法)

由(3.21)式已知

$$F(V) = 1 - \exp\left[-\left(\frac{V}{c}\right)^k\right]$$

取两次对数得

$$\ln\{-\ln[1 - F(V)]\} = k\ln V - k\ln c \tag{3.28}$$

令

$$y = \ln\{-\ln[1 - F(V)]\}$$
$$a = -k\ln c$$
$$b = k$$
$$x = \ln V$$

则(3.28)式变成线性方程

$$y = a + bx$$

常数 a 及系数 b 可利用风速资料用最小二乘法求得。

$$a=\frac{1}{N}\sum y_i-\frac{b}{N}\sum x_i \qquad b=\frac{N\sum x_iy_i-\sum x_i\sum y_i}{N\sum x_i^2-\left(\sum x_i\right)^2}$$

所以有

$$\begin{cases}k=b\\c=\mathrm{e}^{-\frac{a}{k}}\end{cases} \tag{3.29}$$

(2)由风速平均值和标准差求参数

从(3.22)和(3.23)式,可得:

$$\frac{D(V)}{[M(V)^2]}=\frac{c^2\left\{\Gamma\left(1+\frac{2}{k}\right)-\left[\Gamma\left(1+\frac{1}{k}\right)\right]^2\right\}}{c^2\left[\Gamma\left(1+\frac{1}{k}\right)\right]^2}=\frac{\Gamma\left(1+\frac{2}{k}\right)}{\left[\Gamma\left(1+\frac{1}{k}\right)\right]^2}-1$$

可见,参数 k 仅仅是标准差 $\sigma(V)=\sqrt{D(V)}$ 和数学期望 $M(V)$ 的函数。然而要解出 k 是很麻烦的,故可用近似公式求出,即

$$k=\left[\frac{\sigma(V)}{M(V)}\right]^{-1.086} \tag{3.30}$$

式中 $\sigma(V)$ 用样本标准差 S_v 代替,$M(V)$ 用样本平均值 $\overline{V}$ 代替,即可计算出 k。

当 k 求出之后,利用(3.22)式,可求得参数 c,即

$$c=\frac{M(V)}{\Gamma\left(1+\frac{1}{k}\right)}\approx\frac{\overline{V}}{\Gamma\left(1+\frac{1}{k}\right)} \tag{3.31}$$

(3)由风速平均值和极大值求参数

设 V_M 是 T 次观测中的最大风速,其频率是 $1/T$。风速大于和等于 V_M 的频率为

$$P(V\geqslant V_M)=\frac{1}{T}$$

若风速遵从韦伯分布,则

$$P(V\geqslant V_M)=1-F(V_M)=\exp\left[-\left(\frac{V_M}{c}\right)^k\right]=\frac{1}{T}$$

作恒等变换,有

$$\frac{V_M}{c}=\ln(T)^{\frac{1}{k}} \tag{3.32}$$

将(3.31)式代入(3.32)式中,经整理后有

$$\frac{V_M}{\overline{V}}=\frac{(\ln T)^{\frac{2}{k}}}{\Gamma\left(1+\frac{1}{k}\right)} \tag{3.33}$$

若已知平均风速 $\overline{V}$ 和最大风速 V_M，即可用(3.33)式求出 k，但是，计算比较麻烦。经验表明，k 值通常在1.0～2.6之间，$\Gamma(1+1/k)$ 在0.9附近，则由(3.33)式可近似求出

$$k=\frac{\ln(\ln T)}{\ln\left(0.9\frac{V_M}{\overline{V}}\right)} \tag{3.34}$$

则也可算出

$$c=\frac{\overline{V}}{0.9} \tag{3.35}$$

以上三种计算参数 k 和 c 的方法中，由风速频率分布求参数因使用了大量的原始风速资料，故求出的参数最为准确，但计算量大，太麻烦。由风速平均值和标准差求参数也用了较多的原始风速资料，但因采用了(3.30)式的近似计算，因而使求出的参数的准确性受到影响，然而却使计算量大大减少。由风速平均值和极大值求参数，使用的原始风速资料最少，但因平均风速可以从邻近台站进行订正，风速极大值对某一地区来说，也是能估计的，因而对无风速系统观测资料的风能估计提供了简易可行的方法，对有风速观测的点，其计算所需的资料在整编气候资料中均可获得，而且计算量最小。在辽宁、四川若尔盖等地的风能计算中，均利用了以上方法来求参数 k 和 c。通过比较，认为利用风速平均值和极大值求参数的误差并不是几种方法中最大的，且方法简单，具有实用价值，易于推广应用。

3.3.2.4　参数 k 和 c 随高度的变化

(1) k 随高度的变化

k 在近地层中随高度的变化很有规律。开始 k 随高度增加而增加，在60～70m附近 k 达到极大值，随后 k 随着高度增加而减小。杰斯图斯(C. G. Jnstus)给出了 k 随高度变化的经验公式

$$k(z)=k_0\frac{1-0.088\ln\left(\frac{z_0}{10}\right)}{1-0.088\ln\left(\frac{z}{10}\right)} \tag{3.36}$$

式中 z 和 $k(z)$ 分别为高度 z 和该高度上的形状参数，z_0 和 k_0 分别为风速仪所在高度和该高度上的形状参数。利用南京和武汉的风速资料，也得出了与Jnstus公式相似的经验公式。

(2) c 随高度的变化

研究得出，平均风速随高度的变化服从于指数律：

$$\frac{V_z}{V_0}=\left(\frac{z}{z_0}\right)^a$$

从(3.35)式还可看出，尺度参数 c 主要取决于平均风速，所以 c 随高度的变化也服从于指数律：

$$\frac{c_z}{c_0}=\left(\frac{z}{z_0}\right)^n \tag{3.37}$$

式中 c_0 为风速仪高度上的尺度参数，c_z 为 z 高度上的尺度参数，n 为指数，其变化与地表粗糙度、地形等有关。Jnstus 给出 n 的经验公式为

$$n=\frac{0.37-0.88\ln c_0}{1-0.88\ln\left(\frac{z_0}{10}\right)} \tag{3.38}$$

根据我国风资料计算，指数 n 平均在 0.18～0.21 之间，较美国的稍小，但 c 值随高度的变化是符合指数律的。

利用(3.36)式和(3.37)式，可以计算出近地层中任意高度上风速的韦伯分布的参数，进而计算出该高度上的风能指标。从表 3.4 中可以看出，在近地层中 k 和 c 是随高度增加而增大的，而风能指标 $\overline{W}$、$\overline{W}_e$ 及 T 分别与 c 或 c^3 成正比，与 k 呈指数关系，所以风能指标在近地层中也是随高度增加而增大的。

表 3.4　四川若尔盖站 k 和 c 随高度的变化

高度(m)	k	c (m/s)
10	1.328	3.138
20	1.414	3.781
30	1.470	4.217

3.3.3　我国风能资源及区划

根据我国风能区划指标(表 3.5)，可将全国风能潜力划分为四类区域。

表 3.5　我国风能区划指标

指标＼区	丰富区	较丰富区	可利用区	贫乏区
$\overline{W}_e$ (W/m²)	>200	200～150	150～50	<50
T (h)	>5000	5000～4000	4000～2000	<2000

3.3.3.1　风能丰富区

主要分布在东南沿海、山东、辽宁沿海及其海上岛屿，内蒙古北部及新疆山口风区，松花江平原。该区发展风能利用具有很好的前景。

3.3.3.2　风能较丰富区

该区除了分布在丰富区的外缘以外，还分布在青藏高原。该区发展风能利用对人烟

稀少、交通不便、能源短缺的地带有着重要意义。

3.3.3.3　风能可利用区

主要分布在两广及福建沿海，东部沿海平原，东北大小兴安岭及长白山地区，三江平原，华北、西北及青藏高原的东部和南部地区。该区主要在春、冬季风能大，又称为季节利用区，也是大有潜力可挖的。

3.3.3.4　风能贫乏区

主要分布在以四川为中心向四周扩展的地区，雅鲁藏布江河谷，塔里木盆地。这些地区四周均为高山，冷暖空气不易入侵，故风速较小。

当风力机风轮直径 $D=10\text{m}$，支架高为 10m，风力利用系数 $\xi=0.3$ 时，一台风力机每年所产生的能量为 R_e

$$R_e=\pi(5)^2\times\overline{W}_w\times 0.3\quad(\text{W/a})$$

$$\text{有效风能}=R_e\times T\quad(\text{W}\cdot\text{h/a})$$

在风能可利用区，当取 $\overline{W}_e=100\text{W/m}^2$，$T=3000\text{h}$ 时，则有

$$R_e=2355\quad(\text{W/a})$$

$$\text{有效风能}=7065000(\text{W}\cdot\text{h/a})=7065(\text{kW}\cdot\text{h/a})$$

对面积辽阔的地区，可安装风力机群，按两机相隔距离为支架高的 10 倍计算，则每平方公里可安装 100 台风力机，故在风能可利用区每平方公里可产生有效风能约 706500kW·h/a，其风能蕴藏量是有利用价值的。在风能丰富区或风能较丰富区，当风力机支架高大于 10m 时，其风能蕴藏量就更加丰富，利用前景十分可观。

习题及思考题

1. 气象能源的基本特点是什么？
2. 基础数据 S 的三种表示形式的物理意义是什么？
3. 天空遮蔽度函数 J 用什么表示最好？
4. 总辐射 Q 计算的一般表达式是什么？
5. 我国风力机的有效风速一般在哪个范围？其起始风速、设计风速、截止风速各为多少？
6. 风速在不同范围内时，其能量 W 输出有什么变化？
7. 韦伯分布参数 k 和 c 的物理意义是什么？
8. 某地 20××年 3 月风速观测资料如表 1 所示。请用风速频率分布法、平均风速和标准差法、平均风速和最大风速法，计算韦伯分布参数 k 和 c 及风能指标。

表 1　某地 20××年 3 月逐日 4 次定时风速资料(m/s)

日期＼时间	02 时	08 时	14 时	20 时	日期＼时间	02 时	08 时	14 时	20 时
1	2	4	1	6	16	5	2	3	2
2	8	7	3	3	17	4	4	3	5
3	6	1	5	3	18	5	2	3	5
4	4	2	6	4	19	6	2	4	4
5	0	0	3	4	20	2	2	3	7
6	0	4	3	6	21	5	0	2	3
7	2	0	0	3	22	0	2	6	3
8	6	0	2	0	23	5	3	10	6
9	2	1	5	4	24	4	3	6	2
10	2	0	11	3	25	3	2	9	4
11	5	0	8	3	26	0	0	11	0
12	1	0	3	3	27	5	0	7	6
13	0	0	8	14	28	5	7	8	5
14	11	0	4	2	29	2	0	0	2
15	4	5	6	2	30	3	2	2	9
					31	4	4	3	5

参考文献

胡毅等. 1994. 应用气象学. 北京:气象出版社

王炳忠. 1990. 太阳能——未来能源之星. 北京:气象出版社

王炳忠. 1983. 中国太阳能资源利用区划. 太阳能学报，**4**(7)

左大康. 1963. 中国地区太阳总辐射的空间分布. 气象学报,**33**

翁笃鸣. 1964. 试论总辐射的气候计算方法. 气象学报，**34**

李怀瑾. 1983. 晴天日射强度和日射总量的计算. 太阳能学报,**4**(1)

屠其璞等. 1982. 我国风能资源的初步研究,南京气象学院学报,(2)

朱瑞兆. 1986. 我国风力机潜力的估计. 气象科学研究院院刊,**1**(2)

胡毅等. 1990. 若尔盖等地风能资源评价. 成都气象学院学报,(4)

桑修诚. 1981. 新疆风能资源及其开发利用的初步分析. 新疆气象,(10)

朱瑞兆等. 1981. 中国风能资源. 太阳能学报,**2**(2)

袁围恩等. 1983. 辽宁风能资源研究. 地理科学,**3**(2)

《数学手册》编写组. 1979. 数学手册. 北京:人民教育出版社

第四章 污染气象

§4.1 气象与大气污染

4.1.1 大气污染概述

包围在地球表面附近的大气是一种混合气体,其中含有一定量的尘埃颗粒。就其组成来说有恒定的、可变的和不定的三种。大气中的氮、氧、氩、氖、氦、氪、氙、氢等气体的含量几乎不变,其中氮、氧、氩三种成分占大气总量的99.96%。大气中的二氧化碳、水汽、臭氧的含量是可变的,其变化对大气状况影响很大。大气中的灰粉、烟尘、盐粒及工业和交通产生的各种烟粒、氮氧化物、硫氧化物等,其含量是不定的,它们进入大气后,改变了大气的正常组成成分,有可能产生大气污染事件。

4.1.1.1 大气污染的含义

大气中微量成分的存在不一定都会对人、动物、植物产生危害。当大气中的人为废气(包括可变成分和微量成分)含量及其存在时间达到一定限值,并对人、动物、植物产生的有害影响达到可监测程度时,我们认为大气被污染了。

大气污染与空气污染其实质没有什么差别,但严格来说,所研究的范围是不同的。大气污染是指大区域或全球性的,空气污染是指某个场所或局地地区的空气污染。

4.1.1.2 大气污染源

大气中污染物的来源是多方面的,但总的可分为两类:一类是自然污染,如火山爆发喷出的灰尘和二氧化碳,由大风刮起的地面沙尘,森林火灾产生的二氧化碳、二氧化氮、二氧化硫及尘埃,另一类是人类活动所产生的空气污染,如工矿企业、交通运输排出的废气、毒气、烟尘和放射性元素,民用燃烧排出的硫氧化物、一氧化碳和尘埃,喷洒的农药,原子弹、氢弹和化学武器的试验和爆炸等,其中以石油、化工、火力发电厂、放射性工厂排出的废气、毒气和烟尘等工业污染最为严重(图4.1)。

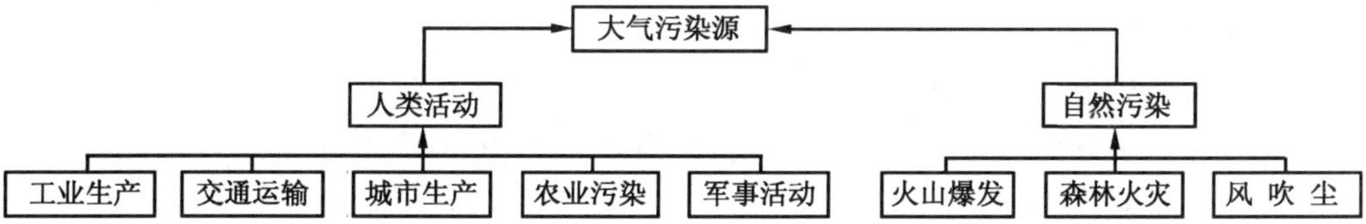

图4.1 大气污染源分类

一个能将污染物释放到大气中去的装置，我们称为污染源或排放源。如烟囱、汽车、核反应堆……

根据污染源的相对形状和大小，可以分为点源、线源、面源、体积源；根据污染物的排放时间可分为连续源、瞬时源；根据污染物排放量的变化可分为稳定源、可变源；根据污染源的高度可分为高架源、地面源。

4.1.2　大气污染的危害和影响

4.1.2.1　对人体健康的危害

(1)烟尘和粉尘

尘埃中直径大于 10μm 的颗粒物，大都可被鼻腔和咽喉所捕集，但不进入肺泡；小于 10μm 的飘尘经过呼吸道沉积于肺泡，沉积于肺泡的部分飘尘被溶解后进入血液，易造成血液中毒，未被溶解的部分被细胞吸收易破坏细胞造成尘肺。

(2)二氧化硫(SO_2)

它主要刺激人体的呼吸道(见表 4.1)，常与多种污染物同时存在，当人吸入这种混合污染物后，其危害要大得多。如 SO_2 和颗粒物气溶胶同时吸入呼吸道后，吸附在颗粒上的 SO_2 被氧化成 SO_3，SO_3 与水蒸气可形成直径小于 1μm 的硫酸雾，硫酸雾可更深地侵入呼吸道，其造成的生理反应比 SO_2 大 4～20 倍。

表 4.1　SO_2 浓度对人体的影响

SO_2 浓度(ppm)	症　　状
1.0	胸部稍有压迫感
3～5	嗅到臭味
6.5～11.5	吸入 10～15min 后鼻腔有刺激感
20	眼睛里有明显刺激感并咳嗽
30～37	初接触者，15min 后打喷嚏、咳嗽
100～200	吸收 30min 后出现喷嚏眼泪
300	不能吸入
400	呼吸困难

(3)氮氧化物(NO、NO_2)

NO 对人的生理影响目前还不十分清楚，但高浓度的 NO 可使动物的中枢神经发生病变，NO_2 会引起肺水肿或慢性支气管炎，特别是吸附了 NO_2 的飘尘最易侵入肺部，其沉积率很高，可导致呼吸道和肺部病变，出现支气管炎、肺气肿及肺癌等病症。

(4)光化学氧化剂

它是由氮氧化合物和碳氢化合物进入大气后，在一定的阳光照射下，经光化学反应而形成的二次污染物——光化学烟雾。当其浓度达到某一界值后，就会对眼睛、呼吸道产生危害。

(5)其他有害物质

一氧化碳(CO)。当其浓度为900ppm时，人接触1h就感到头痛、眼睛呆滞，当浓度为1200ppm时，人接触1h神经就会麻痹，发生生命危险。

碳氧化物。其种类很多，这些污染物对眼、鼻和呼吸道有强烈的刺激作用。在一定条件下，将对肝、肾和心血管系统的功能产生破坏作用。

氟化物。对眼睛和呼吸道产生强烈的刺激作用。当人体内侵入了高浓度的氟化物时，可引起肺水肿和支气管炎，对骨骼、造血系统、神经系统、牙齿造成损坏作用，重者会因呼吸麻痹、虚脱而死亡。

4.1.2.2　对气候的影响

(1)对太阳辐射能的影响

① 直接辐射S。太阳直接辐射经过大气时，要受到大气中各种成分的散射和吸收，结果使太阳直接辐射减弱。除了空气分子的散射$S_{分}$、水汽的吸收和散射$S_{水}$，臭氧的吸收S_{O_3}外，还有混合污染物(烟尘，CO_2，SO_2，NO_x，……)的吸收和散射$S_{污}$。在晴天时，混合污染物对太阳辐射的减弱量$S_{污}$可利用余项法求得，即

$$S_{污}=S_0-S_{分}-S_{水}-S_{O_3}-S_{直} \tag{4.1}$$

式中S_0为太阳常数，取1367W/m²；$S_{直}$为到达地面、垂直于太阳光线的直接辐射，$S_{分}$和$S_{水}$可由实验式求得，S_{O_3}可由图解法求得。

利用(4.1)式，南京气象学院计算得出：南京市冬季大气污染物随着耗煤量的逐年增加而增加，因而到达地面的直接辐射逐年减少，1979年比1959年减少了31%。

②散射辐射D。影响城市地区的散射辐射的因子较复杂，但在晴天情况下，影响城市地区散射辐射的根本因子是空气中的混合污染物。在大气质量数和大气中的水汽含量基本相同的情况下，散射辐射随污染物的增加而增大，特别当测站在污染区的下风方向时，其散射辐射增大更显著(见表4.2)。

表4.2　不向风向的散射辐射

大气质量(m)	绝对湿度(mmHg)	污染区下风向		污染区上风向		下风向较上风向增加的百分数(%)
		D (cal/(cm²·min))	样本数	D (cal/(cm²·min))	样本数	
1.7	3.0～3.9	0.204	17	0.181	24	13
1.8	3.0～3.9	0.214	13	0.193	18	11
1.7	1.0～1.9	0.211	21	0.161	7	31
1.8	1.0～1.9	0.192	20	0.133	3	44
平　均		0.205		0.167		25

③总辐射 Q。空气中的混合污染物对总辐射的影响，应包括对直接辐射和散射辐射两者的综合影响。混合污染物增多使散射辐射增大，同时又使直接辐射减小，但往往对后者的作用大于前者，故使得总辐射减小。

由于城市地区的空气污染物较郊区多，因而市区的日总辐射量（全年平均）一般要较郊区低10%～20%。

④辐射平衡。空气污染物对辐射平衡的影响，主要通过对总辐射的减弱作用表示出来。污染区下风方向的辐射平衡要比上风方向减少36%左右（见表4.3）。

表4.3　混合污染物对辐射平衡的影响（1979年5～8月）

污染区下风方向	污染区上风方向	样本数	减少数(%)
0.581(cal/(cm^2·min))	0.908(cal/(cm^2·min))	51	36

⑤紫外线。空气污染物对紫外线的削弱非常明显，当太阳高度角较低时，要削减30%～50%，当太阳高度角较高时，也要削减5%～10%。

（2）对温度的影响

大气中的 CO_2 对太阳短波辐射几乎没有什么削弱作用，但对来自地表的长波辐射有较强的吸收作用。由于大气中的 CO_2 将吸收的地表长波辐射热传递给大气（包括近地气层），因此对地表有保温作用。如果大气中 CO_2 浓度增加，则保温作用就增强，地面温度就升高。大气中的尘埃，犹如地球的遮阳伞，它能反射和吸收太阳辐射，使到达地表的太阳辐射减少，从而使地面温度降低。大气中的尘埃还能作为凝结核停留在大气中，使云、雾及降水的出现频率增加，对地表也起着冷却作用。所以大气中的含尘量增加，会使地表温度降低。

（3）对能见度的影响

大气中污染物愈多，会使大气变得愈浑浊，因而使能见度大大降低（见表4.4）。在能见度降低时，会妨碍交通运输，使交通事故增多。由于能见度的观测较大气污染浓度测定要方便得多，因而有时也用能见度的大小，某时段内低能见度的小时数来估计大气污染的程度。

表4.4　大气污染浓度与能见度

大气污染浓度(μg/m^3)	100	200	300
能见度距离(km)	14.8	6.9	2.8

（4）对气候变化的影响

由于大气中污染浓度的增加，特别是 CO_2 浓度的增加，使气温上升（图4.2），但大气中的尘埃等混合污染物的增加，使到达地表的太阳辐射减小而使气温下降。据研究，近60年来，污染浓度的增加导致了大气浑浊度的增加，如华盛顿上空的浑浊度增加了

57%，瑞士增加了70%。大气浑浊度的增加使太阳光的反射率也增加，因而使到达地面的太阳光能减少，气温下降。据计算，当反射率增加1%，大气温度就下降1.7℃。如果大气中浑浊度按照每10年30%的速率增加下去，则几十年后，北半球就会降到过去冰河时期的低温。

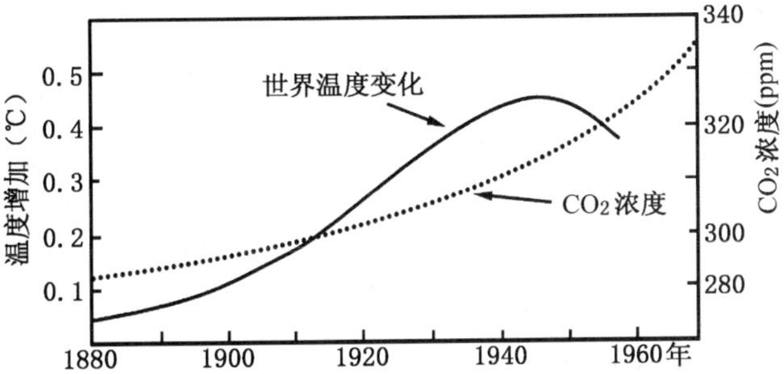

图4.2　世界年平均气温的增加与CO_2浓度的关系

因此，在注意CO_2对大气保温效应的同时，不能忽视大气浑浊度对气温的影响。

4.1.2.3　使酸沉降增多

酸沉降是指大气中的污染物如氧化硫和氧化氮等在空气中发生反应后形成含有硫酸或硝酸的雨、雪、雾、露等湿沉降与酸性气体、颗粒等物质的干沉降的总称。它是大气污染带来的直接后果。

酸沉降造成了湖泊和土壤的酸化，严重地破坏了生态平衡，甚至使湖中的生物绝迹。酸沉降还危害森林和农作物，使森林死亡、农作物枯萎。还直接威胁人类的健康，诱发各种疾病。另外它还腐蚀金属、建筑物和文物古迹。

4.1.3　影响大气污染的气象因子和天气形势

某一地区大气中的有害气体成分和含量是与当地的工业结构、功能分布、污染源性质、地形条件和气象条件有关的，其中以气象条件影响最大。在短时间内，大气污染物的分布很大程度上取决于当地当时的气象条件：大气层结、风向和风速、温度的水平分布……

4.1.3.1　大气湍流和稳定度

(1)大气湍流

湍流是指毫无规则的流体运动，也叫乱流。湍流是大气运动的主要形式，大气运动是由大小不一的湍涡，在近地气层中进行的极其复杂的、无规则的随机运动而构成的。从图4.3中可以看出，当湍涡尺度比烟团小时，如图4.3(a)所示，烟团一方面沿风向水平飘动，同时由于湍涡的搅拌，其边缘将和周围空气混合，体积略有扩大，烟团内污染物浓度缓慢地降低。当烟团进入比自己大得多的湍涡流场中时，如图4.3(b)所示，烟团被湍流运动所挟带，随湍涡环流绕行，而本身增长不大。当烟团尺度与湍涡大小相仿时，如图4.3(c)所示，烟团被湍涡迅速拉开撕裂而变形，烟团内污染物浓度迅速降低。在实际大气湍流中，以上三种情况往往同时存在，因此当大气湍流越强时，污染物散布的范围越大，大气中的污染浓度也就越低。

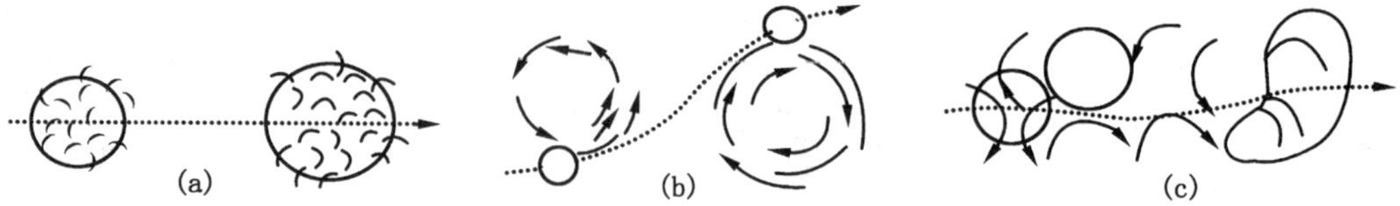

图 4.3　烟团的理想扩散形式

(2)大气稳定度

大气湍流产生的原因，一方面是因下垫面摩擦力和空气粘滞性引起的风速垂直切变造成的，称为**动力湍流**；另一方面是因热力条件引起的对流，称为**热力湍流**。

在低层大气中，大气的温度层结对湍流的强弱起着主要作用，大气层结越不稳定，湍流越能发展。由于大气稳定的程度对湍流的发生、发展有着重要的影响，因此在大气污染研究、大气环境评价等工作中，常以大气稳定度来反映湍流的强弱，进而反映污染物在大气中的扩散和稀释情况，在实际工作中常用以下的大气稳定度分类法。

①理查孙(L. F. Richardson)数 Ri

$$Ri = \frac{g}{\theta} \frac{\frac{\partial \theta}{\partial z}}{\left(\frac{\partial u}{\partial z}\right)^2} \tag{4.2}$$

式中 g 为重力加速度，θ 为位温，u 为平均风速，$\frac{\partial \theta}{\partial z}$ 和 $\frac{\partial u}{\partial z}$ 分别表示位温和风速在铅直方向上的变化。Ri 表明了热力因素和动力因素的对比关系。

从理论上，当 $Ri<1$ 时，湍流易于发展，当 $Ri>1$ 时，湍流不易发展。在计算 Ri 时，因需要有温度、风的梯度观测资料，故实用中不方便。

②帕斯圭尔(Pasquill)方法。此方法按风速、日射、云量(云状)分成六个稳定度等级(见表 4.5)：

A 级　极不稳定
B 级　不稳定
C 级　弱不稳定
D 级　中性
E 级　弱稳定
F 级　稳定

其中白天的日射分级，是以中纬度地区盛夏的晴天中午为强日照，冬季晴天中午为弱日照。本法仅对平坦开阔地适用。

③帕斯圭尔-特纳尔(Pasquill-Turner)方法。简称 P-T 法。由于帕斯圭尔划分稳定

度的方法带有一定的主观性，特别是精确确定日射等级较困难，特纳尔则提出了根据太阳高度角，云量来确定辐射等级，然后再由辐射等级和风速来确定稳定度分类的方法，如表4.6和表4.7所示。

表4.5 帕斯圭尔稳定度分级

10m高处的风速(m/s)	白天(日射)			阴云密布的白天或夜晚	夜间	
	强	中	弱		天空为薄云遮蔽云量≥5/10	云量≤4/10
<2	A	A~B	B	D		
2~3	A~B	B	C	D	E	F
3~5	B	B~C	C	D	D	E
5~6	C	C~D	D	D	D	E
>6	C	D	D	D	D	D

表4.6 P-T太阳辐射等级

各高度上的云量(总云量/低云量)	夜间	白天太阳高度(h_θ)			
		≤15°	15°<h_θ≤35°	35°≤h_θ≤65°	>65°
≤4 /≤4	−2	−1	+1	+2	+3
5~7 / ≤4	−1	0	+1	+2	+3
≥8 / ≤4	−1	0	0	+1	+1
≥7 / 5~7	0	0	0	0	+1
>8 / ≥8	0	0	0	0	0

表4.7 P-T大气稳定度等级

10m高处的风速(m/s)	辐射等级					
	+3	+2	+1	0	−1	−2
≤1.9	A	A~B	B	D	E	F
2~2.9	A~B	B	C	D	E	F
3~4.9	B	B~C	C	D	D	E
5~5.9	C	C~D	D	D	D	D
≥6	D	D	D	D	D	D

此法仅用气象常规资料就可划分稳定度的类别，简单易行，而且有一定的物理意义和气象意义，故应用较广。

利用此方法，我们对四川省叙永地区1964~1984年的大气稳定度进行了分析。从多年平均来看，该地区一年四季的大气层结均较稳定，特别是冬季在昆明准静止锋控制下，除中午外，其余时次的大气层结分类均为D,E,F，属中性-稳定的层结，很不利于厂矿(硫铁矿)污染物的扩散。在一天中，夜间大气层结较稳定，对污染物扩散不利。因此当地厂矿的生产以安排在白天为佳。

④风廓线方法。研究表明，近地层风随高度的变化常用幂函数表示，即

$$V = V_1\left(\frac{z}{z_1}\right)^a$$

式中 a 为风廓线指数。它与大气稳定度有关，故可用 a 值来划分稳定度类别。有人认为在确定 a 值时，用 50m 和 10m 两个高度的风速资料即可。表 4.8 是 Roland(洛兰德，1980)给出的 a 值。

表 4.8　风廓线的大气稳定度等级

大气稳定度级别	A	B	C	D	E	F
值	0.19	0.21	0.23	0.30	0.36	0.46

⑤温度(位温)梯度方法。这是根据北京 320m 高度铁塔的温度资料，对应于帕斯圭尔大气稳定度类别的温度梯度值，来划分大气稳定度的(表 4.9)。

表 4.9　各稳定度所对应的温度梯度

稳定度级别	$\gamma_T\left(\frac{\Delta T}{\Delta z}\right)$ (℃/100m)	$\gamma_\theta\left(\frac{\Delta T}{\Delta z}\right)$ (℃/100m)
A	$\gamma_T < -2.2$	$\gamma_\theta < -0.8$
B	$-2.2 \leqslant \gamma_T < -1.8$	$-0.8 \leqslant \gamma_\theta < -0.6$
C	$-1.8 \leqslant \gamma_T < -1.5$	$-0.6 \leqslant \gamma_\theta < -0.3$
D	$-1.5 \leqslant \gamma_T < -0.1$	$-0.3 \leqslant \gamma_\theta < 0.5$
E	$-0.1 \leqslant \gamma_T < 1.6$	$0.5 \leqslant \gamma_\theta < 2.5$
F	$1.6 \leqslant \gamma_T$	$2.5 \leqslant \gamma_\theta$
资料来源	北京近郊	南京远郊

4.1.3.2　温度

(1)温度的垂直分布

温度的垂直分布即温度层结，是衡量大气稳定度的标志，它与近地层的湍流运动密切相关。当温度层结出现逆温(极端稳定)时，能使湍流运动减弱；当不稳定层结(超绝热递减率)出现时，则使湍流运动继续加强。根据大量观测，在不同的温度层结下的烟云类型可分为五类，如图 4.4所示。

①环链型(翻卷型，波浪型)。当上空温度比地面低时，气温垂直递减率大于干绝递减率，整层空气处于不稳定状态，烟云摆动大、上下飞舞、扩散快，形成链条状。这种烟云型一般出现在夏日、晴天日射强的中午，此时对流强、有微风，一般情况下不会发生污染危害，但在烟囱比较密集时，在烟囱附近会出现高浓度污染。

②锥型。当地面和上空的气温差别不太大时，即温度垂直递减率小于干绝递减率，空气呈中性或稳定状态，这时空气垂直扩散较慢。当高空风较大时，就出现水平扩散大于垂直扩散，于是烟云呈横向圆锥型。这种烟云型多发生在阴天的中午和冬季的夜间，

地面污染浓度较低。

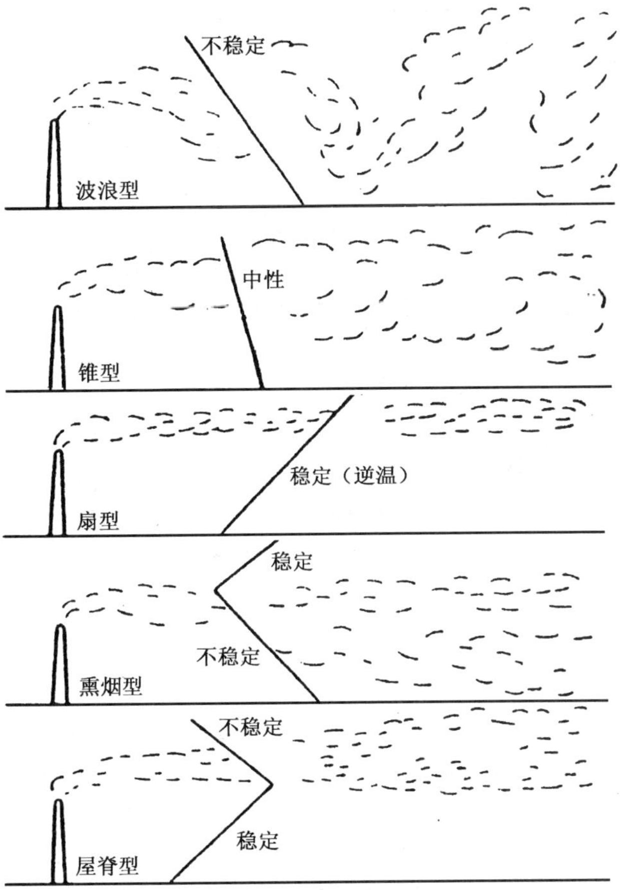

图 4.4　各种层结下的烟云类型

③扇型(平展型)。当从地面到上空,气层很稳定或出现一个深厚的逆温层时,工厂排出的烟气既不能向上扩散也不能向下扩散,只能在水平方向上呈扇型逐渐散开。这种烟云型多发生在晴天的夜间或清晨、微风、湍流很弱时。地面浓度较低,但当遇到山或高的建筑物阻挡时,则该地区会造成严重污染。

④漫烟型(下扩散型、熏烟型)。当从地面到烟囱顶端高度大气温度是逐渐降低的,即为不稳定层结,而在烟囱顶部以上大气层结是稳定的或有逆温层存在时,烟囱排出的烟气不能向上扩散,只能在烟囱高度以下的一层空间扩散,形成了地面下风方向的严重污染。这种烟云型多发生在冬季早晨逆温比较深厚时,当日出后,太阳照射到地面,破坏了下部的逆温,但在上面的逆温层仍然存在的情况下。

⑤屋脊型(上升型、城堡型)。这种烟云型的大气层结与漫烟型正好相反,从地面到烟囱顶端大气层结稳定或有一层逆温,而在烟囱顶端以上空气温度是随高度而降低的,即不稳定层结,烟囱排出的烟气下部平直,上部有一定程度的扩散,其形状呈屋脊、城堡状,是最佳的扩散条件。这种烟云型多出现在傍晚时。

由于温度层结对污染物的扩散有很大影响,因此在实际工作中经常用它来分析污染物的扩散程度。除用温度垂直递减率外,还用逆温强度、逆温厚度、逆温频率等来分析大气温度层结对污染物扩散的影响。

逆温是指气温随高度增加的现象,按其出现的原因可分为辐射逆温、下沉逆温、锋面逆温、平流逆温、湍流逆温和地形逆温等。当逆温出现时,表征气层非常稳定,会阻碍空气上升运动的发展,从而形成污染物扩散的阻挡层,使近地层的污染物质不容易穿透逆温的屏障向上扩散，只能在逆温层下部有限的空间内聚积，形成高浓度污染。逆温强度越大，厚度越厚，维持时间越长，造成的污染危害越大。

在污染气象学中常分析：

逆温的强度(每升高 100m 气温的增加值℃)；

逆温的底、顶高度(逆温底、顶距地面的高度)；

逆温的厚度(逆温顶、底高度之差)；

逆温的频率(逆温出现次数占总观测次数的百分比)；

逆温的生消规律(生成、消退及持续时间)；

逆温的种类；

逆温与污染源高度之间相互关系；

有逆温存在时的污染浓度分布(特别是漫烟型时)特点等。

(2)温度的水平分布

由于不同下垫面的物理性质的差异，引起了热状况在水平方向上分布的不均匀。特别在弱的天气系统条件下，这种热力差异就会产生局地环流，如海陆风、城郊风、山谷风等地方性环流。这些地方性环流会影响污染物的输送范围和路径，从而影响地面污染浓度的变化。

①海陆风对沿岸地区空气污染的影响。海陆风是沿海和大湖沿岸常有的一种局地环流。白天近地层气流自水体流向陆地，形成海风，夜间则相反，形成陆风。当海风侵入陆地时，海洋冷空气位于陆地暖空气之下，其前沿有如图 4.5 所示那样的结构，称为海风锋面。锋面上的弱逆温层结，对锋面下的污染物扩散构成一个倾斜的“顶盖”，阻碍了污染物质的向上扩散。因此在海风锋面路径上有较大的排放源时，地面污染浓度会骤然增加，一般维持几十分钟到一个小时。锋面过后，海风风速较大，也较清洁，对空气可起到净化作用。海陆风还可形成沿岸地区的循环污染。由于海陆风的日变化，夜间被陆风带到海洋的污染物，白天有可能部分被带回陆地。另外在白天地面盛行海风而高层盛行陆风，当污染源抬升较强时，也可形成污染物的倒流。

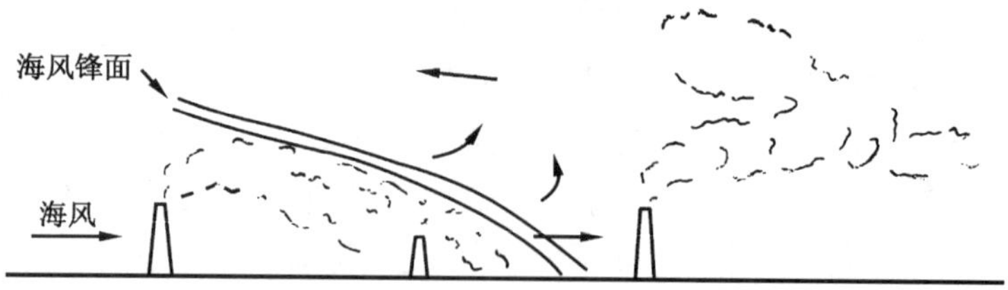

图 4.5　海风入侵时的污染扩散示意图

②城郊风对市区空气污染的影响。在城市中，因人为因素释放的热量较多，故使城市的年平均气温比郊区高 0.3～1.8℃，在特殊气象条件下甚至可高达 4～6℃，这种市

区温度比郊区高的现象，称为**热岛现象**。市中心是一个热岛中心，围绕着这个热中心有一股较强的暖而轻的上升气流，且边上升，边膨胀，边降温，上升到一定高度后，大量的空气会向城郊辐散下沉，而郊外的冷空气，又从较低层流入市区来辐合补充，于是形成了城郊环流，或称**城郊风**、**热岛环流**。从图 4.6 可以看到，在市中心附近出现对称的环流圈，污染物在局地环流的作用下，聚集在城市的上空，形成烟幕。特别在大范围内风速＜3m/s 时，在傍晚（或天气晴稳）从郊区遥望市区，则可看到郊区的烟雾屏障随风缓缓地向市区移动，从而导致市区空气污染浓度的增加。

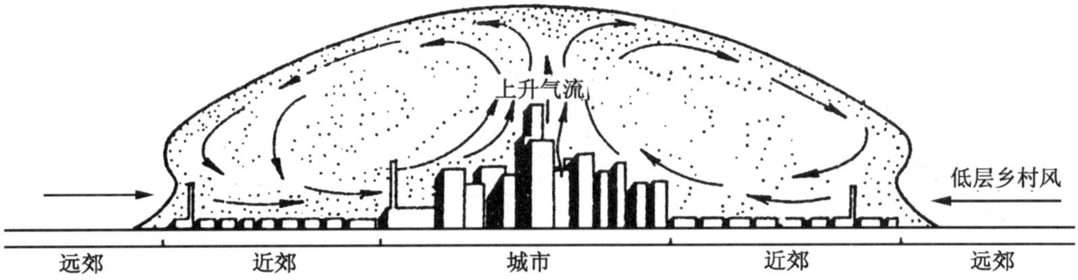

图 4.6　城市热岛环流模型（引自周淑贞，气象学与气候学，1998）

③山谷风对空气污染的影响。山谷风是山区常见的一种局地环流。白天谷底的冷空气沿坡向上爬行形成谷风，夜间坡上的冷空气向下流泄形成山风。如果在山谷建设工厂，在日出和日落期间山风和谷风交替出现时，就有可能使被山风带出沟外的污染物又被谷风带回沟内，使沟内污染浓度增大。特别在山区有逆温存在时，风速较小，风向变化频繁时，污染则更加严重。

4.1.3.3　风

(1)风对大气污染物的输送扩散

从地面至 1～1.5km 之间的大气层称为**边界层**（行星边界层或摩擦层）。该层是大气污染物的主要扩散层。风对污染物的作用，一方面是将污染物整体输送到下风方向，风速就是污染物质的移动速度，风速愈大，烟云移动也就愈快，另一方面，污染物在被风吹走时，不断地与周围干净空气发生混合，而使大气中的污染物浓度降低。风对污染物的输送扩散作用除受风速的大小、风的昼夜变化的影响外，还受下垫面条件（建筑物、地形，水体、植被）的影响。当风速增大时，有利于高架连续点源烟气的水平输送和稀释作用，但风速增大又压低了烟气的上升高度，而使地面污染物增加。当风速增大到某一临界值时，地面可能出现最大浓度（一般情况最大浓度应出现在烟气轴线上），称为**地面绝对最大浓度**，此时的风速称为**临界风速**。

(2)边界层内风速随高度的变化

为了利用地面常规气象观测的风速资料来估计各污染源排放高度处的风速，研究

风速随高度的变化是很必要的。风速随高度的变化，除常用幂函数表示外，还用对数形式表示，如

$$V = V_1 \frac{\ln z - \ln Z_0}{\ln z_1 - \ln Z_0} \tag{4.3}$$

式中 V，V_1 分别为高度 z，z_1 处的风速，Z_0 为下垫面粗糙度。下垫面愈粗糙，Z_0 愈大（见表 4.10）。实测资料表明，在近地面几十米高的范围内，风速随高度变化可用（4.3）式表示，而在较高层次，在 100m 高度以上则用幂函数表示较好。风廓线指数 a 除与大气稳定度有关外（见表 4.8），还和粗糙度 Z_0 有关。Z_0 愈大，大气层结愈稳定，a 值就愈大。

表 4.10　各类下垫面的粗糙度 Z_0 值

下垫面类别	平坦地面	雪面	短草积雪面*	半沙漠	裸露土地	耕地（4～5cm）	短草地	长草地（11～20cm）	市镇	城市
Z_0 值	0.001	0.05	0.1	0.3	1.0	2.0	3.0	4.0	100	200

注："*"表示积雪高 10cm 时的 Z_0 值。

（3）边界层内风向随高度的变化

在大气边界层内，风向随高度的变化一般遵循爱克曼（V. W. Ekman）螺线，即风向随高度向右偏转。在一年各季节，均存在风向右偏的现象，只是在夏季因湍流运动较强，故偏转频率和角度均较少，而冬季偏转则较多。

4.1.3.4　降水

降水对大气中的污染物起到净化作用，这种净化作用除了降水（雨、雪）对污染物颗粒的冲洗和对污染气体的溶解外，还包括云、雾对污染物的吸收溶解。因此净化作用的大小就取决于降水量的大小、降水持续时间、污染气体的溶解度大小，雨滴（云滴、雾滴）和污染物颗粒的大小等。所以雨后的空气总是新鲜、清洁的（表 4.11）。

表 4.11　降雨前后大气层中气溶胶和气体浓度比较（德国，法兰克福，$\mu g/m^3$）

项　目	气溶胶			气　体			
	NH_4^+	NO_3^-	SO_4^-	NH_3	NO_2	SO_2	Cl_2
雨　前	6.7	6.0	16.7	21.6	11.9	238.0	14.3
雨　后	4.7	1.6	9.7	11.0	9.1	212.0	5.3
减少率（%）	30.0	73.0	42.0	49.0	24.0	35.0	63.0

自然降水虽可净化大气中的污染物，但却会引起地面污染的加剧。被云滴吸附的污染物，当云消散时，又会重新进入大气中。在低层大气的雾，当与某些气体（氮氧化物、硫氧化物）起化学作用后，所产生的次生污染物会在低层大气中形成酸沉降，它们不仅会妨碍污染物的扩散，同时还对植物和森林产生危害，破坏生态平衡，影响人类、建筑物和金属物体的寿命。因此，研究大气污染必须注意降水的速率、时间、降水量大小及其随时间的变化规律。

4.1.3.5　天气形势

大气污染按地理尺度可分为全球污染、区域污染和局地污染。局地污染的浓度分布，主要与当时的气象条件(温度、风速和风向、云量、大气稳定度等)有关，当然这些气象条件又是与一定的天气形势有关的；区域污染则与天气形势有密切的联系，不利于污染物扩散的天气系统(如缓慢移动的反气旋、暖锋)和地形相结合，常可使区域内的污染浓度增加。世界上一些较严重的空气污染事件就是在这种天气形势下形成的；全球尺度的污染则受更大范围的天气形势和大气环流所制约。

综上所述，大气污染的范围、浓度及其测定、防止，都不能离开气象条件和气象部门的配合。气象部门在防止大气污染中，概括起来有以下几方面作用：工业废气排放标准的制定，污染浓度的测定和计算，城市和工业区的布局，烟囱高度的设计以及空气质量的预报和控制等。

§4.2　大气污染浓度计算

4.2.1　大气扩散的基本理论

4.2.1.1　梯度-输送理论(K 理论)

K 理论是通过与菲克分子扩散理论的类比而建立的。菲克(Fick)定律假定，在单位时间内物质经过单位面积输送的通量与浓度梯度成正比。如果将大气扩散比拟为分子扩散运动，则可以认为由扩散而引起的污染物的输送通量也与浓度梯度成正比。即

$$F = -\rho K \frac{\partial q}{\partial x} \tag{4.4}$$

式中 F 为污染物质的输送通量，ρ 为空气密度，q 为污染物质的浓度，K 为湍流扩散系数，x 为与扩散截面垂直的空间坐标，即平均风向。当 K 随 x 和 q 变化时，其三维扩散方程为

$$\frac{\mathrm{d}q}{\mathrm{d}t} = \frac{\partial}{\partial x}\left(K_x \frac{\partial q}{\partial x}\right) + \frac{\partial}{\partial y}\left(K_y \frac{\partial q}{\partial y}\right) + \frac{\partial}{\partial z}\left(K_z \frac{\partial q}{\partial z}\right) \tag{4.5}$$

式中 K_x, K_y, K_z 分别是三个方向的扩散率，反映湍流扩散的强度。这个方程只有在给定初始浓度并且对 K 作某些假设的条件下，才能求解。当烟气的垂直尺度小于烟轴离地面的高度时，可以近似地认为各向 K 值不随坐标 x 而变化，得到的解为

$$q = \frac{Q}{(4\pi t)^{\frac{3}{2}}(K_x K_y K_z)^{\frac{1}{2}}} \exp\left[-\frac{1}{4t}\left(\frac{x^2}{K_x} + \frac{y^2}{K_y} + \frac{z^2}{K_z}\right)\right] \tag{4.6}$$

式中 Q 是源强(g/m)。

在有风的时候,污染物的平流是 $-\overline{u}\left(\frac{\partial q}{\partial x}\right)$。与平流相比,$x$ 方向的扩散可以略去,微分方程(4.6)式可写为:

$$\frac{\partial q}{\partial t}=-\overline{u}\frac{\partial q}{\partial x}+\frac{\partial}{\partial y}\left(K_y\frac{\partial q}{\partial y}\right)+\frac{\partial}{\partial z}\left(K_z\frac{\partial q}{\partial z}\right) \tag{4.7}$$

假定 $K=$ 常数,并且边界条件是

$$\begin{cases} q\to\infty & \text{当 } x=y=z=0 \\ q\to 0 & \text{当 } x,y,z\to\infty \\ K_z\dfrac{\partial q}{\partial z}\to 0 & \text{当 } z\to 0,x,y>0 \end{cases}$$

连续条件是

$$\int_0^{\infty}\int_{-\infty}^{+\infty}\overline{u}q\,\mathrm{d}y\mathrm{d}z=Q \qquad (\text{对所有 } x>0)$$

那么方程(4.7)的解为

$$q\approx\frac{!}{4\pi x(K_yK_z)^{\frac{1}{2}}}\exp\left[-\frac{\overline{u}}{4x}\left(\frac{y^2}{K_y}+\frac{z^2}{K_z}\right]\right\} \tag{4.8}$$

梯度理论所导出的(4.8)式给出以下定性结论:

①浓度与源强成正比;

②离源越远,浓度越小;

③扩散率越大,浓度越小;

④与烟轴正交的截面上,在 y 方向和 z 方向上浓度均遵从正态分布,即二维正态分布。

这些结论与实验、观测结果定性符合。但是梯度输送理论也有严重缺点,污染物湍流扩散的通量常常不与梯度成线性关系,公式中浓度 q 和 x^{-1} 成比例的结论与实际情况有很大偏离;在不同的气象条件下,K 变化较大,甚至 K 值要随 x 而改变,而且在实践中 难以确定;在不稳定层结中实际烟流的整体有摆动,甚至比浓度梯度分布有更大影响,而这在梯度理论中是没有考虑的。由于以上原因,梯度理论尚难应用。

4.2.1.2 统计理论

假定大气湍流场是均匀、定常的,则从污染源放出的污染粒子在 x 方向的浓度分布以 x 轴对称,浓度分布一般为正态分布。浓度分布的标准差,即扩散参数 σ_y,等于粒子经过 T 时间在 x 方向移动的均方差 y

$$\sigma_y^2=\overline{y^2}=2\,\overline{v'^2}\int_0^T\int_0^t R_L(\tau)\mathrm{d}\tau\mathrm{d}t \tag{4.9}$$

式中 $\overline{v'^2}$ 为湍流强度,$R_L(\tau)$ 为标记粒子运动的拉格朗日相关系数,T 为扩散时间。

大气扩散的统计理论就是为了寻求粒子的概率分布,从(4.9)式可以进一步得出其概率分布接近正态分布的结论。当扩散时间增加到一定程度后，σ_y 与扩散时间 T 的平方根成正比。但因实际大气不符合均匀、常定的假设，所以仅在下垫面平坦开阔、气流稳定的小尺度扩散情况下才有意义，因此统计理论的应用受到很大的限制。通常都假定污染粒子的浓度分布是二维正态(高斯)分布，这是因为当 K 为常数时，前面介绍的梯度理论的微分方程的解是正态分布的。

此外，当样本容量足够大时，样本平均值遵从正态分布，污染浓度的平均值也遵从这种分布，且这种假定与观测结果比较符合。然后再利用泰勒(G. I. Taylor)公式求出标准差，则污染粒子的浓度分布就可以确定了。

4.2.1.3　相似理论

相似理论是在量纲分析的基础上发展起来的，它是研究近地层大气湍流的一种理论方法。它假定流场的拉格朗日性质仅仅决定于表征流场欧拉性质的已知参量。这样，污染粒子的扩散特征就与拉格朗日性质相联系，并与风速和温度的空间分布联系起来了。

上述结论在近地层几十米范围内是正确的，在这个高度以上，还须考虑科氏力等其他因子的作用，从而使量纲分析复杂化，难以导出确定的结果。加之这方面的观测资料还太少，所以实际应用不多。

4.2.2　大气扩散模式

由于大气扩散的三种理论都有较大的局限性，因此在实际工作中，都给予一定的假设，然后再从统计、经验等方面来分析空气污染过程的模式，研究模式中的各参数，最后从模式计算空气污染浓度的时空变化规律。

下面主要介绍适用于开阔平坦地形上，高架连续点源的小尺度(10km)扩散模式。

4.2.2.1　高斯(Gauss)扩散模式

高斯扩散模式是在假设污染物浓度符合正态分布的前提下导出的。在图 4.7所示的高架连续点源扩散示意图中，烟流截面上的浓度不是均匀的，而是呈正态分布。在 y 和 z 方向的二维正态概率密度函数为

$$f(y,z)=\frac{1}{2\pi\sigma_y\sigma_z}\exp\left[-\left(\frac{y^2}{2\sigma_y^2}+\frac{z^2}{2\sigma_z^2}\right)\right] \tag{4.10}$$

据观测，如取平均风速 $\bar{u}$ 的方向为 x 轴，以源为原点，则污染浓度在 x 方向的烟轴高度最大，在 y 和 z 方向上对称地稀释，浓度形成二维正态分布，即

$$q(x,y,z)=A(x)\cdot\exp\left(-\frac{y^2}{2\sigma_y^2}\right)\exp\left(-\frac{z^2}{2\sigma_y^2}\right) \tag{4.11}$$

式中 σ_y 和 σ_z 分别是两个方向上浓度的均方差，是 x 的函数。$A(x)$ 待定。

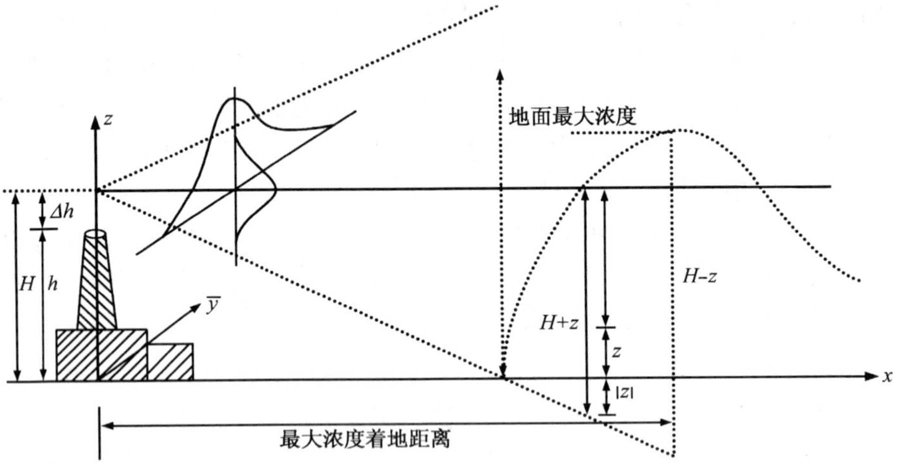

图 4.7　高架连续点源扩散示意图

假定污染物在大气中质量守恒，按连续性原理，在 x 轴的任一铅直截面上污染物的总通量等于源强，即

$$Q=\int_{-\infty}^{\infty}\int_{-\infty}^{\infty}\overline{u}q(x,y,z)\mathrm{d}y\mathrm{d}z=A(x)\overline{u}\int_{-\infty}^{\infty}\mathrm{e}^{-\frac{y^2}{2\sigma_y^2}}\mathrm{d}y\cdot\int_{-\infty}^{\infty}\mathrm{e}^{-\frac{z^2}{2\sigma_z^2}}\mathrm{d}z \tag{4.12}$$

从(4.12)式可知

$$A(x)=\frac{Q}{2\pi\overline{u}\sigma_y\sigma_z} \tag{4.13}$$

故

$$q(x,y,z)=\frac{Q}{2\pi\overline{u}\sigma_y\sigma_z}\exp\left(-\frac{y^2}{2\sigma_y^2}\right)\exp\left(-\frac{z^2}{2\sigma_z^2}\right) \tag{4.14}$$

如果风和湍流是定常的，不随时间和空间而变化，污染物无大气化学反应和无重力沉降，地面对落地烟污全部吸收，考虑污染物 10min 以上的平均浓度，平滑掉瞬间的波动，风速不太小 ($\overline{u}>1\mathrm{m/s}$)，$x$ 方向的扩散和平流相比可忽略不计，则高架连续点源高度为 h，烟气抬升高度为 Δh，烟轴高度为 $H=h+\Delta h$，所排出污染物在 (x,y,z) 点上的浓度为

$$q(x,y,z)=\frac{Q}{2\pi\overline{u}\sigma_y\sigma_z}\exp\left[-\frac{y^2}{2\sigma_y^2}\right]\exp\left[-\frac{(H-z)^2}{2\sigma_z^2}\right] \tag{4.15}$$

更加经常使用的是假定地面对污染物不吸收，完全反射，则

$$\begin{aligned}q(x,y,z)&=\frac{Q}{2\pi\overline{u}\sigma_y\sigma_z}\exp\left\{-\left[\frac{y^2}{2\sigma_y^2}+\frac{(H-z)^2}{2\sigma_z^2}\right]\right\}+\frac{Q}{2\pi\overline{u}\sigma_y\sigma_z}\exp\left\{-\left[\frac{y^2}{2\sigma_y^2}+\frac{(H+z)^2}{2\sigma_z^2}\right]\right\}\\&=\frac{Q}{2\pi\overline{u}\sigma_y\sigma_z}\left[\exp\left(-\frac{y^2}{2\sigma_y^2}\right)\right]\left\{\exp\left[-\frac{(H-z)^2}{2\sigma_z^2}\right]+\exp\left[-\frac{(H+z)^2}{2\sigma_z^2}\right]\right\}\end{aligned} \tag{4.16}$$

此式应在 $\overline{u} \geqslant 1\text{m/s}$ 时使用。式中各因子的物理意义如下：

$\dfrac{Q}{\overline{u}}$ 是顺风稀释项；

$(2\pi\sigma_y\sigma_z)^{-1}$ 是侧风稀释项；

$\exp\left(-\dfrac{y^2}{2\sigma_y^2}\right)$ 是浓度的侧向分布项；

$\exp\left[-\dfrac{(H-z)^2}{2\sigma_z^2}\right]+\exp\left[-\dfrac{(H+z)^2}{2\sigma_z^2}\right]$是浓度的垂直分布项。

如有 $Q,\overline{u},H,\sigma_y,\sigma_z$ 的数据，即可求出任一点的 q。

σ_y 和 σ_z 反映湍流扩散的强度。气层越不稳定，湍流越强，σ_y 和 σ_z 越大。

根据(4.16)式，还可以求出地面浓度 $q(x,y,0)$，地面烟轴线浓度 $q(x,0,0)$，地面最大浓度及其离源的距离等特征浓度值。

高斯模式是目前应用最广泛的模式。

4.2.2.2　萨顿(O. G. Sutton)模式

假定湍流是平稳的而且具备普遍性，则大量粒子的统计特征与起始时刻无关，大量粒子的平均值可以用一个粒子的长时间平均代替，因此拉格朗日相关系数 $R_L(\tau)$ 与湍流强度$\overline{u'^2}$，$\overline{v'^2}$，$\overline{w'^2}$，宏观黏滞度 N 和时间 τ 有关，可表示为

$$R_L(\tau)=f(\overline{v'^2},N,\tau) \tag{4.17}$$

根据量纲分析原理，并考虑到宏观黏滞度远远大于分子黏滞度，故有

$$R_L(\tau)=\left(\frac{N}{N+\overline{v'^2}\tau}\right)^n \tag{4.18}$$

n 为任意正数。

将(4.18)式代入(4.9)式，并略去小量，可得

$$\sigma_y^2=\frac{2N^n}{(1-n)(2-n)\overline{v'^2}}(\overline{v'^2}T)^{2-n}$$

令

$$c_y^2=\frac{4N^n}{(1-n)(2-n)\overline{u}^n}\left(\frac{\overline{v'^2}}{\overline{u}^2}\right)^{1-n} \tag{4.19}$$

则

$$\sigma_y^2=\frac{1}{2}c_y^2(\overline{u}T)^{2-n}=\frac{1}{2}c_y^2x^{2-n} \tag{4.20}$$

同理可得

$$c_z^2=\frac{4N^n}{(1-n)(2-n)\overline{u}^n}\left(\frac{\overline{w'^2}}{\overline{u}^2}\right)^{1-n} \tag{4.21}$$

$$c_y^2=\frac{1}{2}c_z^2(\overline{u}T)^{2-n}=\frac{1}{2}c_z^2x^{2-n} \tag{4.22}$$

c_y 和 c_z 称为普遍化扩散系数，$\overline{v'^2}$ 和 $\overline{w'^2}$ 可由气象观测来确定；N 主要决定于地面粗糙度；n 决定于大气稳定度，可由风速廓线的指数 α 来计算

$$\frac{u_z}{u_1}=\left(\frac{z}{z_1}\right)^n$$
$$n=\frac{2\alpha}{1+\alpha} \tag{4.23}$$

将(4.20)式和(4.22)式代入(4.16)式，得到萨顿扩散公式

$$q(x,y,z)=\frac{Q}{\pi\overline{u}c_yc_zx^{2-n}}\exp\left(-\frac{y^2}{c_y^2x^{2-n}}\right)\cdot\left\{\exp\left[-\frac{(H-z)^2}{c_z^2x^{2-n}}\right]+\exp\left[\frac{(H+z)^2}{c_z^2x^{2-n}}\right]\right\} \tag{4.24}$$

并可计算地面最大浓度(4.25)式和离源的距离(4.26)

$$\begin{aligned}q_{\max}&=\frac{2Q}{\pi c_yc_z\overline{u}\left(\frac{H}{c_z}\right)}\exp\left[-\frac{H^2}{c_z^2}\cdot\left(\frac{c_z}{H}\right)^2\right]=\frac{2Q}{\pi\overline{u}eH^2}\cdot\frac{c_z}{c_y}\\&=\frac{0.234Q}{\overline{u}H^2}\cdot\frac{c_z}{c_y}\\&\simeq\frac{0.234Q}{\overline{u}H^2}\cdot\frac{\sigma_z}{\sigma_y}\end{aligned} \tag{4.25}$$

$$x_{q_{\max}}=\left(\frac{H}{c_z}\right)^{\frac{2}{2-n}}\simeq\left(\frac{H}{\sigma_z}\right)^{\frac{2}{2-n}} \tag{4.26}$$

萨顿模式是高斯模式和泰勒公式的结合，理论上仅适用于平稳和均匀湍流流场。由于模式本身有的一些不足之处，近年来已逐渐被高斯扩散模式等方法所取代。

4.2.3 扩散参数的估计

4.2.3.1 帕斯圭尔扩散曲线法(P-G 法)

帕斯圭尔扩散曲线法又称为 P-G 法。帕斯圭尔根据大量实验资料，研究了不同天气状况下的稳定度，及在不同稳定度等级下 σ_y 和 σ_z 随水平距离 x 的变化，制定了由常规气象资料查算稳定度等级的表格，再由稳定度等级及 x 查算 σ_y 和 σ_z 的列线图。这样，由常规气象资料便可算出 σ_y 和 σ_z 进行污染浓度的计算。

根据表 4.6，利用常规气象资料云量和太阳高度角将太阳辐射分为 6 级，然后再根据表 4.7，利用太阳辐射分级和风速将大气稳定度分为 6 级(A，B，C，D，E，F)，最后用经验曲线(图 4.8)给出每一个大气稳定度下的 σ_y 和 σ_z 随距离 x 的变化。

由于 P-G 法在概念上和一般意义下的稳定度比较接近，故其分类结果与其他的稳定度指标的分类结果较一致，而且方法简便易行。但因常规气象资料进行稳定度分类太粗略，因此用于估计短时间污染浓度的误差较大。

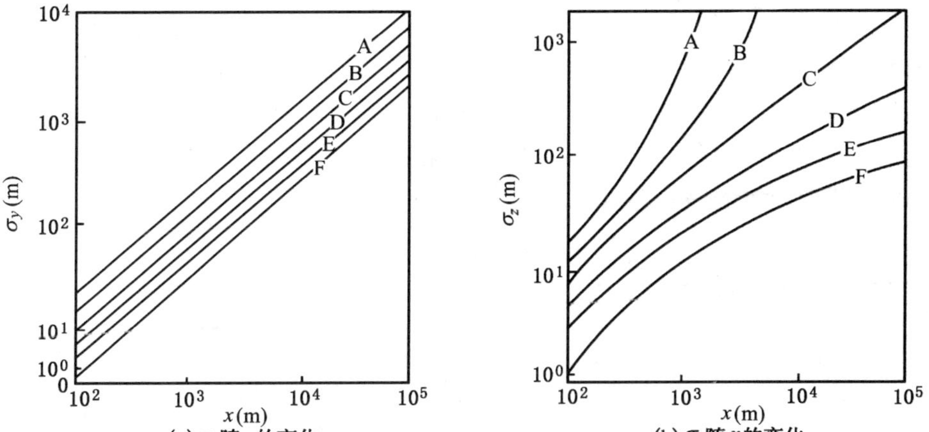

(a) σ_y 随 x 的变化　　(b) σ_z 随 x 的变化

图 4.8　σ_y 和 σ_z 随 x 的变化

4.2.3.2　风向脉动法

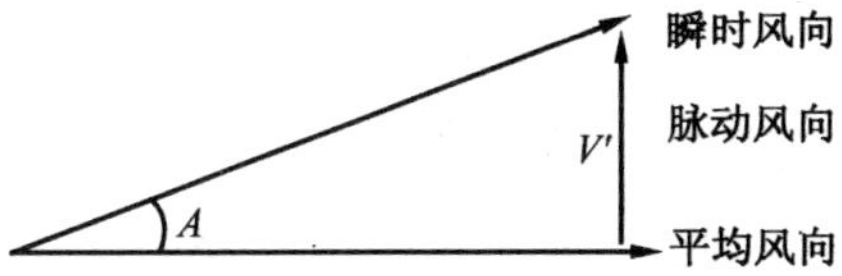

图 4.9　水平面上风向示意图

图 4.9 所示为水平面上风向的示意图。设 A 是水平的瞬时风向对于平均风向的偏角，则

$$\mathrm{tg}A=\frac{v'}{\overline{u}+u'}$$

tg$A$ 的方差为

$$\sigma^2(\mathrm{tg}A)=\overline{\left(\frac{v'}{\overline{u}+u'}\right)^2}=\frac{\overline{v'^2}}{(\overline{u}+u')^2}$$

略去小量，可得

$$\sigma^2(\mathrm{tg}A)=\frac{\overline{v'^2}}{\overline{u}^2}$$

若 A 很小，例如小于 20°，tg$A\simeq A$，则

$$\sigma(\mathrm{tg}A)\simeq\sigma(A)\simeq\mathrm{tg}\sigma(A)$$

$$\frac{\overline{v'^2}}{\overline{u}^2}=[\mathrm{tg}\sigma(A)]^2$$

代入(4.19) 和(4.21) 式，得

$$\begin{cases}c_y^2=\dfrac{4N^n}{(1-n)(2-n)\overline{u}_n}[\mathrm{tg}\sigma(A)]^{2(1-n)}\\[2ex]c_z^2=\dfrac{4N^n}{(1-n)(2-n)\overline{u}_n}[\mathrm{tg}\sigma(E)]^{2(1-n)}\end{cases}\tag{4.27}$$

式中 E 是铅直的瞬时风向对于平均风向的偏角；$\sigma(A)$ 一般从瞬时风向自记纸上取 30min 钟内风向摆动的幅度除以 8(或 6，或 5) 而得；$\sigma(E)$ 目前观测资料极少，因而 c_z^2 只能粗略估计，一般在 20m 高度以下，近似地有 $c_z=\frac{1}{2}c_y$，在 20m 以上，可取 $c_z=c_y$。

4.2.3.3　方程求解法

在梯度-输送理论、湍流统计理论和近地层湍流观测的基础上,史密斯(Smith,F. B.,1973)求出了二维扩散方程的数值解,并用 $\sigma_y = ax^b$,$\sigma_z = cx^d$ 来进行拟合。其中a,b,c,d是与大气稳定度有关的经验常数,其取值见表4.12。利用公式求出的 σ_y 和 σ_z 与数值解在10km范围内的误差不超过10%。

表4.12　a,b,b,d数值

稳定度	a	b	c	d
很不稳定(A)	0.40	0.91	0.40	0.91
不 稳 定(B)	0.36	0.86	0.33	0.86
中　　性(D)	0.32	0.78	0.22	0.78
稳　　定(F)	0.31	0.71	0.06	0.71

4.2.3.4　地面浓度及其离源距离法

若在污染源附近组织较稠密的观测网,测得地面最大浓度 q_{max} 及其出现的距离 $x_{q_{max}}$,结合其他数据并利用(4.25)式和(4.26)式便可求出 σ_y 和 σ_z。

此外,还可以采用示踪剂浓度测量法、光学轮廓法、"标记粒子"轨迹法、风洞模拟法和激光雷达探测烟云法等方法来估算扩散参数。

§4.3　大气污染的控制与管理

人类在生活和生产中,不得不向大气排出废气,因此大气污染的局地控制和防治则是当前环境保护的重要任务之一,其主要的工作有以下几个方面。

4.3.1　城市的全面规划和合理布局

城市规划是一定时期内城市建设和发展的全面、综合的计划,虽然在规划中要考虑的因素很多(如城市现状、自然条件,资源、经济状况等),但从防止空气污染来说,自然条件中的气象条件是不可缺少的因素,它能为城市合理布局、减少重复污染提供依据。

4.3.1.1　根据风的资料进行城市规划

(1)分析盛行风向及其风速

城市总体规划的原则,是把工业区布置在盛行风(或称主导风)的下风方向,尽可能地减少工业烟污对城市内的污染。首先应该绘制该地全年及各季的风向玫瑰图,绘制时以分时次统计为好,风玫瑰图的制作方法详见有关气候资料整理的书籍。由于在静风条件下对烟污的扩散极为不利,因而应标注静风的频率。同时将各风向的平均风速作成玫瑰图，也是有一定参考价值的。

在季风显著的地区，一年中冬、夏盛行两个风频相当且方向相反的风，或全年盛行的风向可能是冬（或夏）季的盛行风向，但频率又比夏（或冬）季的盛行风向频率低得多。这时如果用以上原则来规划城市，就会增加城市的污染物，因此在这种情况下，就应选择频率最小的风向的上风方向，或与盛行风相垂直的方向（两侧）来布置工业区。

在静风占优势的城市，各方向被污染的机会大体相同，因此工业区要相当分散，且与居民区保持足够的距离。

（2）污染系数的计算

当某地各风向的出现频率相差很小，即没有明显的盛行风向时，就应结合风速来计算污染系数 I（或称**烟污强度系数、卫生防护系数**），即

$$I_i = \frac{f_i}{\overline{u}_i} \tag{4.28}$$

式中 f_i 为某方向的风频，$\overline{u}_i$ 为该风向的平均风速，I_i 为该方向的污染系数。显然用污染系数 I 比仅仅只考虑风频一个因子更合理。

对某一城市，需要计算各方向的污染系数，将工业区布置在 I 值最小的上风方向上。从表 4.13 中所列资料，可知该地工业区宜布置在城市的东方。

在公式（4.28）中，分子无量纲，总小于 1，分母有速度的量纲，这样污染系数在风速不同的地方不便于比较。因此在（4.28）式的基础上提出了修正的计算公式，即将该方向的平均风速 $\overline{u}_i$ 与该地的平均风速 $\overline{u}$ 之比作为分母，这样分母也无量纲，和分子一致起来了，即

$$I_i' = \frac{f_i}{\dfrac{\overline{u}_i}{v}} \tag{4.29}$$

还可将污染系数绘制成玫瑰图，便于实际应用。

表 4.13　某地污染系数

方　位	N	NE	E	SE	S	SW	W	NW
风向频率（%）	11.1	10.0	11.2	12.2	10.0	14.4	9.0	22.2
平均风速（m/s）	2.7	2.8	3.4	2.8	2.5	3.1	1.9	3.1
污染系数	4.1	3.6	3.3	4.4	4.0	4.6	4.7	7.2

（3）污染物的重叠和污染时间

当污染源比较集中时，会造成污染物在某个地区的重叠，从而增加空气污染的浓度。从图 4.10可以看出，当风速小，乱流弱时，烟弥散的角度小，如图 4.10(a)所示，因而重叠污染的面积小，且重叠的地区与污染源距离远；当风速大、乱流强时，烟弥散的角度大，如图 4.10(b)所示，因而重叠污染的面积大，且重叠的地区与污染源的距离近，重叠

地区的空气污染浓度大。当风速为 1m/s 时,设重叠区与污染源的距离为 1,则不同风速下重叠区与污染源的距离如表 4.14所示。当两污染源越近时,则重叠区与污染源的距离也越近,重叠面积也越大。

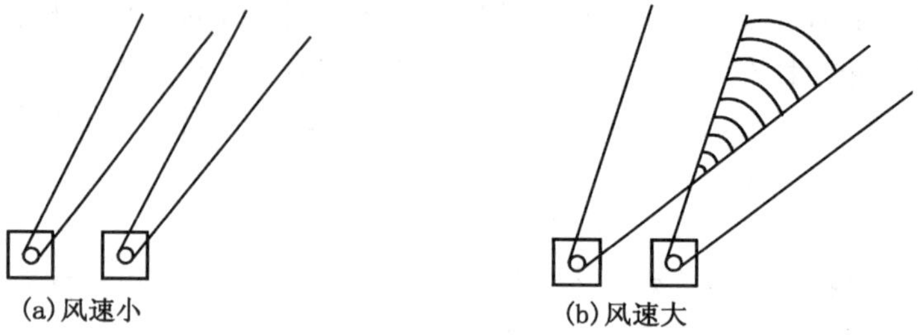

图 4.10　污染物重叠示意图

几个污染源对某一地点的污染时间的长短还与风向、频率有关。假定工厂布置有如图 4.11 所示的两种方案。设该地 SW 风频为 6%,W 风频为 9%,SW 风频为 10%,平均风速均为 2m/s。

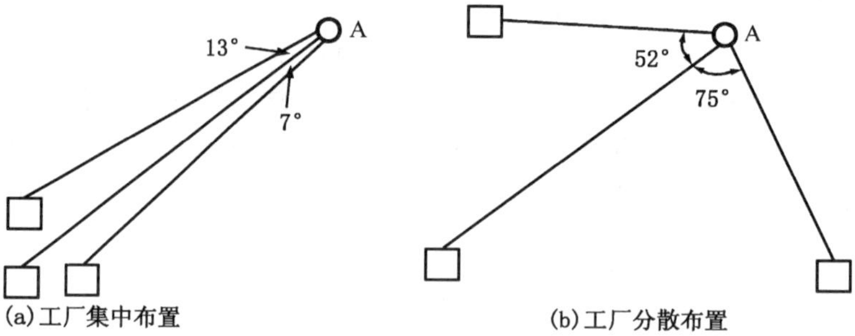

图 4.11　工厂布置与污染情况示意图

表 4.14　不同风速下重叠区出现的距离

风速(m/s)	1	2	3	4	5
烟弥散角度	6°	14°	20°	25°	30°
重叠区与污染源距离	1.00	0.40	0.30	0.24	0.20

注:表中所指的距离为相对距离(与 1m/s 时的距离之比)。

在图 4.11(a)所示的方案中,三座工厂均在 A 点的 SW 方向,在吹 SW 风时,三座工厂均污染 A 点,一年之内 A 点受污染的时间为

$$365 \times 6\% \approx 22(\mathrm{d})$$

假设三座工厂分别造成 A 点的空气污染浓度均为 q,则在这 22 天内 A 点的实际污染浓度为 $3q$。

在图 4.11(b)所示的方案中，一年之内 A 点受污染的时间为

$$365 \times 9\% + 365 \times 6\% + 365 \times 10\% \approx 92(\mathrm{d})$$

但污染物不重叠。A 点受污染时空气污染浓度仅为 q。

4.3.1.2　根据长期平均浓度的分布来规划城市

由大气污染扩散模式计算的长期平均浓度分布图，或由现状评价(观测)给出的长期平均浓度图，均可作为城市规划的依据。

对连续点源(或污染源较集中)我们假设：

①湍流场均匀、定常；

②某一风方位内的下风方，y 方向浓度均匀分布，z 方向为正态分布；

③ 污染物集中在一个风方位内输送，既不损失也无输入。

当有 i 方位风时，在下风方位 x 处的长期平均浓度 $\bar{q}_i$ 为

$$\bar{q}_i = \frac{n f_i \overline{Q}}{\sqrt{2}\,\pi^{3/2}\bar{u}_i \sigma_z x}\exp\left(-\frac{H_i^2}{2\sigma_z^2}\right) \tag{4.30}$$

式中 n 为风方位的总数，f_i 为 i 方位的风频，$\bar{u}_i$ 和 H_i 分别为 i 方位的平均风速和有效源高，σ_z 一般取大气稳定度为中性时的参数。

在进行城市规划时，可以不计算城市各点大气污染的绝对浓度值，只需知道相对浓度即可。那么(4.30)式可改写为

$$\begin{aligned}\frac{\bar{q}_i}{\overline{Q}} &= \frac{n f_i}{\sqrt{2}\,\pi^{3/2}\bar{u}_i \sigma_z x}\exp\left(-\frac{H_i^2}{2\sigma_z^2}\right)\\ &= \frac{2.032 f_i}{\bar{u}_i \sigma_z x}\exp\left(-\frac{H_i^2}{2\sigma_z^2}\right)\end{aligned} \tag{4.31}$$

在已知风频 f_i、平均风速 $\bar{u}_i$，有效源高 H_i、扩散参数 σ_z、n 取 16 时，就可得到离污染源距离为 x 处的相对浓度，然后绘制污染浓度分布图供城市规划使用，这比仅根据风资料来进行规划更为合理。

4.3.2　工厂厂址选择和烟囱高度设计

合理选择工业区和居民区，正确设计烟囱高度均能减轻和防止污染。

4.3.2.1　工厂厂址的选择

从防止空气污染的角度出发，首先要将厂址选择在本底浓度小、扩散条件好的地方。在原有污染已超过标准的地区不宜建厂；虽然本底浓度未超过标准，但加上拟新建厂的污染浓度后，将超过标准的地区也不宜建厂。

在平原地区建厂，要防止工厂之间的重叠污染，各厂的厂址应选择在垂直于盛行风的方向上；山区建厂要尽量选择与盛行风向相一致或接近一致(交角小于 45°)的山谷，

谷深一般在 400m 以下，排放高度一般在 140m 以上；在海陆风明显的地区，在交界的靠海地段不宜建厂。

不论在什么地形条件下，凡全年静稳频率超过 40%，辐射逆温频率大（超过 150 天），持续时间长（每天 10 小时以上）、强度大（每上升 100m 递增 1℃以上）的地区，一般不宜建厂。

4.3.2.2 烟囱高度设计

从(4.25)式可知，最大浓度与源高的平方成反比，所以源高越高，地面浓度越小。但烟囱太高，经济上和技术上都有问题。另外，近地层风速随高度增加的趋势到达一定高度后有所减弱，在此高度以上，烟囱对扩散影响也有所减小。因此没有必要盲目地增加烟囱高度。

根据研究我们规定：烟囱高度应尽量高于夜间经常出现的低层辐射逆温层顶的高度，烟囱高度应高于周围 1～2km 内的障碍物（包括建筑物）的高度，烟囱高度应比附近的建筑物高 2.5 倍以上，烟囱应尽量利用地形，建在比较高的地方。

从(4.25)式可得出

$$H = \sqrt{\frac{2Q}{e\pi\bar{u}q_{\max}} \cdot \frac{c_z}{c_y}}$$

式中 H 为有效高度，且

$$H = h + \Delta h$$

其中 h 为烟囱高度，Δh 为烟气抬升高度。所以有

$$h = \sqrt{\frac{2Q}{e\pi\bar{u}q_{\max}} \cdot \frac{c_z}{c_y}} - \Delta h$$

若令地面污染浓度最大允许值为 q^*，本底浓度为 q_0，则 $q_{\max}$ 应满足 $q_{\max} \leqslant (q^* - q_0)$，则有

$$h \geqslant \sqrt{\frac{2Q}{e\pi\bar{u}(q^* - q_0)} \cdot \frac{c_z}{c_y}} - \Delta h \tag{4.32}$$

式中 c_y 和 c_z 等的取值可采用：实测资料中，当地污染最严重时的气象条件和 c_y，c_z 值；当地出现频率最高，对污染扩散不利的气象条件和 c_y，c_z 值。对污染扩散极其不利，但发生频率很少，而且持续时间短的气象条件可不作为烟囱设计的依据，因为当出现这种气象条件时，还可采用控制生产、减少污染物排放量等方法来避免强污染。

在实际工作中，还可应用各种大气扩散模式来计算、比较最大落地浓度值及其出现地点来决定烟囱的高度。

4.3.2.3 排烟方式的选择

排放方式不同其扩散效果也不一样。目前国外较普遍采用的是高烟囱排放和集合

式烟囱排放，提高烟囱的有效高度能使烟气得到充分的稀释，同时也减轻了地面的污染浓度。但烟囱高排烟范围却扩大了，所以采用上述措施，尚不能从根本上解决污染问题。

集合式烟囱排放，就是将几个（一般是 2～4 个）排烟设备集中到一个烟囱中排放，以使排放的烟气温度增加，提高烟气出口速度。这种高温、高速的烟流将呈环状吹向天空，扩散效果良好，从而使矮烟囱起到高烟囱的作用。

4.3.3　城区集中供暖、供热

分散于千家万户的炉灶和市区密集的矮烟囱是大气烟尘的主要污染源。北方城市冬季取暖用煤量往往超过工业用煤量。采取区域集中供暖、供热，即在城市的郊外设立大的热电厂和供热站，以代替千家万户的炉灶，这是减少烟尘的有效措施。其优点是：

①可以提高锅炉设备的效率，降低燃料消耗量；

②可以利用废热，提高热利用率；

③集中供应的大锅炉适于采用高效率的降尘器，从而大大减少粉尘的排放量；

④可以减少燃料的运输量。

由于区域供暖既经济又合理，还能减少污染，所以发展很快。国外有些中、小城市，在市郊的不同方向设两个大热电厂就解决了全市用电用热的需要，而且市内没有一个烟囱，烟尘危害极微。

4.3.4　改变燃料构成和净化汽车尾气

4.3.4.1　改变燃料构成

对燃料进行选择，是减少污染物的有效措施。各种燃料中灰分数量有很大差别，煤的灰分量为 5%～20%，石油为 0.2%，天然气中灰分量最少。所以应尽量选用灰分量少的燃料。在有条件的城市，要逐步推广使用天然气、煤气和石油气，这不仅可以改进工业生产状况，而且对于改变城市居民千家万户的炉灶污染也是很有必要的。我国目前燃料构成中以煤炭为主，应逐步扩大煤的气化设施和供应煤气的气体燃料，还应加强新能源的开发利用研究，如太阳能、风能、氢燃料、地热能等，以代替煤炭燃料，减轻污染。

4.3.4.2　净化汽车尾气

氮氧化物（NO_x）是大气污染物中的气态污染物的主要类型，它主要来源于燃油机动车排出的尾气。在我国一些城市，汽车尾气污染已占大气污染比重的 50%，特别在夏天阳光的照射下，NO_2 和 O_3、SO_2 可进行光化学反应，生成淡兰紫色的光化学烟雾，其毒害更大，因此汽车尾气的净化是减少大气污染有效的措施。

（1）燃料的处理

除尽量选用排出的尾气 NO_x 较少的燃料外，还应在燃料进入气缸之前进行预处理，减少汽油中的含铅量，或在汽油中加入一定比例的可减少有害成分的汽油清洁剂以改善汽油的品质，可使其燃料效率提高，排污和油耗降低。

(2)机内净化技术

对汽车内燃机的燃烧方式，如供油、点火及进、排气系统进行改进和最优化匹配，控制有害排放物的产生、使排出的废气尽可能无害，是汽车排气净化的根本方法。常用的如分层燃料系统、电喷技术、发动机增压和增压中与(制)冷技术相结合的燃油系统等。

(3)机外净化技术

通过附设在汽车内燃机外部的装置对内燃机所排出的废气在进入大气之前进行处理，使废气中有害成分的含量进一步降低。如在排气系统中安装三元催化器、微粒过滤器等。

4.3.5 增大城市绿化面积

现代城市发展的主要趋势之一，就是尽可能合理扩大城市绿地面积。它不仅是城市文明的象征，而且对于净化大气、改善城区生态环境具有重要作用。

目前我国城市绿地面积的比例很低。据统计，国内 100 多个大中城市的绿化覆盖率平均不足 10%。人均占绿地面积除昆明市为 15.2m^2 外，多数城市仅有 2～3m^2 左右。但西北欧国家城市绿化覆盖率一般超过 50%，人均占有绿地面积也在 20m^2 以上。

城市绿化的生态环境效应主要有以下方面：

4.3.5.1 光能效应

树冠及绿色植物对太阳辐射的吸收、反射和遮挡作用，使到达地面和植被下的太阳辐射明显减弱。特别在夏季，中午太阳辐射强时，这种效应更明显。

4.3.5.2 明显的增湿降温效应

由于太阳辐射被树冠遮挡，在被植物遮荫的地区及附近的温度(气温、土温)明显降低，绿色植物还通过叶面大量蒸腾水分使其周围空气湿度增大，让人感到凉爽。比较树阴下土面、阳光下土面，阳光下水泥面等不同情况的下垫面温度。可相差 5～15℃，因此在城市绿地面积越少，而建筑群体、水泥路面越多其热岛效应越明显，城市的生态环境就越恶化。

4.3.5.3 降低风速、减小噪音

在本书§2.1 节森林小气候中已介绍了林带有降低风速的效应。另外在城市中增大绿化面积对北方城市抑制风沙、东南沿海城市削弱台风的危害也有很大的作用。

绿色植物(乔木、灌木、草地)还有隔音和吸音的作用。

4.3.5.4 调节大气中的碳氧平衡

绿色植物在进行光合作用时，吸收空气中的 CO_2 和土壤中的水分，合成有机物质

并释放出氧气，而在进行呼吸作用时，则吸收氧气，放出 CO_2。由于绿色植物的光合作用强度远远大于呼吸作用强度，其结果是一方面使绿色植物本身能不断生长发育，另一方面消耗了大气中 CO_2，并生产氧气，使大气中 CO_2 和氧气维持相对平衡。

4.3.5.5　净化大气

绿色植物的叶面粗糙不平、多绒毛，有的还能分泌粘液和油脂。因而能吸附大量的粉尘，又由于绿色植物有降低风速的效应，使空气中较大粒的尘埃下降到地面，因此城市绿化面积增大对粉尘具有滞留、吸收、过滤的作用。

一些绿色植物能吸收一部分毒气，还有一些植物能将所吸收的毒气在体内进行转化，使之无毒化，再排出植株体外。因此某些绿色植物可降低大气中有毒气体的浓度。

有的植物（如松树、樟树、柏树）通过芽、叶、花所分泌的挥发性物质能杀死细菌、真菌。在城市中除在公园、城市特设的休闲区种植乔、灌木及花草外，还应大力提倡在屋顶上种植草坪。在建筑物的垂直墙壁上进行绿化以增大城市绿化覆盖率和人均占绿地面积，以起到净化和缓冲大气污染的作用。

4.3.6　大气质量标准

为了控制和改善大气质量，创造清洁适宜的环境，防止生态破坏，保护人民健康，必须制定有关环境保护的标准。目前用于控制大气污染的标准有三类。

4.3.6.1　大气环境质量标准

大气环境质量标准是对大气环境中几种主要污染物的允许浓度的法定限制。这是控制大气污染、评价环境质量、制定地区大气污染排放标准的依据。空气质量标准在各国之间有很大差别，其原因是因为所依据的质量准则，所采用的测定方法以及经济、技术、法律背景等方面的不同。

世界卫生组织于 1963 年提出了空气质量的四级标准，如表 4.15 所示。

表 4.15　世界卫生组织提出的大气质量标准分级

分　级	反　　应
第一级	短时间接触此浓度，未观察到直接或间接的反应（包括反射或保护性反应）
第二级	在高于所规定的浓度和接触时间时，对人的感觉器官有刺激、对植物有损害，或对环境产生其他有害作用
第三级	在高于所规定的浓度和接触时间时，可使人的生理功能发生障碍或衰退，引起慢性病和缩短寿命
第四级	在高于所规定的浓度和接触时间时，对敏感的人发生急性中毒或死亡

我国对于不同的地区、技术经济水平、人群和生态结构等，制定了不同水平等级的标准。我国的环境大气质量标准分为以下三级：

一级标准——能保护自然生态和人群健康，在长期接触情况下，不发生任何危害的空气质量。

二级标准——能保护人群健康和城市、乡村的动、植物，在长期和短期接触情况下，不发生伤害的空气质量。

三级标准——能保护人群不发生急、慢性中毒和城市一般动、植物(除敏感者外)正常生长的空气质量。

我国根据各地区的地理、气候、生态、政治、经济和大气污染程度，将大气环境质量区划分为三类：

一类区——国家规定的自然保护区、风景名胜区和其他需要特殊保护的地区，一般执行一级标准。

二类区——城市规划中确定的居民区、商业交通居民混合区、文化区、一般工业区和农村地区，一般执行二级标准。

三类区——大气污染较严重的城镇和工业区、城市交通枢纽和干线等，一般执行三级标准。

表 4.16 为我国主要大气污染物的质量标准浓度限值，表 4.17 为我国居住区大气中有害物质最高容许浓度。

表 4.16　我国主要大气污染物的质量标准

污染物名称	浓度限值(mg/m³)			
	取值时间	一级标准	二级标准	三级标准
总悬浮微粒	日平均*	0.15	0.30	0.50
	任何一次**	0.30	1.00	1.50
飘尘	日平均	0.05	0.15	0.25
	任何一次	0.15	0.50	0.70
二氧化硫	年日平均***	0.02	0.06	0.10
	日平均	0.05	0.15	0.25
	任何一次	0.15	0.50	0.70
氮氧化物	日平均	0.05	0.10	0.15
	任何一次	0.10	0.15	0.30
一 氧 化 碳	日平均	4.00	4.00	6.00
	任何一次	10.00	10.00	20.00
光化学氧化剂(O_3)	1小时平均	0.12	0.16	0.20

注：*　“日平均”为任何一日的平均浓度不许超过的限值；

**　“任何一次”为任何一次采样测定不许超过的浓度限值。不同污染物“任何一次”采样时间见有关规定；

***　“年日平均”为任何一年的日平均浓度均值不许超过的限值。

表 4.17　居住区大气中有害物质最高容许浓度

物质名称	最高允许浓度(mg/m^3)		物质名称	最高允许浓度(mg/m^3)	
	一次	日平均		一次	日平均
煤　炭	0.15	0.05	氟化物(折算为氟)	0.02	0.007
飘　尘	0.50	0.15	氧化氮(折算为 NO_2)	0.15	—
一氧化碳	3.00	1.00	砷化物(折算为 As)	—	0.003
二氧化碳	0.50	0.15	硫化氢	0.01	—
苯　胺	0.10	0.03	氯	0.10	0.030

4.3.6.2　大气污染物排放标准

排放标准是以实现环境大气质量标准为目标,对污染源规定所允许的排放量或排放浓度,以便直接控制污染源,防止污染。它常反映了除技术原因外的社会、经济情况。各国在标准制订的方法和标准值方面有很大的不同。我国制订的排放标准是以卫生部等有关部门的标准为依据,经过计算,调查而制订的,如:

《火电厂大气污染物排放标准》　GB13223-1996
《锅炉大气污染物排放标准》　GWPB3-99
《轻型汽车排气污染物排放标准》　GB14761.1-93
《工业炉窑烟尘排放标准》　GB9078-1996
《水泥厂大气污染物排放标准》　GB4915-1996
《保护农作物的大气污染物最高允许浓度》　GB9137-88

4.3.6.3　工程设计标准

工程设计标准是根据大气环境质量标准和大气污染物排放标准而制订的工厂企业在工程设计上的标准,它是以上两个标准的辅助标准。如锅炉燃料的种类、烟囱的高度、除尘设备的种类及效率等。

4.3.6.4　大气环境质量和排放量的控制

当大气环境不符合规定的质量标准,对人类造成不利影响时,就应当对造成不利大气环境的污染源进行控制和改善,常用的方法有:

(1)最大浓度控制法

这是根据(4.25)式和霍兰德(Holland)的烟气抬升公式

$$\Delta h = \frac{u_s d}{\bar{u}}\left(1.5 + 2.6 \times 10^{-3} p \frac{T_s - T_a}{T_s} d\right) \tag{4.33}$$

按不同污染物逐项推算出来的。(4.33)式中,u_s 为烟气喷出时的速度(m/s);$\bar{u}$ 为烟囱口高度风速(m/s);p 为大气压(hPa),T_s 和 T_a 分别为烟囱口烟气温度和大气温度(K),d 为烟囱出口内径(m)。

(2)排放总量的控制方法

我们将环境对污染物的净化能力称为环境容量。通常也把维持某种环境质量标准的排放总量作为环境容量,这样就可以用环境质量标准来计算容许的排放总量,并以此来控制污染物的排放总量。

在计算一个城市的大气环境容量时,把城市当做一个在逆温层封闭下的箱子。设平均 风速为 $\overline{u}$,垂直于风向的城市长度为 B,逆温层高为 L,污染物的环境质量标准为 q_a,则容许的排放总量 Q_a 可写为

$$Q_a = q_a \overline{u} L B \tag{4.34}$$

对 于一定的环境质量标准 q_a,风速越大、逆温层越高、城市的水平尺度越大,则环境容量,即容许的排放总量 Q_a 也越大。

(3)浓度控制方法

这是用污染源排放口的浓度值来控制污染物的排放量。排放口的浓度控制标准由国家统一制定,浓度的测定可采用自动监测。

(4)最佳实用方法(或最佳可用方法)

这是英、美等国家提出的。其标准建立在现有污染防治技术可能达到的最高水平上,同时也考虑到采取的防污措施在经济上的可行性。

(5)最大复合落地浓度法

由于这一问题涉及的部门多,比较复杂,所以至今还没有一个比较满意的结果。

此外,常用的方法还有燃料控制法。

4.3.7 主要大气污染物的治理技术

4.3.7.1 烟尘治理技术

大气中固体颗粒污染物与燃料燃烧关系密切。减少固体颗粒物的排放方法可分为两大类:一是改变燃料的构成,以减少颗粒物的生成;另一是在固体颗粒物排放到大气之前,采用控制设备将尘除掉,以减少大气污染程度。

烟气净化装置的种类很多,合理的净化装置取决于:体积流量以及颗粒的直径、浓度、腐蚀性和毒性等属于颗粒本身的特性所要求的收集效率、排放标准和经济成本。除尘装置按其作用原理可分为机械除尘器、湿式洗涤除尘器、袋式滤尘器和静电除尘器等四类。它们的性能不同,各有优缺点。

下面对各类除尘器的情况作一简要介绍。

(1)沉降室除尘

这是利用机械力(重力、离心力)将尘粒从气流中分离出来,达到净化的目的。通过沉淀的烟道气降低了速度,一些较大的颗粒(直径大于 40μm)因重力而沉降下来,这种

沉降室往往安装在其他收集设备之前，是去除较大尘粒的预处理装置。图 4.12 是一个简单沉降室的除尘示意图。

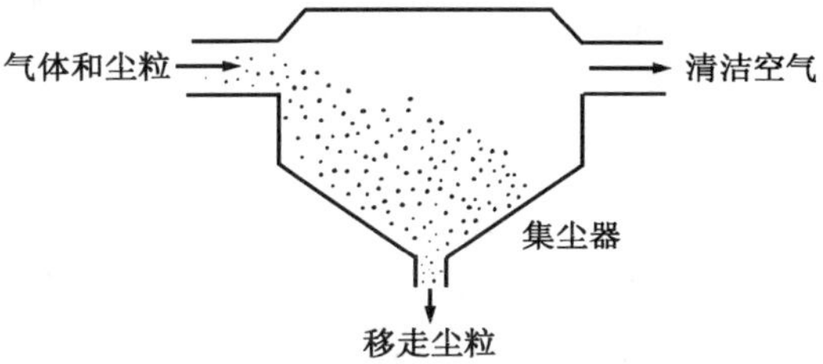

图 4.12　沉降室的除尘示意图

(2)旋风除尘器除尘

这种除尘的装备和原理如图 4.13 所示。由图可见，气体在分离器中旋转，烟尘颗粒在离心力的作用下被甩到外壁沉降到分离器的底部而被分离清除，清洁气体则上升，由顶部逸出。

这种分离方式使 5μm 以上的尘粒去除效率可达 50%～80%。5μm 以下的尘粒去除效率下降到 50%以下。

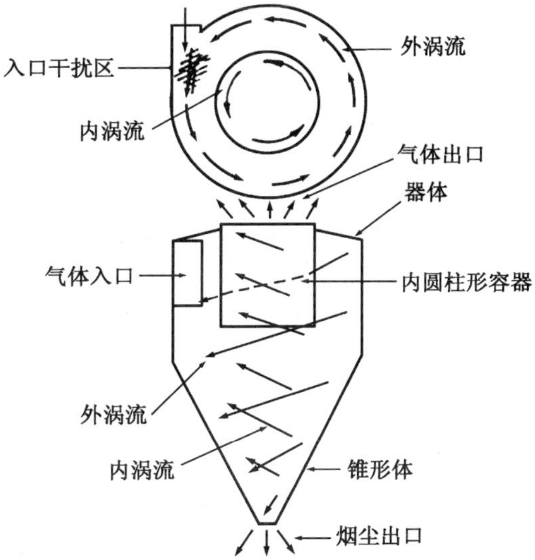

图 4.13　干式旋风除尘器示意图

(3)湿式洗涤除尘器除尘

湿式洗涤除尘是一种采用喷水法将尘粒从气体中洗出去的除尘器。这种除尘器种类很多，有喷雾塔式、填料塔式、离心洗涤器、喷射式洗涤器、文丘里式洗涤器等多种。其中最简单的一种是使含尘气体从塔的底部进去，而水从安装在塔顶上的许多喷头中淋洒下来，如图 4.14 所示。

这种除尘器的效果有一定局限性，通常只能除去直径大于 10μm 的颗粒。如果采用离心式洗涤分离器，增加水滴和气流之间的相对速度，那么对 2～3μm 之间的尘粒，其去除效率可达 90%左右。

这种方法的缺点是需用大量水洗涤，存在污水处理问题。

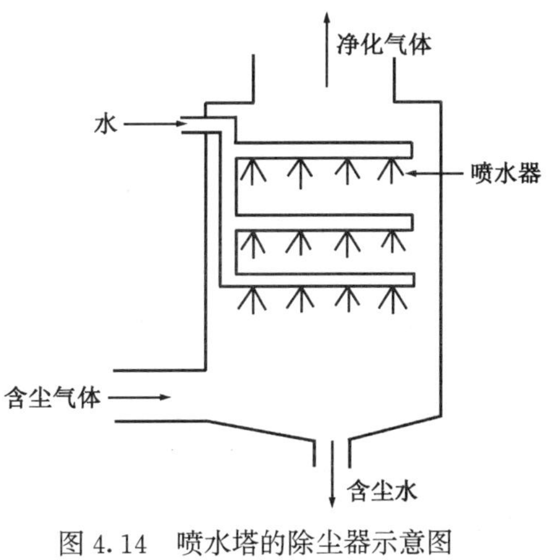

图 4.14　喷水塔的除尘器示意图

(4)袋式滤尘器

这种除尘器对直径 1μm 颗粒的去除率接近 100%，如图 4.15 所示。含尘气体通过悬挂在袋室上部的织物过滤袋而被除掉。这种方法除尘效率高，操作简便，适合于含尘浓度低的气体，其缺点是占地多、维修费用高，不耐高温、高湿气流。

(5)静电除尘器的除尘

这是利用尘粒通过高压直流电晕吸收电荷的特性而将其从气流中除去。这种除尘方法使带电颗粒在电场的作用下,向接地集尘筒壁移动,借重力或者轻轻敲击而把尘粒从集尘电极上除掉。

图 4.16 是一个筒式静电除尘器的构造示意图,中心电极加有一个负高压,而外面的筒状集尘电极接地。这种静电除尘器的优点是对粒径很小的尘粒具有较高的去除效率,耐高温,气流阻力小,除尘效率不受含尘浓度和烟气流量的影响,是当前发展的新型除尘设备。但设备投资费用高,占地大,技术要求高。

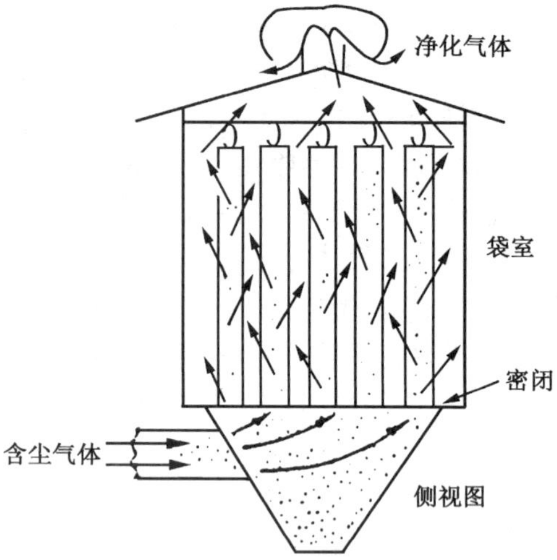

图 4.15 密闭压力袋室除尘器

选择合适的除尘设备的主要根据是要求达到的控制标准的高低,对于除掉大直径烟尘颗粒,一般使用廉价的机械设备——沉降室或旋风式分离器,但要除掉颗粒较小的尘粒则需要采用除尘效率高的袋式除尘技术或静电除尘器。

4.3.7.2 二氧化硫治理技术

目前清除和减少烟气中二氧化硫的含量,主要采用的有燃料脱硫方法和烟气脱硫方法。

(1)燃料脱硫

目前清除燃料煤中的硫分尚无很好的办法,只是重油脱硫取得一定进展。重油中的硫大部分为有机硫。要想使重油中将硫分降低,必须破坏硫化物中的 C-S 键,使硫变成简单的固体或气体的化合物,从重油中分离出来。常采用加氢脱硫催化法,根据工艺过程的不同,又分为间接脱硫和直接脱硫。

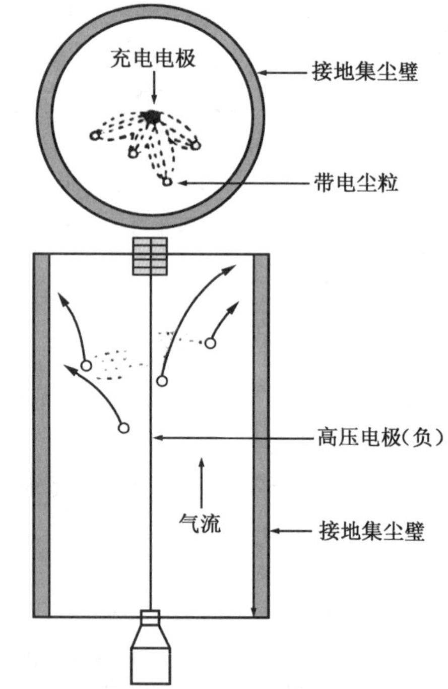

图 4.16 筒式静电除尘器示意图

(2)烟气脱硫

由于烟气量大,含硫低,烟气温度高,给脱硫技术带来不少困难,目前多采用湿法和干法两大类方法。

4.3.7.3　光化学烟雾的治理

光化学烟雾主要是由于交通运输工具等移动性污染源排放的废气在大气中形成的二次污染物,要控制“烟雾”的形成,必须从改革城市交通运输工具以及治理工矿企业氮氧化物的排放入手。

§4.4　空气污染预报

空气污染预报在欧美等工业发达的国家,已于20世纪70年代就开展了这项工作,我国开展得相对较晚。随着经济的发展,空气污染越加严重,引起了我国政府和广大群众对环境状况的关注,空气污染预报也提到了应有的高度。1997年1月21日,国务院环委会会议决定:从1997年6月5日起,在北京、上海、天津、沈阳、西安、广州、武汉、重庆、南京、杭州、大连、厦门、珠海等13个城市实行空气质量周报制度(在电视、报纸媒体向公众公布),将13个城市的空气污染指数、重点污染源、对公众健康影响等项目列表呈报。从2000年6月5日起,全国42个城市每天公布空气质量日报,由中央电视台每天向公众公布。目前,在我国许多大中城市,如上海、广州、北京、天津、沈阳、重庆、南昌等先后开展了空气污染气象条件或污染浓度预报,并通过媒体(专业气象台、电视、报纸)向公众发布。

空气污染预报可分为污染气象条件预报和污染浓度值预报,根据对污染预报时空尺度的要求,空气污染预报的时空尺度分为三种:

区域预报:范围大($20\times10^4km^2$以上),时效为1～2天,目前主要作污染气象条件预报;

城市污染预报:范围为10～$100km^2$,时效从几小时到2天,由于城市的特点,需作污染气象条件预报和浓度值预报;

特定污染源预报:范围小($50km^2$以内),时效为几小时,一般由预报的气象参数和源强来估计污染浓度分布。

4.4.1　空气污染气象条件预报

空气污染气象条件预报即空气污染潜势预报,是在不考虑污染源的情况下,从气象学角度出发,对未来大气污染物的稀释、扩散、聚积和清除能力的预报。由于全国各地有关空气污染气象条件预报的名称不统一,中国气象局已于2000年21号文件中规定,将大气污染物的稀释、扩散、聚积和清除能力的预报统一为“空气污染气象条件预报”。

空气污染物排放进入大气后，其稀释和扩散、聚积和清除等能力受多种气象因素的综合影响。空气污染气象条件预报则是在一定的大尺度天气特征的气象参数(混合层高度、输送风速、通风量等)的基础上总结出有利于污染物稀释扩散和不利于污染物稀释扩散的天气形势类型和各种气象要素指标，并对空气污染气象条件进行恰当的分级和评价。这类预报一般为定性或半定量预报。

空气污染气象条件预报统一规定分为五级，其分级及其评价见表 4.18。

表 4.18　空气污染气象条件预报分级

等级	评价	描　　述
一级	好	非常有利于空气污染物稀释、扩散和清除
二级	较好	有利于空气污染物稀释、扩散和清除
三级	一般	对空气污染物稀释、扩散和清除无明显影响
四级	较差	不利于空气污染物稀释、扩散和清除
五级	差	非常不利于空气污染物稀释、扩散和清除

空气污染气象条件预报一般从以下几个方面进行预报：

4.4.1.1　污染天气形势预报

当风速小、大气稳定、大气的水平和铅直扩散弱时，污染物容易堆积，从而造成严重污染。这种形势出现时，常常是静止或缓慢移动的反气旋，在高空图上则为一暖高压脊。在具体预报时，采用的主要气象参数是：地面和高空风速，对流层的下沉作用，高空变温，500hPa 绝对涡度及其变化，混合层高度，降水和相对湿度等。

4.4.1.2　混合层高度及其平均风速预报

由于混合层的高度及其平均风速对污染物的扩散稀释有较大作用，因而许多国家采用它们的综合指标——通风系数来作污染气象条件(潜势)预报。

通风系数是混合层高度与该层平均风速的乘积，单位为 m^2/s。通风系数越大，对污染物的扩散稀释越有利，污染则轻；反之，污染则重。

混合层的高度可用图解法、罗氏法(Nozaki)、机械混合层高度计算法、热力混合层高度计算法等方法求得。混合层的平均风速，可利用整个混合层的平均风速与指定高度(气象站规定高度)的风速之间的统计回归关系求出。

4.4.1.3　空气污染气象条件的统计预报

空气污染气象条件的统计预报是用表征污染形势的参数与常规气象要素之间的统计关系来做预报。污染形势的参数常用能见度，气象要素常用两高度的温度差、平均风速、气压等。

4.4.1.4　预报实例

例 4.1　美国国家气象中心的污染潜势预报——预报的气象判据。

美国国家气象中心(NMC)在 20 世纪 60 年代初提出了发布污染潜势预报的判据，到 60 年代后期经不断研究、改进，其预报的判据较为科学合理。

美国国家气象中心的污染潜势预报判据如下：

①当天早上出现空气停滞区(大气层结稳定、水平风速小和极少降水的组合，它一般伴随暖性反气旋中心)，并预计未来至少连续 36 小时。应满足下列全部标准：

- 1500m 高空风≤10m/s；
- 过去 12h1500m 高空变温≥－5℃；
- 过去 12h500hPa 平均绝对涡度变化≤30×10^{-6}/s；
- 前 6h 降水≤0.25mm；
- 地面至 500hPa 平均相对湿度≤80％；
- 早晨城市混合层厚度≤500m；
- 早晨城市混合层平均风≤4m/s；
- 下午(午后)混合层平均风速≤4m/s；
- 下午通风量≤6000m^2/s。

②在停滞区内，必须依据表 4.19 的混合层高度、输送风速和通风量指数值的代数和来决定是否发布预报：

当指数和≥2　　　　发布不利于污染物扩散的预报；
当指数和为 1～0　　进一步考虑降水、涡度及其变化后再决定是否发布预报；
当指数和＜－1　　　不发布预报(有利于污染物扩散)。

表 4.19　气象参数的污染指数值(加权数)

气象参数		污染指数	气象参数		污染指数
早晨地面风速(m/s)	＞5.1	－2	早晨混合层高度(m)	H＞1500	－2
	≤5.1	－1		1500≥H＞750	－1
	≤4.1	＋1		750≥H＞500	0
	≤3.1	＋2		H≤500	＋1
午后和晚上地面风速(m/s)	＞5.7	－2	午后通风量(m^2/s)	＞8000	－3
	≤5.7	－1		≤8000	－2
	≤4.6	＋1		≤6000	0
	≤3.1	＋2		≤4000	＋1

根据表 4.19，可确定发布不利于污染物扩散一般要满足下列标准：

- 早晨地面风速≤3.1m/s，混合层高度≤500m；

- 午后地面风速≤3.1m/s，通风量≤4000m^2/s；
- 晚上地面风速≤3.1m/s。

③受影响区域的面积至少有4个经、纬度大的面积。

当以上判据出现时，则在空气停滞区发布高污染潜势预报。

例4.2　北京地区空气污染气象条件预报。

(1)主要预报参数

包括地面气压形势场、地面风向和风速、850hPa温度场、冷暖平流性质、风速(V_{850})及逆温层的有无、300m高空风(V_{300})等。

①地面气压形势场。由于污染物进入大气后，主要受大气边界层的结构和特征所支配。因此我们着重对地面天气形势，并结合北京的地理位置特征，归纳出了有利于扩散和不利于扩散的地面形势，结果如表4.20所示。

表4.20　北京地区有利扩散和不利扩散的天气形势

有利于扩散的天气形势	不利于扩散的天气形势
1. 冷锋后	1. 弱高压、高压后部、均压区
2. 强冷高压前部	2. 华北地形槽、华北小倒槽、华北小低压
3. 高压	3. 冷锋前部(指未来12小时有锋面过境)
4. 回流	4. 两高之间、鞍型场
5. 高压前部	5. 高压后部

在有利于扩散的天气形势下一般无辐射逆温生成，地面平均风速较大，850hPa温度场多为冷区和冷平流，850hPa的24小时变温小于零；在不利于扩散的天气形势下一般有辐射逆温生成，地面平均风速较小，850hPa温度场多为暖区和暖平流，850hPa的24小时变温大于零。

②高低空风。风是边界层内影响污染物稀释扩散的重要因子，风向决定污染物的输送路径，风速决定污染物的水平输送稀释能力。分析表明，北京地区地面、300m和850hPa高度能造成污染的风速分别为≤4m/s，≤6m/s，≤10m/s。

③ 850hPa温度场结构特征。850hPa温度场北京处于暖区或暖脊时，一般大气层结较为稳定，容易有辐射逆温生成，不利于空气中污染物的垂直扩散。一般暖区、暖平流及24小时变温大于零时，大气层结较为稳定，不利于污染物扩散，反之则有利于污染物扩散。

④逆温。逆温层存在是加剧空气污染的主要气象条件。

(2)空气污染潜势预报

在发布未来24～36小时空气污染潜势预报过程中，预报因子及参数的预报应依据数值预报产品和本站短期天气预报会商结果，然后进行加权。

①权重的确定。将一天中天气形势及相关气象要素分为早晨(05～10时)、白天(11

～16 时)、傍晚(17～22 时)、夜间(23～04 时)四个时段分别进行加权，最后得出日平均权重数。具体的加权数如表 4.21 和表 4.22 所示。

表 4.21 天气形势加权数

天气型			加权数
华北地形槽类 (华北地形槽、小倒槽、小低压)		850hPa 有暖区配合	+3
		850hPa 无暖区配合	+2
鞍型场、场压区、锋前、高压后部、弱后部、二高之间			+3
低压带			+2
高压底部			+1
高压			−1
高压前部			−2
冷高压前部、回流有降水			−3
冷锋后	地面风	≥8m/s	−3
		4～8m/s	−2
		≤4m/s	0
回流无降水	地面风	>4m/s	−2
		1～3m/s	+1
		0～2m/s	+3

表 4.22 气象要素加权数

气象要素		加权数
有逆温		+3
地面风速(m/s)	≤2	+2
	3～4	+1
	>4	0
300m 风速(m/s)	≤6	+1
	>6	0
1500m 风速(m/s)	≤10	+1
	>10	0

②首要污染物的确定。根据上述加权得出的总权重值，分别确定该气象条件对空气中几种主要污染物(SO_2,NO_x,TSP,RSP,CO,NO_2)污染的影响程度，将其中造成污染程度最严重的污染物称为首要污染物，并以此来拟定污染潜势预报用语。

③预报。

(3)非加权因子对预报结果的修正

非加权因子包括：

①前一天污染监测实况(污染浓度的高低)；

②前期气象条件。前期地面风速>10m/s，且持续时间>3 小时，或锋面过境，锋后风力较大(≥4 级)，或 850hPa 出现强冷平流($T_{24}<-5$℃)时，有利于污染物扩散，做预报时应酌情降一级；反之则应酌情升一级；

③历史上同期污染物浓度、多年平均值是预报重要参考依据之一。

4.4.2 空气污染浓度预报

空气污染浓度预报是根据已知污染源的有关参数和气象条件，应用数理统计或数值模拟的方法来进行空气污染浓度的预报。

空气污染预报一般都是预报短期的浓度(即小时的平均值)。主要包括：某时段的最大值、一天内各小时浓度的变化趋势、24 小时的平均浓度，以及整个城市范围内主要点的污染浓度。大气污染物的浓度预报方法主要有：统计预报和数值预报两大类。近年来我国各气象台站还开展了空气污染指数预报，其实质也是一种浓度预报。

4.4.2.1 污染浓度统计预报

污染浓度统计预报是将历史上的污染物浓度监测值与相应时期的气象条件(气象要素及其时空分布、天气类型)联系起来，建立具有一定信度的统计关系，并利用该关系对未来的污染物浓度进行预报。统计学方法常用的主要有因次分析法和回归分析法等。

4.4.2.2 污染浓度数值预报

污染浓度数值预报是在气象场预报模式的基础上，数值求解有源汇的污染物传输扩散方程，找出污染源排放量与接受体空气的污染浓度之间的关系，从而对污染浓度进行预报。污染浓度数值预报是以大气物理、边界层大气动力学以及大气化学理论相结合为其理论基础，以中小尺度大气动力学模型，污染源排放率分析模型、各类污染物的干湿沉降模型为基本部分组成。污染浓度预报模式有简单的箱模式，也有大而完善的计算机的复杂模式。

使用这些模式对预报要求的项目是：箱模式要求预报风向、风速；高斯模式要求能估计烟体的扩散参数 σ_y,σ_z；K-理论模式要求能估计三维扩散率 K_x,K_y,K_z 等。

污染浓度预报是一个多学科交叉、多尺度动力学过程嵌套和相互作用的复杂科学问题，但随着大气科学和计算机技术的快速发展，该方法将不断完善成为空气污染预报的主要方法。

4.4.2.3 空气污染指数预报

根据我国环境状况的特点和污染防治的重点，评价空气质量的主要污染物是二氧化硫、二氧化氮(氮氧化物)、可吸入颗粒物 PM_{10}(总悬浮颗粒物 TSP)等。

(1)空气污染指数分级

根据规定,空气污染指数的范围从 0～500,其中 50 和 100 分别对应于我国空气质量标准中日平均值的一、二级标准的污染物浓度范围,500 则对应于对人体健康产生明显危害的污染水平。空气污染指数分级的浓度限值(除 CO、O_3 为小时均值外,其他均为日均值)如表 4.23 所示,相应的空气质量级别及对人体健康的影响如表 4.24 所示。

表 4.23　空气污染指数分级的浓度限值(mg/m^3)

污染指数			$j=6$	$j=5$	$j=4$	$j=3$	$j=2$	$j=1$
API_2			500	400	300	200	100	50
污染物浓度	SO_2	$i=1$	2.101～2.620	1.601～2.100	0.801～1.600	0.151～0.800	0.051～0.150	0.000～0.050
	NO_2	$i=2$	0.751～0.940	0.566～0.750	0.281～0.565	0.121～0.280	0.081～0.120	0.000～0.080
	PM_{10}	$i=3$	0.501～0.600	0.421～0.500	0.351～0.420	0.151～0.350	0.051～0.150	0.000～0.050
	CO	$i=4$	120.1～150.0	90.1～120.0	60.1～90.0	10.1～60.0	5.1～10.0	0.0～5.0
	O_3	$i=5$	1.001～1.200	0.801～1.000	0.401～0.800	0.201～0.400	0.121～0.200	0.000～0.120
	TSP	$i=6$	0.876～1.000	0.626～0.875	0.501～0.625	0.301～0.500	0.121～0.300	0.000～0.120
	NO_x	$i=7$	0.751～0.940	0.566～0.750	0.301～0.565	0.101～0.300	0.051～0.100	0.000～0.050

表 4.24　空气污染指数及其相应的空气质量级别

空气污染指数 API_2	空气质量级别	空气质量状况	对健康的影响	建议采取的措施
0～50	Ⅰ	优	可正常活动	
51～100	Ⅱ	良	可正常活动	
101～200	Ⅲ	轻度污染	易感人群症状有轻度加剧,健康人群出现刺激症状	心脏病和呼吸系统疾病患者应减少体力消耗和户外活动
201～300	Ⅳ	中度污染	心脏病和肺病患者症状显著加剧,运动耐受力降低,健康人群中普遍出现症状	老年人和心脏病、肺病患者应停留在室内,并减少体力活动
>300	Ⅴ	重污染	健康人运动耐受力降低,有明显强烈症状,提前出现某些疾病	老年人和病人应停留在室内,避免体力消耗,一般人群应避免户外活动

(2)空气污染指数的计算

首先要计算空气污染的分指数,污染物的分指数 I_i,可由其实测的浓度值 X_i,按照分段线性方法计算。对于第 i 种污染物的第 j 个转折点($C_{i,j}$,$I_{i,j}$)的分指数值和相应的浓度值,可由表 4.19 确定。当第 i 种污染物浓度 X_i 满足不等式 $C_{i,j}<X_i\leqslant C_{i,j+1}$ 时,则其分指数为

$$I_i = (I_{i,j+1} - I_{i,j})(X_i - C_{i,j})(C_{i,j+1} - C_{i,j}) + I_{i,j} \tag{4.35}$$

式中 I_i 是第 i 种污染物的污染分指数(计算结果只保留整数,小数点后的数值全部进位);X_i 是第 i 种污染物的浓度监测值;$I_{i,j}$ 是第 i 种污染物 j 转折点的污染分项指数值;$I_{i,j+1}$ 是第 i 种污染物的 $j+1$ 转折点的污染分项指数值;$C_{i,j}$ 是第 j 转折点上 i 种污染物的(对应于 $I_{i,j}$) 浓度限值;$C_{i,j+1}$ 是第 $j+1$ 转折点上 i 种污染物的(对应于 $I_{i,j+1}$) 浓度限值。

在各种污染物的污染分指数都计算出以后,取各污染分指数中最大者为该区域或城市的空气污染指数 API_2。则该项污染物即为该区域或该城市空气中的首要污染物。

$$API_2 = \max(I_1, I_2, I_3, \cdots, I_i, \cdots, I_n) \tag{4.36}$$

式中 I_i 为第 i 种污染物的分指数,n 为污染物的项目数。

示例:假定某站区 TSP 的监测值为 0.315mg/m^3,其污染指数的计算如下:按照表 4.19,TSP 实测浓度 0.315mg/m^3 介于 0.300mg/m^3 和 0.500mg/m^3 之间,即按照污染指数的分段线性关系的第二段进行计算,此处浓度限值 $C_{1,2} = 0.300$mg/m^3,$C_{1,3} = 0.500$mg/m$_3$,而相应的分指数值 $I_{1,2} = 100$,$I_{1,3} = 200$,则 TSP 的污染分指数为

$$\begin{aligned} I_1 &= (0.315 - C_{1,2}) \times \frac{I_{1,3} - I_{1,2}}{C_{1,3} - C_{1,2}} + I_{1,2} \\ &= (0.315 - 0.300) \times \frac{200 - 100}{0.500 - 0.300} + 100 \\ &= 108 \end{aligned} \tag{4.37}$$

这样,TSP 的分指数为 108,用相似方法由其他污染物的监测浓度计算分指数 SO_2 为 105 ,NO_x为 75,则该地区的空气污染指数

$$API_2 = \max(108, 105, 75) = 108 \tag{4.38}$$

其首要污染物为总悬浮颗粒物(TSP)。

(3)空气污染指数的发布

使用空气污染指数报告空气质量时,一般应包含区域范围、时间周期、首要污染物及其污染指数、空气质量级别,当污染指数 API_2 值小于 50 时,则不报告首要污染物。

上述各种预报方程(模式)的建立都要有较长期的气象和空气质量的同步观测资料,特别是"罕有事件"的高污染浓度情况的资料更为重要。又由于引起和消除城市污染的过程是个动力过程,它的特征是在不断变化的,因此我们应用数理统计、数值模拟等方法所建立的污染浓度-气象参数的方程(模式),应不断地加以改进和完善,以保证预报的准确性。

4.4.2.4 预报实例

例 4.3 沈阳市空气污染浓度统计预报。

(1)预报量和预报因子的选择

使用逐步回归统计方法,选择 TSP 和 SO_2 作为预报量。

预报因子的选取基于大气扩散原理,主要考虑大气稳定度和风对大气污染的影响,所以在因子选择上首先考虑其物理意义。初选的 9 个因子是:

x_1:　当天的最低温度(℃);

x_2:　当天的最高温度(℃);

x_3:　前一天 20 时的能见度(km);

x_4:　当天 20 时前的 3 小时平均风速(m/s);

x_5:　当天 08 时的地面风速(m/s);

x_6:　当天有无降水,有记为 1,无记为 0;

x_7:　当天 20 时的总云量;

x_8:　当天 20 时的低云量;

x_9:　当天的最大风速(m/s)。

(2)预报模式

采用逐步回归的数学统计模型。预报量 $Y(y_1,y_2,\cdots,y_n)$ 共有 n 个样本,预报因子 $X(x_1,x_2,\cdots,x_m)$ 共有 m 个,用预报量 Y 与预报因子 $X_i(i=1,2,\cdots,m)$ 进行逐步回归,最后建立最优回归方程

$$\hat{Y}=b_{k_0}+b_{k_1}x_{k_1}-b_{k_2}x_{k_2}-b_{k_p}x_{k_p} \tag{4.39}$$

式中 $(x_{k_1},x_{k_2},\cdots,x_{k_p})$ 为预报因子 $x_i(i=1,2,\cdots,m)$ 的最优子集。

(3)预报方程的建立

利用沈阳市 1995 年的大气环境监测资料共 182 个样本及 9 个预报因子,经过逐步回归,对 SO_2 和 TSP 分别建立了逐步回归方程。

① SO_2 的逐步回归方程

$$\begin{aligned}\hat{Y}=&40.27-0.61x_1+0.37x_2+1.21x_4+0.35x_5+0.5x_6+0.79x_8\\&-0.93x_9\end{aligned} \tag{4.40}$$

方程的复相关系数 $R=0.74$,方程 F 值为 23.76,取信度 $\alpha=0.01$,查表得

$$F_{0.01}(7,182)=5.73<23.76$$

回归方程十分显著。

② TSP 的逐步回归方程

$$\begin{aligned}\hat{Y}=&316.23-1.07x_1+0.44x_2+1.85x_4+0.35x_5-2.32x_6+1.47x_7\\&+0.16x_8-0.70x_9\end{aligned} \tag{4.41}$$

方程的复相关系数 $R=0.62$,方程的 F 值为 11.97,取信度 $\alpha=0.01$,查表得

$$F_{0.01}(8,182)=5.55<11.97$$

回归方程十分显著。

(4)讨论

本统计方法仅利用了一年的资料，从统计学的角度来看，资料样本较少，因此预报的绝对误差较大。但随着气象资料和大气环境检测资料的同步积累和越来越规范化，统计预报方法的预报准确率必将提高，对今后的空气污染预报工作会提供更可靠的参考价值。

例 4.4 福州市污染浓度预报。

(1)用大气层结参量预报福州市空气污染物浓度

空气中污染物的扩散和稀释与大气层结特性密切相关，根据福州市环境监测站提供的 1995～1997 年 SO_2，NO_x，TSP 浓度资料及福州站相应的探空和地面气象资料，通过多元逐步回归统计方法，建立了一系列回归方程，并用 1997 年资料进行回代以检验其预报准确率。

根据福州市大气污染物的月分布特征，将各污染物分夏半年和冬半年两个时段，用当天的污染物浓度和前一天的气象因子建立逐步回归方程。

所选预报因子：

X_1　　最大混合层高度；

X_2　　最小混合层高度；

X_3, X_4, X_5　　分别为第一层逆温的底高、厚度及强度；

X_6, X_7, X_8　　分别为第二层逆温的底高、厚度及强度；

X_9　　通风系数。

预报量 Y 为 SO_2，NO_x，TSP 浓度，最后转化为 API 指数得出污染等级。

从 9 个因子中筛选出主要影响因子，各方程如下：

SO_2 夏半年(5～10 月)：

$$Y=-1.97\times10^{-6}X_1+3.49\times10^{-6}X_5+0.020 \tag{4.42}$$

SO_2 冬半年(11 月～次年 4 月)：

$$\begin{aligned}Y=&1.01\times10^{5}X_1+5.88\times10^{-6}X_2+4.40\times10^{-6}X_5\\&+1.62\times10^{-5}X_7-1.51\times10^{-6}X_9+1.022\end{aligned} \tag{4.43}$$

NO_x 夏半年(6～11 月)：

$$\begin{aligned}Y=&-2.75\times10^{-6}X_1+2.44\times10^{-6}X_2-5.41\times10^{-3}X_3\\&+1.27\times10^{-5}X_4+3.52\times10^{-6}X_5+0.035\end{aligned} \tag{4.44}$$

NO_x 冬半年(12 月～次年 5 月)：

$$Y=1.11\times10^{-5}X_2+2.55\times10^{-5}X_7+0.039 \tag{4.45}$$

TSP 夏半年(5～9 月)：

$$Y = -0.12X_6 - 3.39 \times 10^{-6}X_9 + 0.147 \tag{4.46}$$

TSP 冬半年(10 月～次年 4 月)：

$$Y = 4.70 \times 10^{-5}X_8 - 4.20 \times 10^{-6}X_9 + 0.194 \tag{4.47}$$

由分析可见，污染物浓度与大气层结物理量存在一定的关系，但由于影响污染物的因子非常复杂，用统计方法需假定在统计时段内源强无明显变化等，因此回归方程计算的污染浓度与实际浓度存在一定的误差。

(2)福州市空气质量一周试预报

福建省气象科学研究所与福州市环保部门合作开展了福州市空气质量一周试预报。在市环境监测站空气质量周报的基础上，运用空气污染气象学原理、天气学和统计学方法，对未来一周内污染气象潜势及空气污染物浓度周平均状况进行预测。

目前预报的主要内容有：

①本周气象条件和空气质量回顾；

②下周气象条件分析和空气质量预测(等级预测和变化趋势预测)。

根据污染源排放、移动、扩散规律，空气质量现状，气象条件等因子演变情况，采用天气学和统计学方法，再结合模式定量计算和定性经验外推，建立了空气污染预报模式，进行 24 小时以上的预报，目前已投入业务试预报。

习题及思考题

1. 概念：大气污染；污染气象学；大气稳定度；混合层高度；大气质量标准。
2. 了解大气污染的来源。
3. 了解大气污染的危害有哪些？
4. 大气稳定度的分类主要有哪些方法？
5. 掌握烟云在空气中扩散的五种类型发生的条件和危害程度。
6. 逆温出现时为什么不利于污染物的扩散？
7. 掌握用 P-G 法、风向脉动法估计扩散参数。
8. 掌握用高斯扩散模式计算顺风方向上任一点的大气污染浓度。
9. 怎样根据风的资料来合理规划城市布局。
10. 工厂厂址的选择要注意哪些方面？
11. 简述城市绿化与大气污染的关系。
12. 大气污染物控制可采用哪些方法？

参考文献

国家环保局. 2000. 大气污染综合排放标准. 北京:中国环境科学出版社
国家环保局. 1996. 环境空气质量标准. 北京:中国环境科学出版社
胡毅等. 1994. 应用气象学. 北京:气象出版社
李宗恺等. 1985. 空气污染气象学原理及应用. 北京:气象出版社
刘培桐. 1985. 环境学概论. 北京:高等教育出版社
刘天齐等. 1982. 环境保护概论. 北京:高等教育出版社
马雁军等. 1999. 沈阳市空气污染统计预报. 辽宁气象,(4)
宋文彪. 1985. 空气污染控制工程. 北京:冶金工业出版社
王翔亭等. 1985. 环境学导论. 北京:清华大学出版社
吴兑等. 2001. 环境气象学与特种气象预报. 北京:气象出版社
张书余. 2002. 城市环境气象预报技术. 北京:气象出版社
曾光平等. 2000. 福州市空气污染浓度预报方法. 气象,(4)
周月华等. 1997. 污染浓度潜势预报专家系统. 湖北气象,(3)

第五章　医疗气象

人类健康与社会制度、自然环境、生活居住条件、精神状况……诸因素有关，但环境条件中的天气、气候及居住小气候对人体的健康的影响是不能忽视的，适宜的气候环境会提高工作效率，促进病体的恢复，增强体质；而恶劣的气候环境反易给人带来各种疾病，甚至危及人的生命。

§5.1　医疗气象学概述

5.1.1　医疗气象学的目的及任务

医疗气象学又称人类生物气象学，它是生物气象学中的一个分支，是一门边缘学科。医疗气象学是研究自然环境中的大气环境对人体的作用和影响规律的科学。研究医疗气象学，其目的是要利用有利的气象条件来增强体质，防治疾病，避免对人体健康有害的气象条件。因此也可将医疗气象学看成是预防医学的一部分。

5.1.2　医疗气象学研究的主要内容

①研究气候条件对正常健康人生理过程的影响。这包括了不同地区的气候条件、不同的气象因子对健康人生理活动的影响以及健康人在不同气象条件下的适应性。近年来还开展了海洋大气环境、宇宙大气环境对人体生理活动影响的研究。

②研究气候、气象因子与人类疾病的关系。通过分析不同季节的多发病，不同地区的常见病，找出气候、气象因子与疾病的内在联系，以及气候、气象因子对人体健康和疾病的有利影响，作为治疗疾病的手段之一。同时还要研究气候、气象因子对病原体、病源媒介生物的生长、繁殖和传播的影响。

③研究城市气候、乡村气候和住宅的不同建筑结构小气候对人体健康的影响。

④气候疗养。研究不同疗养地区的气候以及空气、日光、海水……对病员或休养员的影响，从而确定不同的疗养地所适宜的病症，充分发挥气候疗养的作用。

5.1.3　医疗气象学的研究方法

5.1.3.1　观察法

(1)直接观察法

是利用同一时期、同一地点的气象资料和临床资料，进行对比分析，统计处理，找出其间的关系。这种方法比较客观。常用的方法有气象倾向的估价法(也称 M 值法)、概率积分法、同步法、相关法、偏相关法、逐步回归法等。

(2)间接观察法

是统计不同地区某种疾病的发生率(或死亡率),然后将发生率(或死亡率)点绘在地图上,最后对照不同地区的气候特点进行分析,找出该疾病发生的气候条件。

5.1.3.2 实验法

利用人工气候室,模拟各种气象要素(气温、湿度、日照、风速、气压、降水、离子等)的季节变化、昼夜变化以及它们的不同组合对生物的影响,进而探讨对人体的影响。

§5.2 气象要素对人体的影响

人的机体和外界环境是相互联系、相互作用的,二者处在统一之中。外界环境可以引起机体内各种复杂的变化,从而使机体更好地适应外界环境。外界环境中的大气对人体的影响是多方面的,主要包括气温、气压、湿度、风、电离辐射、电磁辐射……这些气象要素作用于人体的皮肤、肺脏及感觉器官,并引起体内一系列反应。

5.2.1 气温对人体的影响

气温在医疗上分为**自然气温**(大气温度)和**人工气温**(室内气温)。随着外界气温的变化,人体皮肤作出相应反应,以维持体温的平衡。气温上升,皮肤温度也上升,但两者的差别随着温度增高而逐渐减小,如表 5.1 所示。

表 5.1 气温与人体皮肤温度的关系

气 温(℃)	10	20	25	30	35
皮肤温度(℃)	29.0	30.0	31.9	33.5	35.5
差值(绝对值)(℃)	19.0	10.0	6.9	3.5	0.5

在高温环境中,人体要通过蒸发来散失热量以维持体温平衡。在人体蒸发(出汗)过程中,盐分随汗损失,血液浓缩,血色素及红细胞增加,血液黏稠度增高,心脏血管负担加重,从而引起血压下降,为了维持正常血压就更加重了心脏的负担。又由于皮肤大量的排汗,使肾排出的水分减少,也影响到肾功能。高温还影响到神经活动、运动协调等。

在低温环境中,为保持肌体的热量平衡,组织代谢加强,氧的需要量增加。如果不能满足以上条件,则肌体就会消耗体内细胞的储备,从而造成组织发生不可逆转的坏死。

据统计,人在炎热的夏季食欲往往不佳,营养摄取量下降,导致人体能量平衡出现负值,当气温下降,进入秋冬季后,食欲才会变得旺盛,营养摄取量的增加不但可以补偿夏季损失的能量,而且还可将体内多余的能量贮存在皮下以减少人体皮肤的热量散失。

据联合国粮农组织(FAO)的热量需求量委员会调查:当外界气温比标准温度10℃(温带地区的年平均气温)每升高10℃时,人对热量的摄取量要减少5%;当外界气温比标准温度每下降10℃时,则对热量的摄取量要增加5%。可见人对营养的摄取量与气温关系很大。此外,气温的高低还影响到人体对维生素、食盐的摄取量。

为了适应环境,不同气候地区的人,其体型也有较大的差异。而环境条件中最主要的是气温。

5.2.2　气压对人体的影响

人体对气压的变化有较强的适应能力。一般来说,既可忍受15个大气压的高压,也可忍受0.303个大气压的低压,但在短时间内气压变化太大,人体便不能适应。

在低压环境中,由于空气稀薄,空气中的氧分压降低,致使血色素不能被氧饱和而出现血氧不足。当机体内氧的储备降至正常储备的45%时,生命将受到影响。一般认为在240mm汞柱高(相当于8500m高度)时,体内只有正常气压下45%的血色素和氧结合成血氧,因此称这个气压(或高度)为生命的**生理界限**。在低压缺氧状况下,轻者(3000m高度以下)感到口鼻眼干燥、头晕、气喘,但经过7天至3个月后,高山反应就逐渐消失,重者(3000～5000m高度)会出现胸闷、呼吸急促、恶心呕吐,以至神经系统发生显著障碍。

在高压环境中,机体各组织逐渐被氮饱和(表5.2)。一般在高压下工作5～6小时后,人体就被氮饱和。当人体重新回到标准大气压环境时,体内过剩的氮便从各组织血液由肺泡随呼气排出,但这个过程进行得慢且时间长。如果从高压环境很快回到标准气压环境,则脂肪中蓄积的氮有部分就会停留在机体内,并膨胀形成小的气泡,阻滞血液、液体和组织,形成气栓而引起病症,甚至危及人的生命。

表5.2　不同大气压下血液中的含氮量(正常气温下)

气压(标准气压)	1	2	3	6	10
100ml 血液中含氮量(ml)	1.2	2.2	3.0	6.0	9.4

5.2.3　湿度对人体的影响

人体内丧失热量的多少取决于空气中水分的饱和程度,一般将37℃时空气饱和差称为**生理饱和差**,它对呼吸过程中水分蒸发有重要意义。

湿度还对人体的热代谢和水盐代谢有很大的影响。在不同的湿度下,人体的散热方式是不同的。因此,湿度和温度往往共同对人体产生影响。在低温潮湿的天气中,由于大气中的水蒸气吸收了身体的热辐射,而使人体感到阴冷并易受冻;在高温潮湿的天气中,大气中的水气会阻碍人的体表蒸发,而影响到散热过程。

5.2.4　气流(风)对人体的影响

据研究,当气流速度>0.5m/s 时,才会影响人体的体温调节和感觉。

当气温高时(>36℃),气流会加强汗液的蒸发,从而使体温调节不良;当气温较低时,气流能加强热传导和热对流,促使身体热量散失较多而引起感冒。

温和的气流使人精神焕发,提高人的紧张性,持续强的气流能引起精神兴奋,并阻障人的呼吸过程。

5.2.5　空气离子对人体的影响

①能调节神经系统功能。可使神经系统的兴奋和抑制过程正常化。

②可加强新陈代谢,促进血液循环,使血沉减少,血浆蛋白增加,红细胞上升,白细胞减少。

③可促进人体内形成维生素及贮存维生素的作用。

④能使肝、肾、脑等组织的氧化过程加速,并提高其功能作用。

⑤能改善呼吸功能。

5.2.6　电磁辐射对人体的影响

自然界中各种不同波长的电磁辐射对人体影响的功能各不相同。

5.2.6.1　红外线

红外线是能量较小的电磁波。对人体主要产生热效应,其光可透入人体皮肤 3～8cm 深。

红外线对人体的主要作用是:加强血液循环和组织代谢,具有消炎、镇痛作用,可使皮肤细胞产生色素沉着,预防人体深层组织过热,对眼睛大剂量照射会引起视力阻障,甚至白内障。

5.2.6.2　可见光

其中的红橙光具有消炎镇痛作用,并使人兴奋,精神反应加速;而蓝紫光具有镇静作用,使人精神反应降低。

5.2.6.3　紫外光

紫外光是能量较大的电磁波。对人体主要产生化学效应,其光能只能透入人体皮肤较浅的部分。

紫外光对人体的主要作用是:对皮肤浅表层炎症有消炎、镇痛作用;抗佝偻作用,杀菌作用;免疫保健作用;可使皮肤细胞产生色素沉着。对眼睛大剂量照射,会引起眼睑炎、结膜炎、角膜溃疡等病。

§5.3　天气变化与疾病、死亡的关系

大量的统计资料表明，许多疾病的发病、病情波动、死亡等与天气变化存在着相关关系。

5.3.1　与天气有关的疾病

根据观察，不少疾病是因天气变化而恶化(表5.3)，但也有些天气对疾病可产生良好的影响，如在反气旋控制下，心绞痛、心肌梗塞、神经炎、胆绞痛等病的发作明显减少。

表5.3　不同天气、天气形势对疾病的不良影响

疾病或病症	引起疾病恶化的天气状况
心肌梗塞	锋，气旋天气，高湿度
低血压	暖空气活动
中风	冷空气及冷锋、暖锋，气压<750mm汞柱
糖尿病	冷锋，暖锋
多发性关节炎	气压下降伴随高温天气
风湿性病变	冷、湿且有风，有冷锋过境，暖锋，锢囚锋，气温下降
胃溃疡	湿热天气
肺炎	干燥，低温天气，冷锋后
支气管哮喘	不稳定的冷空气和逆温层，气旋天气，冷锋过境，高湿度
消化不良	冷空气活动
白喉、猩红热	气旋
流感	干寒降温后，高压天气，冬季反气旋转微风天气
肾、胆结石	冷暖锋交替，冷空气活动，气旋

因天气变化而恶化的主要疾病有下列几种。

5.3.1.1　中暑

当人体周围的环境温度高于皮肤温度时，人体会通过出汗散热来维持体温的平衡。如果气温过高，且空气湿度较大时，通过出汗也难以维持体温的平衡，体温就会升高，从而引起呼吸和脉搏加快、头昏眼花、恶心耳鸣、昏倒甚至死亡。

中暑除与温度有关外，还与湿度、风速、劳动强度、曝晒时间、人的体质等因素有关，但资料分析(表5.4)表明，中暑主要是由高温引起。人一旦中暑，应采取降温、增加空气流动、补充大量水分和盐分等措施。

5.3.1.2　高山病

由于高山气压降低，大气中的氧分压也相应降低，引起人体一系列的生理反应(见

§5.2 节)，而出现头晕，头痛、恶心呕吐、心区收缩性杂音等病症。

在高山还会引起日光性皮炎、高原雪盲、高原肺炎、高原急性肺水肿等疾病。

表 5.4　武汉市 7 月份各要素与中暑人数的比较

中暑类别＼要素		平均气温(℃)	平均最高气温(℃)	最高气温＞37℃的日数(d)	平均气温＞31℃的日数(d)	平均相对湿度(%)	西南风平均风速(m/s)	14 时平均气温(℃)	14 时相对湿度(%)	14 时西南风平均风速(m/s)
中暑人数多的年份	1961	30.5	35.3	8	16	74	2.4	34.0	58	3.9
	1971	30.7	35.7	13	15	72	3.2	34.5	54	5.4
中暑人数少的年份	1963	28.1	32.5	1	2	80	3.0	30.8	68	4.6
	1973	27.9	32.0	0	0	84	2.7	30.7	71	2.2

5.3.1.3　精神病

当低气压中心出现(因气压突降、气温上升)或暖锋过境时，抑郁症病人、神经官能症病人病情加重。而在冷空气经过时，精神分裂症患者易出现僵木状态。

据研究，在加拿大、美国和其他一些气候寒冷且冬天日照短的国家里，有成千上万的人在冬季患季节性忧郁症，表现为压抑、精力减退、嗜睡和体重增加。当春天到来，这些症状才自行消退。

5.3.1.4　传染病

许多传染病的发生都有一定的季节性。在冬、春季多发生呼吸道传染病，如流行性感冒、脑膜炎、百日咳等病；而春、秋季则多发生肠道传染病，如痢疾、伤寒等病。在我国 32°N 以南地区，夏季则常发生疟疾。这些传染病的流行与一定季节、气象条件有关，这是因为致病病菌的繁殖需要一定的气象条件。

据研究，病毒在 15～25℃时，其感染力及其持久性没有明显差异；而在 26～31℃时，只需经 2～3 天后，病毒的浓度就很快上升。在相对湿度大时，病毒的感染力较大；而在相对湿度较小时，其感染力的持久性较长。细菌在 10～25℃时，当相对湿度为 90%时，死亡率高；在紫外线和空气离子增加时，其死亡率或繁殖速度减慢。

5.3.1.5　关节炎

根据观察和调查，发现大气的干湿、冷热和气压高低的变化超过一定的范围时，关节炎就容易发病。如前后两天平均气温的变化≥±3℃、气压变化≥±5hPa，相对湿度变化≥±10%，关节炎的发病率明显增加，而且往往是在气象要素发生较大变化的前一天，症状就开始出现。

据研究，这是因为气象要素的波动引起体温调节机制紊乱，使周围血管收缩扩张时间延长，且收缩扩张不充分，粘蛋白代谢紊乱，酶活动紊乱，寒冷时关节温度下降最多(其次才是肌肉、皮肤)，使细胞穿透性减少，从而使关节炎发病或加重。

5.3.1.6　慢性支气管炎和支气管哮喘

在严寒、浓雾、潮湿、骤冷的环境中，患者最易发病，而其中温度的改变是影响发病的主要因子。其他的因子如日照、湿度风速等也是不可忽视的。

在气温愈低(日平均气温≤0℃)、前后两天气温变化大(≥3℃)、气压升高时发病率增加或重病人增多。而当气温≥12℃，天气转暖后，病人的病情就比较稳定。

5.3.1.7　冠心病

冠心病是中、老年人的常见病。据研究，气压、温度、湿度、风速等气象要素的骤变，是导致冠心病发病的重要因素。1983 年上海华山医院、中山医院等 12 所医院，研究了 1477 个病例后得出：冠心病有明显的季节性，每年冬季 12 月至来年 3 月为发病高峰，夏季 7～8 月为低谷，最低气温≤0℃的日数与发病率相关很好；入秋后，0℃初日出现时，可引起一次发病高峰，而且≤0℃的持续日数愈长，发病的人数愈多。持续低温、大风及阴雨天气的发病人数也较多。国外有关研究表明，冠心病还与冷锋活动、极地气团活动、热带气团活动、太阳黑子活动等等有关。

5.3.2　天气变化和死亡率

造成死亡的因素很多，概括起来大致可分为社会因素和自然因素两类。在自然因素中，天气状况是重要的一个诱因。天气变化对死亡率的影响也可分为直接和间接影响两种。

研究表明，婴儿和老年人对冷热的变化最敏感。从婴儿到成年人，其体内温度调节系统的有效性增加了 20 倍左右；老年人在衰老过程中，不能很好适应较大的温度变化。老年人还易患因冷热变化而引起的呼吸系统和血管系统的疾病。所以在冷湿、凉湿的天气条件下死亡率偏高。美国、英国、日本的有关研究表明，死亡率存在显著的季节变化，不论是老人还是婴儿，都是冬季死亡率最高，如图 5.1 所示。从美国纽约、洛杉矶等城市的平均每天死亡人数的年变化曲线(图 5.2)，可以看出死亡率的季节变化十分明显，而且与温度的季节变化恰恰相反。有的国家还研究了死亡与气团活动、冷锋过境、湿度变化的关系。

我国气候和日本、美国有许多相似的地方，死亡率的季节变化趋势也相似。我国各地火葬场死亡火化数的年变化曲线(图 5.3)表明，我国在冬季，特别在 1 月份死亡率最高，而在 5～10 月的夏半年死亡率相对减小。了解死亡与天气变化的关系后，在冬季，特别是因强寒潮袭击而引起温度骤降时，做好天气预报、医疗预报和保健工作是非常重要的。

天气变化除了从冷热、干湿的骤变去影响人们的健康和生命外，还因一些天气事件而间接地影响到人们的生命。如暴雨引起的洪水、雨涝引起的饥饿和瘟疫死亡、强台风袭击引起的伤亡、严重大气污染事件(如 1952 年伦敦烟雾事件)引起的急性疾病和死亡……这些也应特别引起重视。

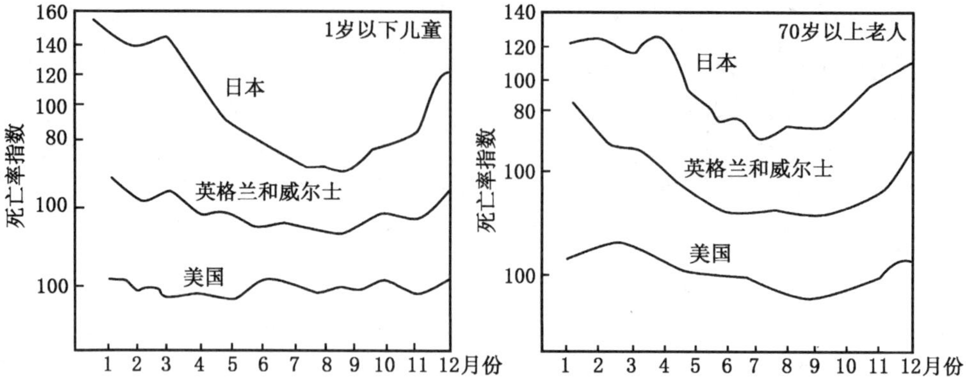

图 5.1　英、美、日死亡率指数的季节变化

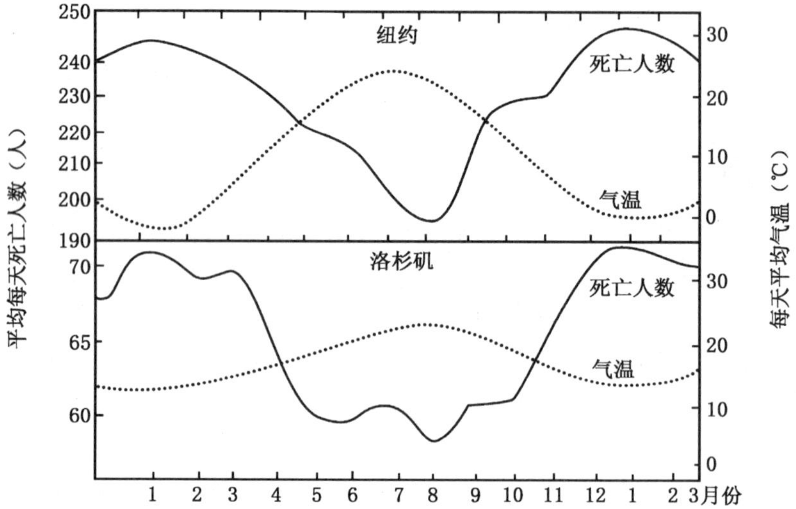

图 5.2　死亡人数年变化曲线

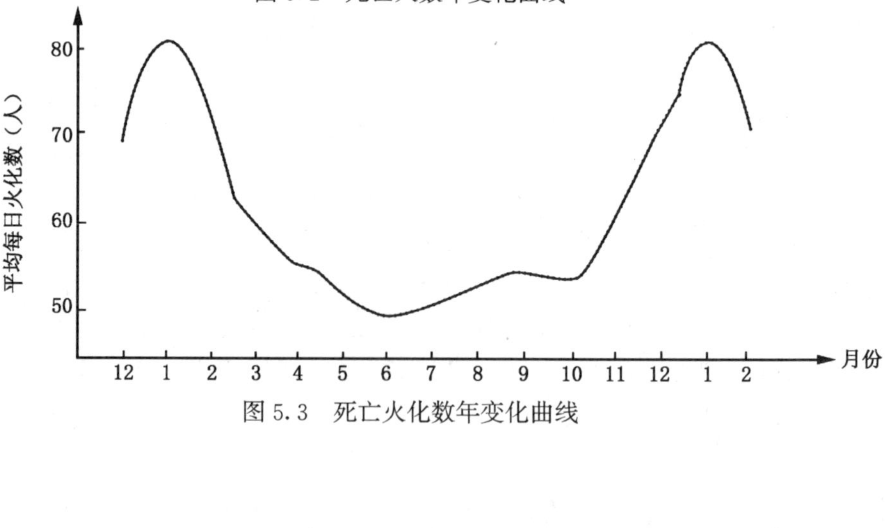

图 5.3　死亡火化数年变化曲线

§5.4　气候疗养和气候疗法

利用气候的特点，选择气候适宜的疗养地，使健康得到恢复和加强，称为**气候疗养**。利用空气、日光、海水对病员或休养员进行专门的治疗，称为**气候治疗法**。因此，疗养地除了要选择幽雅的风景、洁净的环境外，还要选择适于疗养某种疾病的气候条件。我国地域辽阔，气候多样，有很多理想的疗养佳地。

5.4.1　气候疗养

海滨疗养地的气候特点是湿度大、温度变化缓和、日照比较充足，空气中含有海盐成份和大量阴离子且污染物少，因此可以进行空气疗法、海水疗法和日光浴。适于血液病，糖尿病、慢性结核病，初发的支气管炎、肺炎、肝硬化、肺气肿、支气管扩张、精神系统功能性疾病、风湿性心脏病缓解期或最低活动期等病人疗养、治疗。

山地疗养地由于受海拔高度和云雨多的影响，其气候凉爽、气压稍低、紫外线强、空气中阴离子多，又因山地树木多，故空气新鲜。在海拔1000～3000m高度的疗养地对预防心血管系统疾病很有效，适于结核病，无心肺机能不全的肺病、血液疾病、代谢性疾病等病人疗养、治疗。

沙漠和半沙漠地区的气候干燥，夏季炎热，适于关节炎、肾病患者治疗。

5.4.2　气候疗法

气候疗法不一定在气候疗养地进行，凡是具备一定自然气候条件的地方都可以进行。

5.4.2.1　空气疗法

空气疗法是利用露天新鲜的空气，达到治疗和预防疾病的目的。它可以在任何气候区和任何季节进行。

空气疗法的生理和保健效应取决于氧气对身体的作用和冷空气的刺激。吸入了新鲜空气，使肺活量增加，改善肺泡的通气，提高了肺泡中氧气的张力，从而使血液中的氧气增加。露天的自然氧气密度较室内高出10%～15%，容易使血液中氧气饱和，这些具有饱和氧气的血液到达全身各部，可使组织的氧化过程正常化、活跃化。冷空气刺激皮肤和上呼吸道的神经末梢，提高神经的紧张度，促进代谢组织增加对氧的需要，提高换气的水平，从而加强了心肺的容量和身体各部分的功能。

空气疗法使身体对外界条件的反应正常化，从而增加适应能力和平衡能力，提高身体的抵抗力。

5.4.2.2 日光疗法(日光浴)

日光疗法是利用太阳照射以治疗和预防疾病。日光疗法包括红外线疗法、可见光疗法和紫外线疗法(各种疗法的效应可参见§5.2节)。但有的病人禁忌日光疗法。在北方冬季进行日光疗法要注意防寒防风,而南方夏季则要利用早晨的阳光进行治疗。

5.4.2.3 海水疗法(海水浴)

海水疗法是通过海水的低温、寒冷对身体产生热力作用,而且水温越低,生理作用越强。海浪和水流对身体的压力和按摩会产生机械作用,能改善皮肤的弹性。人为了在波浪中维持平衡,肌肉要作功从而得到锻炼。溶解在海水中的盐分会刺激皮肤而引起化学反应。海藻的植物杀菌素对人体也有益。海水浴的最佳时间是08～11时和16～19时。夏季正午的太阳辐射太强,不宜海水浴。但应注意,也有些病人禁忌海水浴。

§5.5 医疗气象预报

医疗气象预报就是预报天气过程、天气条件对人体或某些疾病的可能影响,以便医疗单位和个人能及时做好准备和应对。

通过积累大量的天气、气候、气象因子与疾病关系的资料,运用医学气象的研究方法和天气预报的手段,就可以开展医疗气象预报。

在德国,自1952年以来,医疗气象预报已作为正式预报业务开展工作,其间从未间断。日本通过疾病与天气形势之间关系的研究分析,绘制了许多季节性天气图,利用气压的变化来进行疾病预报。

我国也开展了一些医疗气象预报的工作。主要的有以下几种。

5.5.1 常见病、多发病的预报

近几年来在一些城市,如天津、上海、北京、贵阳、成都等,都对当地的常见病,如感冒、气管炎、心脏病等进行了试验性的医疗气象预报。

5.5.1.1 气管炎的发病预报

天津市气象局和天津医学院用判别法做了天津地区气管炎发病的医疗气象预报。由于每年8月至次年1月为发病的高潮,2月至7月为发病的低潮,所以分别建立了它们的判别函数。

8月至次年1月的判别函数为

$$y = 13.067x_1 + 0.285x_2 - 2.065x_3 \tag{5.1}$$

2月至7月的判别函数为

$$y = 0.97x_4 + 0.464x_5 + 0.03x_2 \tag{5.2}$$

式中 x_1 为上一候气压变化(hPa),x_2 为上一候平均气温(℃),x_3 为上一候总降水量(mm),x_4 为上一候平均气压(hPa),x_5 为上一候气温变化(℃)。判别临界值 $y_0 = 100$,当上一候各气象因子代入式中,计算出 $y > 100$ 时,则下一候为气管炎发病的高峰;$y < 100$ 时,则下一候为气管炎发病的低谷。

5.5.1.2 感冒的发病预报

感冒是人们一年四季最常见的疾病,其中以冬、春季发生较多。成人的感冒主要由鼻腔病毒引起,而儿童则主要由副流感和呼吸道融合病毒引起,这些病毒通过含有病毒的飞沫或被污染的用具进行传播。

流感即流行性感冒,它是由流感病毒引起的一种急性呼吸道传染病。由于流感病毒极易变异,而人们对变异后的病毒缺乏免疫力,故常常引起流感的暴发和大流行。

感冒和流感发生的病理机制,医学界已有不少研究。而天气气候条件变化诱发感冒和流感的机理及其预报工作,德国、美国等已有较多的研究成果。在我国,一些地区也开始了研究。胡毅通过对成都地区一年中感冒的每日发病比率

$$\text{某天的发病比率} = \frac{\text{该天感冒的人数}}{\text{全年内感冒的人数}}$$

与气温、气压差、降水量、风速、日较差、相对湿度等气象条件的相关分析,得出了感冒的发病比率与气温相关较好。并且用费舍尔判别法分别建立了每月感冒发病趋势的判别方程。如一月份的判别方程为

$$y = -0.067x_1 - 0.003x_2 - 0.035x_3 - 0.035x_4 \tag{5.3}$$

式中 x_1 为前一天日平均风速(m/s),x_2 为前一天日平均气压的 24 小时变压(hPa),x_3 为前一天日平均相对湿度(%),x_4 为前一天日平均气温的 24 小时变温(℃)。判别临界值 $y_0 = -0.367$,当将前一天各气象因子代入式中,计算出 $y > -0.367$ 时,则第二天感冒的发病比率大于该月的平均发病比率,即发病呈上升趋势;反之呈下降趋势。

在进行感冒发病趋势预报的同时,还进行感冒发病比率的预报,预报方程为

$$P = 0.637 + 0.220x_5 \tag{5.4}$$

$$P = 0.643 + 0.087x_6 \tag{5.5}$$

式中 P 为感冒发病比率大小,x_5 为前一天 14 时的 24 小时变温,x_6 为前一天 20 时的 24 小时变温。其预报准确率分别为 81%,76%。

5.5.1.3 风湿病的发病预报

风湿性疾病是泛指影响骨、关节及其周围软组织的一种疼痛性疾病。其发病原因有感染性的(如国内新发现的 lyme 关节炎)、免疫性的(如类风湿关节炎)、代谢性的(如痛风)、内分泌性的(如肢端肥大症)、退化性的(如粘多糖病)等,风湿病发病以疼痛(关节、肌肉、软组织、神经等)为主要症状。

当天气变化(气象要素波动)时,会引起患者体温调节机制的紊乱而使血管扩张收缩不充分,且时间延长,粘蛋白代谢和酶活动紊乱,关节温度下降而使病人关节疼痛加剧。

根据前人的研究得知,当日平均气温升高或降低 3℃以上,或逐日平均气压升高或降低 10hPa 以上,或逐日相对湿度变化大于 10%时,风湿病发病显著增加,冷锋、暖锋、静止锋都对其有影响,且发病往往在气象因子波动的前一天。胡毅等对成都 1996～1998 年逐日风湿发病数量的分析可以看出风湿发生一年四季都有,但其高峰期出现在春末夏初、秋末冬初的 5 月、6 月、10 月、11 月、12 月。

对每月中大于当月平均发病数量的发病量及对应的各个气象因子(表 5.5)的相关关系进行普查,选出相关关系较好的因子,得出能代表四川盆地的成都,在 5～6 月风湿的发病数量与 X_0(日照)、X_4(相对湿度)、X_8 和 X_9(最高温度) 相关关系较好,即当日照较少、温度越低、相对湿度越大时,风湿的发病量越大;秋末冬初的 11 月、12 月风湿的发病数量与 X_4(相对湿度)、X_{22}(降水量) 以及变温的相关关系较好,即当相对湿度越大、变温越大时,风湿的发病量越大。

表 5.5　与风湿病发病有关的气象要素

X	前 1 天日照	X_8	前 1 天最高温度	X_{16}	24 小时变压
X_1	前 2 天日照	X_9	前 2 天最高温度	X_{17}	48 小时变压
X_2	前 1 天水气压	X_{10}	前 1 天最低温度	X_{18}	24 小时最高温度的变温
X_3	前 2 天水气压	X_{11}	前 2 天最低温度	X_{19}	48 小时最高温度的变温
X_4	前 1 天相对湿度	X_{12}	24 小时变温	X_{20}	24 小时最低温度的变温
X_5	前 2 天相对湿度	X_{13}	48 小时变温	X_{21}	48 小时最低温度的变温
X_6	前 1 天气压	X_{14}	24 小时相对湿度变化	X_{22}	前 1 天降水量
X_7	前 2 天气压	X_{15}	48 小时相对湿度变化	X_{23}	前 2 天降水量

(1)风湿发病数量的线性预报

根据逐步回归的方法,引入与风湿病发病相关显著的气象因子,建立预报每月发病数量的线性逐步回归方程。如利用 1996～1998 年 5 月风湿发病的 27 个样本中的 22 个样本建立 5 月的线性逐步回归预报方程,并对其进行历史拟合,对未参与建立方程的 5 个样本进行预报

$$Y = -0.025915X_0 + 0.025146X_3 + 6.100146 \tag{5.6}$$

从方程(5.6)式可以看出,当水汽压越大、日照越小时,风湿病的发病量越大。从表 5.6 可以看出方程的拟合率达 87.0%,预报准确率达 91.5%。

用同样的方法,可得到 6 月、11 月、12 月的线性逐步回归预报方程。方程的拟合率分别达到 91.3%,87.6%,81.2%,其预报准确率分别达 80.3%,83.6%,83.9%。

表 5.6　5 月份风湿病发病的预报结果

序　　号	1	2	3	4	5	平均
实际值(人次)	12.0	10.0	9.0	10.0	9.0	
预报值(人次)	10.6	10.2	10.5	8.9	9.1	
绝对误差(人次)	1.4	−0.2	−1.5	1.1	−0.1	
相对误差(%)	11.7	−2.0	−16.7	11.0	−0.1	8.5

(2)风湿病发病量的非线性预报

由于风湿病发病量与气象因子之间的实际关系大多数是非线性的。因此我们用最优化方法使自变量非线性化。其相应的关系为

$$r=\frac{\sum_{i=1}^{N}(X_i-\overline{X'})(Y_i-\overline{Y})}{\sqrt{\sum_{i=1}^{N}(X_i-\overline{X'})(Y_i-\overline{Y})^2}} \tag{5.7}$$

其中

$$X_i=\begin{cases}X_i\\ \ln X_i\\ e^{aX_i}\\ X_i^a\end{cases}\qquad i=1,2,\cdots,N$$

式中 a 是待求参数，然后定义一个目标函数

$$g(a)=\left|\frac{\sum_{i=1}^{N}\left(X_i^a-\frac{1}{N}\sum_{k=1}^{N}X_k^a\right)(Y_i-\overline{Y})}{\sqrt{\sum_{i=1}^{N}\left(X_i^a-\frac{1}{N}\sum_{k=1}^{N}X_k^a\right)^2\sum_{j=1}^{N}(Y_i-\overline{Y})^2}}\right| \tag{5.8}$$

再用最优控制方法去寻求，使目标函数能够达到最大的 a 值，即可求得最大的相关系数。因为 $\ln X_i$ 和 e^{aX_i} 都要求 $X>0$，所以在对数函数和幂函数计算之前，要先将自变量 X_i 进行极差正规化处理，即

$$X_i'=\frac{X_i-\min\{X_i\}}{\max\{X_i\}-\min\{X_i\}}\qquad i=1,2,\cdots,N \tag{5.9}$$

如果 $X_i'=0$，则令 $X_i'=0.0001$。我们对 24 个气象因子的各种非线性函数的相关关系进行计算分析，选出相关较好的因子数，如表 5.7 和表 5.8 所示。

从表 5.7 和表 5.8 中可以看出，非线性的相关系数一般大于线性的相关系数，我们选择相关系数较大的要素和函数建立非线性逐步回归预报方程。

5 月份非线性逐回归预报方程：

$$Y=-0.421191X_{25}-0.237435X_{26}+1347.141979X_{27}+0.022831X_{22}+10.1018 \tag{5.10}$$

式中 X_{25} 为 $\ln X_{14}$，X_{26} 为 $\ln X_{15}$，X_{27} 为 $e^{-2X_{19}}$。

6 月、11 月和 12 月的非线性逐步回归预报方程可用上述同样方法列出。利用非线性逐步回归方程可以得出 5 月、6 月、11 月、12 月的拟合率分别达到 91.3%，89.6%，88.1%，87.0%，其预报准确率分别为 92.7%，81.5%，88.2%，86.5%。

表 5.7　5 月份和 6 月份的非线性相关系数

函数	5 月						6 月					
	X_0	X_3	X_{11}	X_{15}	X_{17}	X_{19}	X_0	X_1	X_3	X_{11}	X_{13}	X_{15}
X	−0.460	0.311	0.205	−0.259	−0.140	−0.178	−0.067	0.129	−0.046	−0.229	0.166	0.180
$\ln X$	−0.497	0.298	0.198	−0.340	−0.206	−0.178	−0.159	0.030	−0.044	−0.236	0.264	−0.07
e^{aX}	0.526	0.365	0.336	0.308	0.243	0.324	0.193	0.226	0.238	0.261	0.132	0.448
a	−0.055	0.05	0.22	−0.325	−0.395	−2	−0.115	2	1.175	−0.195	0.005	2
X^a	−0.339	0.317	0.207	−0.187	0.245	0.249	−0.007	0.128	0.043	0.243	0.261	0.234
a	2	2	2	2	−1.165	−2	2	1.1	−0.005	−2	0.095	2

注：表中 $X_1, X_2, \cdots$ 的气象意义同表 5.5。

表 5.8　11 月份和 12 月份的非线性相关系数

函数	11 月						12 月					
	X_4	X_5	X_8	X_{13}	X_{15}	X_{22}	X_0	X_3	X_9	X_{10}	X_{19}	X_{23}
X	0.354	0.027	−0.039	0.114	−0.169	0.013	0.249	0.286	0.299	0.154	0.332	−0.244
$\ln X$	0.342	−0.007	−0.052	−0.115	−0.229	0.220	0.146	0.270	0.282	0.156	0.184	−0.397
e^{aX}	0.409	0.219	0.248	0.410	0.188	−0.005	0.320	0.309	0.311	0.235	0.413	0.390
a	0.115	−2	−0.21	0.175	−2	0.005	0.09	0.04	0.305	0.145	0.06	−2
X^a	0.359	0.076	0.086	0.239	−0.165	0.232	0.294	0.294	0.303	0.159	0.407	−0.201
a	2	−2	−2	−2	0.8	0.005	2	2	2	2	2	2

注：表中 $X_1, X_2, \cdots$ 的气象意义同表 5.5。

(3)线性预报与非线性预报的比较

从表 5.9 可以看出非线性回归方程比线性回归方程预报准确率提高了。因此在实际工作中，最好用非线性方法来预报风湿病发病。

表 5.9　线性预报与非线性预报准确率比较

准确率(%)	5 月	6 月	11 月	12 月
线 性 预 报	91.5	80.3	83.6	83.9
非线性预报	92.0	81.5	88.2	86.5

(4)影响风湿发病的主要天气系统分析

根据影响成都地区风湿发病高峰时出现的主要天气系统，进行统计归纳共有个例 26 例，其主要天气系统见表 5.10。

从以上计算分析中可以得出如下结论：

①引起风湿病发病的因素很多，有外界条件，也有内在条件。在外界条件中气象要

素与风湿病的发生有密切关系。在成都地区,气象因子中的相对湿度、温度变化与风湿病的发病有很大的关系。根据风湿病发病量的临床资料和相应时间的气象要素,利用统计方法来预报风湿病的发病量,可作为医疗气象预报的依据。

②风湿病发病与天气系统、天气变化有密切关系。成都地区风湿病发病的主要时期在春末夏初、秋末冬初;造成成都地区风湿病发病的天气系统主要有小槽系统、高原低涡(西南低涡)、蒙古冷高压、东亚大槽等。

表 5.10　风湿病发病高峰期的天气系统

季　节	天气系统		发病高峰期出现个数	占百分比(%)		
春末夏初	小槽	温度变化型	5	55.6	69.2	54.1
		高湿型	4	44.4		
	西南涡(高原低涡)		4		30.8	
秋末冬初	蒙古冷高原		7		63.6	45.9
	东亚大槽		4		36.4	

5.5.2　夏季高温防暑预报

在我国长江中下游地区,每年 7～8 月份副热带高压控制时,因气温高、日射强、夜晚无风,常使露天作业的劳动者和老年人易中暑。仅武汉市 1971 年夏季中暑就达 1237 人之多,其中死亡 50 人。因此进行夏季高温预报为防暑降温提供气候依据是直接关系到人民身体健康和生命安全的大事。

武汉中心气象台用逐步回归分析建立了中暑人数的预报方程

$$Y = -736.5 + 12.2X_1 + 2.4X_2 + 2.9X_3 + 4.4X_4 \tag{5.11}$$

式中 Y 为中暑人数,X_1 为 14 时气温,X_2 为 14 时相对湿度,X_3 为 02 时气温,X_4 为日最低气温。

通过具体分析,得出引起中暑人数显著增多的气象指标是:14 时气温≥36℃,14 时相对湿度≥45%,02 时气温≥28℃,日最低气温≥27℃。其中 14 时气温是引起中暑的主要气象因子,将它转化为日最高气温,则当日最高气温≥37℃持续出现时,预示着将有大量的人发生中暑,必须采取措施(参见§5.3 节)。

此外,我国北方地区冬季严寒,一些地区也进行冬季低温预报,为防寒保暖服务。

虽然我国的医疗气象预报还处于摸索试验阶段,但随着科学技术的发展,人民生活水平的提高,医疗气象和医疗气象预报将会广泛应用于社会。

5.5.3　人体舒适度预报

随着社会经济快速的发展,人们的生活水平不断提高,因而对生活质量的要求与日俱增,除了在物质、文化生活方面要有改善外,还对大气环境提出了更高的要求,这就

"对气象业务服务和环境提出了更多、更深层的需求"(秦大河)。加之近年来我国旅游事业的发展也促使旅游气候、人体舒适度的研究更加深入。我国各气象台站的人体舒适度预报就是在这样的条件下发展起来的。

5.5.3.1　人体舒适度

人是恒温动物,人通过所吸收的营养转变为动能,并释放所生成的热量将体温保持在36.5℃左右。人体会根据环境气温的高低来适应与调节体温,使人体感到舒适。在§5.2节中曾讨论外界环境中的气温、气压、湿度、风等气象因子对人体的影响,而其中最主要的是气温。在人体的热代谢和水盐代谢过程中,湿度、风和温度往往共同对人体产生影响,即湿度和风是通过影响人体的热散失速率来影响人体舒适程度的。

人体舒适度就是用来表示人体对气温、湿度、风等气象因子综合效应的一种反应指标。它表征人体在大气环境中的舒适程度,人们可根据舒适度来调节生理、适应环境和防御冷热的突变。目前舒适度指标较多的是以人体主观感觉结合环境气象因子用经验公式计算的人体舒适指数、不舒适指数(温湿指数)、炎热指数、寒冷指数等来表示。

5.5.3.2　人体舒适度主要预报方法

(1)北京人体舒适度指数 I

由 Tom 提出,Bosen 修正后的公式

$$I = T - 0.55(1 - RH)(T - 58) \tag{5.12}$$

式中 T 为气温(以华氏温标为单位,℉),它们的换算关系为

$$T(℉) = T(℃) \times \frac{9}{5} + 32$$

RH 为空气相对湿度。

根据北京地区人们的实际感觉程度将指数 I 分为21级,如表5.11所示。

(2)适用于我国南方夏季不太炎热地区(四川、云南等地)的舒适指数 I 分级

考虑到表5.11分级过细,用于预报服务有所不便。胡毅等针对四川盆地、云南丽江等地的实际情况将分级进行了修正,如表5.12所示。

用(5.9)式计算云南丽江具有代表性的点:古城、玉龙雪山的云杉坪、金沙江河谷的石鼓的舒适指数 I(表5.13),得出丽江一年四季均可旅游,特别是5～9月份,舒适指数为60～64,为非常舒适,但由于6～8月降水偏多,故5月、9月为非常舒适的旅游时间。云杉坪盛夏时最适合去旅游避暑,最热月舒适指数仅为54,给人感觉依然偏冷,较不舒适,所以需要具备御寒之物。用(5.9)式还计算了四川盆地的成都、双流、广汉、都江堰、彭州以及卧龙、王朗自然保护区的舒适指数 I,用表5.12的分级均能较好的反应以上各地区人们在不同月份对外界气象因子气温、相对湿度的综合感受。表5.12的分级适用于我国南方夏季不太炎热的地区。

表 5.11　北京人体舒适度指数范围及感觉程度

指数范围	感觉程度
50～<54	绝大多数的人普遍会感觉恰似进入深秋季节
54～<57	大多数的人普遍会感觉恰似进入深秋季节
57～<60	少数的人会感觉恰似进入深秋季节
60～<63	绝大多数的人普遍会感觉到非常凉爽和舒适
63～<65	50%以上的人会感觉到非常凉爽和舒适
65～<68	绝大多数的人普遍会感觉到比较清爽和舒适
68～<70	大多数的人会感觉到比较清爽和舒适
70～<72	小部分人开始感觉有点儿热,但是完全可以接受
72～<74	大部分的人会感觉有点儿热,但是完全可以接受
74～<76	几乎所有人都感觉有点儿热,但是完全可以接受
76～<78	少数人开始感到天气有点儿偏热,有些不舒适了
=78	50%以上的人会感到天气偏热,有些不舒适了
=79	少数人开始感到天气有些闷热,显得很不舒适
80～<83	大多数人都会感到天气闷热,很不舒适
83～<85	绝大多数人都会感到天气闷热,极不舒适
=85	有少数人会开始感到天气很闷热,难以忍受
=86	大多数人都会感觉到天气很闷热,难以忍受
=87	绝大多数人都会感到天气很闷热,难以忍受
=88	少部分人开始感到天气极其闷热,若不采取降温措施,实在无法忍受
=89	大部分人都会感到天气极其闷热,若不采取降温措施,实在无法忍受
≥90	所有的人都会感到天气极其闷热,若不采取降温措施,实在无法忍受

表 5.12　舒适指数分级修正

I	人体舒适感描述	等级	I	人体舒适感描述	等级
<40	极冷,极不舒适	E2	65～<70	比较凉爽、舒适	B1
40～<45	寒冷,不舒适	D2	70～<75	偏热,较不舒适	C1
45～<55	偏冷,较不舒适	C2	75～<80	闷热,不舒适	D1
55～<60	较凉爽,舒适	B2	≥80	极其闷热,极不舒适	E1
60～<65	非常凉爽,非常舒适	A			

注:其中“1”代表趋向夏季(热),“2”代表趋向冬季(冷)。

表 5.13　丽江地区代表点各月舒适指数

站名	1月	2月	3月	4月	5月	6月	7月	8月	9月	10月	11月	12月
云杉坪	33	35	39	44	50	54	54	53	49	44	38	33
丽　江	47	49	52	56	61	64	64	63	60	56	51	47
石鼓镇	48	51	55	60	66	69	68	70	65	60	53	48

(3)适用于我国季风气候区(上海)的舒适度指数 I

邓之赢提出处于季风气候区的上海，在不同风向情况下人体的舒适感不同，从而建立了不同风向、冬夏半年 I 的计算公式

$$I = 1.8T_a - \alpha_1 RH(1.8T_a - 26) + \alpha_2(T_a - 33)\sqrt{u} + \alpha_3 S + 27 \quad (5.13)$$

式中 T_a 为气温(℃)，RH 为相对湿度(以小数表示)，u 为风速(m/s)，S 为日照时数(h)；$\alpha_1,\alpha_2,\alpha_3$ 是与季节、风向有关的系数。

夏半年：

$$\alpha_1 = 0.145$$

$$\alpha_2 = \begin{cases} -0.14 & \text{SSE-E-NE 风向时} \\ -0.07 & \text{WNW-N-NNE 风向时} \\ 0.07 & \text{W-SW-S 风向时} \end{cases}$$

$$\alpha_3 = 0.134$$

冬半年：

$$\alpha_1 = 0.122$$

$$\alpha_2 = \begin{cases} 0.083 & \text{偏 N 风时} \\ 0.041 & \text{偏 S 风时} \end{cases}$$

$$\alpha_3 = 0.641$$

通过调查，将计算结果分为 11 级，如表 5.14 所示。

表 5.14　上海人体舒适度指数分级及感觉程度

级别	指数范围	感觉程度
1 级	<0	极冷，不舒适
2 级	0～25	很冷，不舒适
3 级	26～38	冷，大部分人不舒适
4 级	39～50	小部分人不舒适
5 级	51～58	大部分人舒适
6 级	59～70	舒适
7 级	71～75	暖，大部分人舒适
8 级	76～79	热，小部分人不舒适
9 级	80～85	炎热，大部分人不舒适
10 级	86～88	暑热，不舒适
11 级	≥89	极热，很不舒适

(4)炎热指数 K

南昌雷桂莲等在炎热指数的基础上，引入了气流的作用，分级与表达式如下：

$$K = 1.8T_a - 0.55(1.8T_a - 26)(1 - RH) - 3.2\sqrt{u} + 32 \quad (5.14)$$

式中 T_a 为环境温度(℃),RH 为相对湿度,u 为风速(m/s)。表 5.15 所示为(5.14) 式计算的结果,表示指数范围、级别与相应的人体感觉反应。

(5)寒冷指数 H

寒冷指数又称风冷力指数、风寒指数,是在冷应力区间表示失热的指标。计算公式常用:

①
$$H = (10\sqrt{u} + 10.45 - u)(33 - T_d) \tag{5.15}$$

式中 T_d 为干球温度(℃),u 为风速(m/s)。

②由 Bedford 提出,经 Siple,Court 及 Thomas-Boyd 等改进的风冷力指数。适用于室外寒冷环境下,反映风速及气温对裸露人体的影响。公式为

$$H = \delta t(9.0 + 10.9\sqrt{u} - u) \tag{5.16}$$

式中 δt 为体温与周围气温之差,u 为风速(m/s)。

表 5.16 所示为上述公式计算的结果,即不同风冷力指数时人体的感觉和反应。

表 5.15　南昌人体舒适度指数分级及感觉程度

级别	指数范围	感 觉 程 度
1 级	<0	极冷,感觉极不舒适,容易冻伤
2 级	0～25	很冷,感觉很不舒适,有冻伤的危险
3 级	26～38	冷,大部分人感觉不舒适
4 级	39～50	微冷,少部分人感觉不舒适
5 级	51～58	较舒适,大部分人感觉舒适
6 级	59～70	舒适,绝大部分人感觉舒适
7 级	71～75	较舒适,大部分人感觉舒适
8 级	76～79	微热,少部分人感觉不舒适
9 级	80～85	热,大部分人感觉不舒适
10 级	86～89	暑热,感觉不舒适
11 级	≥90	酷热,感觉很不舒适

表 5.16　不同风冷力指数时人体的感觉和反应

H	人体的感觉和反应
600	很凉
800	冷
1000	很冷
1200	极度寒冷
1400	裸露皮肤冻伤
2000	裸露皮肤在 0.1mm 内冻伤
2300	裸露皮肤在 0.5mm 内冻伤

习题及思考题

1. 概念:医疗气象学;气候疗养;气候疗法。
2. 掌握医疗气象学研究的主要内容和方法。
3. 了解气象各要素对人体的影响。
4. 掌握天气变化与人体健康的关系。

参考文献

胡毅. 1989. 感冒与流感发生的气象条件分析. 成都气象学院学报,(3)
胡毅等. 1994. 应用气象学. 北京:气象出版社
胡毅等. 2001. 成都风湿发病的气象分析. 成都气象学院学报,(3)
胡毅等. 2001. 成都及附近地区旅游气候资源研究. 成都气象学院学报,(4)
李京平等. 2001. 丽江地区旅游气候资源研究. 成都气象学院学报,(3)
上海第一医院. 1974. 实用内科学. 北京:人民卫生出版社
天津市气象局等,1976. 气象因素影响气管炎发病的初步探讨(全国应用气候会议文集). 北京:科学出版社
汪弈琮等. 1984. 生活预期后. 北京:农业出版社
魏赞道. 1963. 流感流行与天气变化关系的初步探讨. 贵阳医学院年刊
吴兑等. 2001. 环境气象学与特种气象预报. 北京:气象出版社
武汉中心气象台. 1976. 武汉中暑人数与气象因子的逐步回归分析(全国应用气候会议文集). 北京:科学出版社
夏廉博等. 1976. 上海地区感冒发病的医学气象研究(全国应用气候会议文集). 北京:科学出版社
夏廉博. 1984. 医疗气象学. 上海:上海知识出版社
张书余. 2002. 城市环境气象预报技术. 北京:气象出版社

第六章　建筑气象

人类用于防寒御热、遮风避雨、抵御突然的自然灾害的建筑物为人类提供了最基本的栖息条件。建筑物为了保障人类有舒适的室内小气候(光照、温度、风速等),因此在设计、结构、施工中都要充分考虑当地的气象条件和人的生理卫生对环境的要求。城市建筑物群体,特别是高大建筑物,使光照、风速等气象要素在与下垫面之间复杂的相互作用后,发生很大变化,使局地所形成的特殊小气候也相应发生变化,这些变化直接影响着人类。

我们在利用建筑物给人类带来的有利方面时,我们也要防止一些不利因素的出现。例如,当气象要素的极端值超过建筑工程设计的条件时,会给人类的生命和财产带来损失。因此工程设计总是以一定重现期的气象条件作为设计依据。又如当雷雨云闪电发生时,建筑物若没有防雷系统使强大的雷电电流传导到大地时,建筑物就会受雷击而发生火灾,甚至危及人的生命。因此建筑气象就是在利用和适应气候的基础上,针对建筑部门的专门要求对有关气象条件进行精确计算,作为建筑设计的依据。

§6.1　气象要素极值的推算

具有重大经济价值的工程,必须具有抗御极端恶劣气象灾害袭击的能力。因此这些工程的设计应以一定重现期的气象条件作为设计依据。如大型水库的容量、堤坝的坚固程度是以汇水面积上一定重现期的最大降水量作为设计依据的;高层建筑物要以当地一定重现期的最大风速作为设计依据。这些气象条件(灾害)发生的几率小、重现期长,但造成的危害却往往很大。这些气象条件不能简单地从气象资料中查阅,而必须经过一定方法的推算才能获得。

设某要素的极大值为 x_p,如果其大于或等于 x_p 的事件平均每 N 年出现一次,则 x_p 就称为 N 年一遇的极大值,x_p 的重现期就是 N 年。在要素年极值的原始序列中,x_i 大于或等于 x_p 的发生频率为

$$P = P(x \geqslant x_p) = \frac{1}{N} \tag{6.1}$$

根据极大值的概率分布函数,可以推算出给定发生频率 P 对应的极大值 x_p,也即是重现期为 $N(=1/P)$ 的极大值 x_p。根据所掌握的气象要素资料(样本长短),可用以下方法进行极大值 x_p 的推算。

6.1.1　利用经验频率法推算一定重现期的气象要素极值

该方法适用于工程设计所需的重现期小于气象要素资料的年代长度。

将某气象要素的实测年极值序列为 $X_1, X_2, \cdots, X_n$，按由大到小的顺序排列为

$$X_1^* \geqslant \cdots \geqslant X_m^* \geqslant \cdots \geqslant X_n^* \tag{6.2}$$

计算经验频率分布函数

$$P^*(x) = P^*(X \geqslant x) = \begin{cases} 0 & x > x_1^* \\ \dfrac{m}{n+1} & x_m^* \geqslant x > x_{m+1}^* \\ \dfrac{n}{n+1} & x \leqslant x_n^* \end{cases} \tag{6.3}$$

将样本 $(P^*(x_m), x_m^*)$ 一一点绘在海森频率纸上，遵循样本点绘制平滑曲线，按曲线读取工程所需 $P(=1/N)$ 对应的极值 x_p。

例 6.1：表 6.1 为某地 1957～1980 年的冰重年极值，利用经验频率法推算 15 年一遇的最大冰重。首先，将冰重年极值由大到小顺序排列 x_m^*，然后利用公式(6.3)计算对应的 P^*，最后绘制经验频率曲线图(图 6.1)。

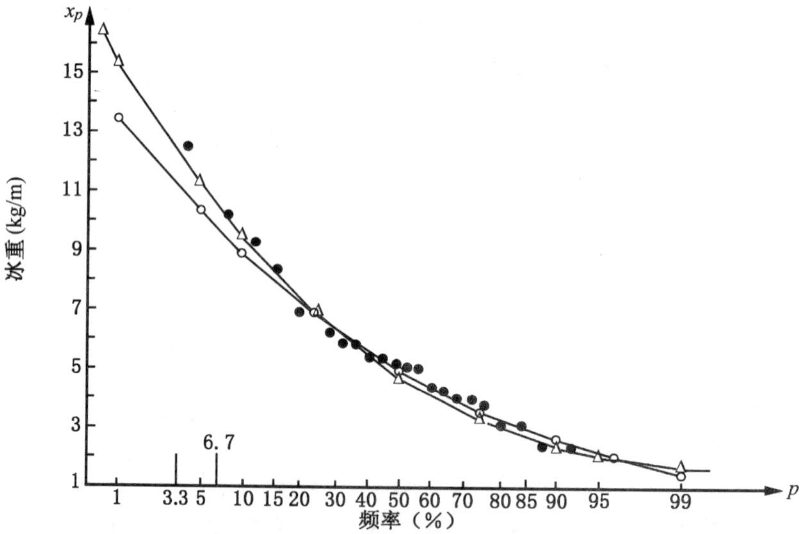

图 6.1　用海森频率纸点绘的冰重频率曲线(引自谭冠日等，1985)

图中：●表示经验点，○表示皮-Ⅲ点($C_v = 0.476, C_s = 1.1$)；△表示皮-Ⅲ点($C_v = 0.55, C_s = 1.5$)

从图 6.1 上可读出：当重现期 $N = 15$ 时，$P = 1/15 = 6.7\%$，对应的 $x_p = 10.8$kg/m，即为 15 年一遇的最大冰重。

另外，还可从历年极值序列中，每 N 年滑动挑选一个极大值组成一序列，再求其平均作为 N 年一遇极值。从表 6.1 给出的资料，该方法的计算结果为 9.79kg/m。

表 6.1　用经验频率法计算 15 年一遇的最大冰重(引自谭冠日等,1985)

年　度 (记起始年)	冰重 x (kg/m)	冰重由大到小排列顺序 (m)	x_m^* (kg/m)	$P^*(x_m)$ (%)	15 年内最大冰重 (记在最末一年) (kg/m)	极值所属的年代
1957	6.16	1	12.48	4		
1958	3.92	2	10.19	8		
1959	12.48	3	9.26	12		
1960	10.19	4	8.27	16		
1961	5.76	5	6.92	20		
1962	9.26	6	6.73	24		
1963	6.73	7	6.16	28		
1964	5.00	8	5.87	32		
1965	8.27	9	5.76	36		
1966	5.13	10	5.37	40		
1967	2.28	11	5.28	44		
1968	2.26	12	5.13	48		
1969	3.01	13	5.00	52		
1970	6.92	14	4.95	56		
1971	4.20	15	4.36	60	12.48	1957～1971
1972	2.00	16	4.20	64	12.48	1958～1972
1973	5.28	17	3.98	68	12.48	1959～1973
1974	3.71	18	3.92	72	10.19	1960～1974
1975	5.87	19	3.71	76	9.26	1961～1975
1976	3.09	20	3.09	80	9.26	1962～1976
1977	3.98	21	3.01	84	8.27	1963～1977
1978	4.95	22	2.28	88	8.27	1964～1978
1979	5.37	23	2.26	92	8.27	1965～1979
1980	4.36	24	2.00	96	6.92	1966～1980
平均					9.79	

6.1.2　利用理论概率分布推算一定重现期的气象要素极值

当工程设计要求的重现期超过资料年代长度时,使用经验频率法推算一定重现期的极值,上述第二种经验频率法根本无法应用,而第一种方法则需将经验频率曲线向小频率的方向外延,由于这种曲线的外延主观任意性较大,加之曲线在小概率处的斜率很大,将导致推算的 x_p 有较大的误差。为了尽量客观的推算极值,需根据已有实测资料拟合要素极值的理论概率分布,从而较客观的推算一定重现期的要素极值 x_p。

6.1.2.1　皮尔森-Ⅲ型分布

(1)原理

皮尔森(K. Pearson)-Ⅲ型分布(以下称 P-Ⅲ型分布)对随机变量具有广泛的概括

和模拟能力，在气象、水文上常用来拟合年、月的最大风速和最大日降水量等极值分布。它的概率密度函数为

$$f(x)=\frac{\beta^{\alpha}}{\Gamma(\alpha)}(x-x_0)^{\alpha-1}\mathrm{e}^{-\beta(x-x_0)} \qquad x_0\leqslant x \tag{6.4}$$

式中 x_0,α,β 为参数，$\Gamma(\alpha)$ 是 α 的伽玛函数。三个参数可分别用下式计算

$$\alpha=\frac{4}{C_s^2} \tag{6.5}$$

$$\beta=\frac{2}{SC_s}=2\sqrt{x}\,C_vC_s \tag{6.6}$$

$$x_0=\overline{x}\left(1-\frac{2C_v}{C_s}\right) \tag{6.7}$$

式中 $\overline{x}$ 为平均值，S 为均方差，C_s 为偏态系数，C_v 为离差系数。以上统计指标均可利用要素实测年极值计算；x_0 为位置参数，是 x 总体的最小值，即概率密度曲线起点的横坐标。气象要素降水量、冰重、风速等的总体最小值 $x_0=0$，由(6.7)式得知，$2C_v=C_s$，将其代入(6.5)和(6.6)式则有

$$\alpha=\frac{1}{C_v^2} \tag{6.8}$$

$$\beta=\frac{1}{\overline{x}C_v^2}=\frac{\overline{x}}{S^2} \tag{6.9}$$

式中 α 为形状参数，与 C_v^2 成反比，它反映了随机变量 x 的离散程度，当 x 的波动越大，α 就越小；β 为尺度参数，它是以方差 S^2 为单位来衡量平均值 $\overline{x}$ 的大小。

在实际计算气象要素极值时，不需要计算出 α,β,x_0 等参数，只要计算出统计指标 $\overline{x},C_s,C_v$，并利用已制备的表，就可推算出工程设计要求的重现期 N 对应的频率 $P=1/N$ 的气象要素极值 x_p 来。

(2)步骤

第一步：根据已有的气象要素实测年极值资料计算 $\overline{x},C_s,C_v$。

第二步：当计算出的 C_s 值一定时，在离均系数表(简称 Φ 值表)查出一系列 P 所对应的 Φ_p 值。

第三步：根据公式 $x_p=\overline{x}(\Phi_pC_v+1)$ 计算与 Φ_p,P 对应的 x_p 值。

第四步：用 P 为横坐标和对应的 x_p 为纵坐标，在海森频率纸上一一点绘，仍遵循样本点绘制平滑曲线。

第五步：比较经验频率曲线和皮-Ⅲ型分布曲线，若两者拟合不理想则对皮-Ⅲ型分布曲线进行适当调整，称为“适线”。适线时：

需使小频率方向上翘，大频率方向下降，则要加大 C_v；

需使小频率方向下降，大频率方向上翘，则要减小 C_v；

要使两端上翘，中间下凹，则要加大 C_s；

要使两端下降，中间上凸，则要减小 C_s；

只调整 C_v 或 C_s，称一元适线；需调整 C_v 和 C_s 称二元适线。

此外，由于降水、风速等要素 $x_0 \geqslant 0$，所以 $C_s \geqslant 2C_v$ 可作为适线的依据之一。

第六步：在已适线后的皮 - Ⅲ 型分布曲线上查 $P(=1/N)$ 对应的 x_p，即为 N 年一遇的要素极值。

例 6.2：利用表 6.1 给出的某地 1957～1980 年共 24 年的年极值资料，用皮-Ⅲ型分布推算 30 年一遇的最大冰重。

①根据资料计算出

$$\bar{x} = 5.424(\text{kg/m})$$

$$C_v = 0.476$$

$$C_s = 1.108 \approx 1.1$$

②当 $C_s = 1.1$ 时，在 Φ 值表上查出一系列 P 对应的 Φ_p（见表 6.2）。

③ 计算与 Φ_p 对应的 x_p（见表 6.2）。

表 6.2　皮-Ⅲ型分布计算表

$P(\%)$	$C_s = 1.1$ ； $C_v = 0.476$		$C_s = 1.5$ ； $C_v = 0.55$	
	Φ_p	x_p	Φ_p	x_p
1	3.09	13.40	3.33	15.35
5	1.89	10.31	1.95	11.23
10	1.34	8.90	1.33	9.38
25	0.54	6.83	0.47	6.83
50	0.18	4.94	−0.24	4.72
75	−0.74	3.53	−0.73	3.25
90	−1.10	2.60	−1.02	2.39
95	−1.28	2.12	−1.13	2.06
99	−1.52	1.52	−1.26	1.68

④用 $C_s = 1.1$ 时计算的 x_p 与对应的 P 在海森频率纸上绘制皮 - Ⅲ 型分布曲线（图 6.1 中○）。

⑤ 比较经验频率曲线●和皮 - Ⅲ 型分布曲线○，发现皮 - Ⅲ 型分布曲线在小频率方向 x_p 值偏小（曲线需上翘），中频率处 x_p 值偏大（曲线需下凹），应进行 C_s 和 C_v 的二元“适线”。将调整后的 C_s 和 C_v 重复 ② ～ ⑤ 的步骤，直到两曲线特别是小频率（重现期 N 较大）方向拟合较好为止。

⑥在拟合较好的皮-Ⅲ型分布曲线△上查得

$$N = 30$$

$$P = \frac{1}{30} = 3.3\%$$

对应的 $x_p = 12.4$(kg/m),即为 30 年一遇的最大冰重。

如果没有海森频率低时,则将 $C_s = 1.5$,$P = \frac{1}{N} = \frac{1}{30} = 3.3\%$ 时,在 Φ_p 值表上查出对应的 $\Phi_p = 2.12$ 代入计算 x_p 的公式,就直接计算 30 年一遇的冰重极值为

$$x_p = \overline{x}(\Phi_p C_v + 1) = 5.424(2.12 \times 0.55 + 1) = 11.75(\text{kg/m})$$

6.1.2.2 第 I 型极值分布

(1)原理

随机变量的极值仍然是一个随机变量,其分布称为极值分布。极值分布函数取决于原始分布函数和样本容量。当原始分布为指数型分布(如正态分布、皮-Ⅲ型分布)时,其极大值的分布服从第 I 型极值分布,其分布函数

$$F(x_p) = P(x < x_p) = e^{-e^{-\alpha(x_p - \beta)}} \tag{6.10}$$

其中 α,β 的意义与皮-Ⅲ型分布不同,α 为尺度参数,与均方差成反比,β 是位置参数,反映频率分布集中在数轴上的位置。它们与平均值 $\overline{x}$ 和均方差 S 的关系是

$$\alpha = \frac{\pi}{S\sqrt{6}} \tag{6.11}$$

$$\beta = \overline{x} - 0.5772\frac{\sqrt{6}}{\pi}S \tag{6.12}$$

工程设计要求的极值 $x \geqslant x_p$ 的频率为

$$P = P(x \geqslant x_p) = 1 - P(x < x_p) = 1 - F(x_p) = 1 - e^{-e^{-\alpha(x_p - \beta)}} \tag{6.13}$$

从(6.13)式有

$$x_p = -\frac{1}{\alpha}\ln[-\ln(1-p)] + \beta \tag{6.14}$$

将(6.11)和(6.12)式代入(6.14)式得

$$\begin{aligned} x_p &= \frac{\sqrt{6}}{\pi}S\ln[-\ln(1-p)] + \overline{x} - 0.5772\frac{\sqrt{6}}{\pi}S \\ &= \frac{\sqrt{6}}{\pi}\overline{x}C_v\{\ln[-\ln(1-p)] + 0.5772\} + \overline{x} \\ &= \overline{x}\left\{-\frac{\sqrt{6}}{\pi}\{\ln[-\ln(1-p)] + 0.5772\}C_v + 1\right\} \end{aligned} \tag{6.15}$$

令

$$\Psi_p = -\frac{\sqrt{6}}{\pi}\{\ln[-\ln(1-p)] + 0.5772\} \tag{6.16}$$

式中 Ψ_p 只决定于 p，计算气象要素极值 x_p 的(6.15) 式则为

$$x_p = \overline{x}(\Psi_p C_v + 1) \tag{6.17}$$

(2)步骤

在实际计算要素极值时，仍不需要计算 α 和 β 等参数。

第一步：根据已有的气象要素实测年极值资料计算 $\overline{x}$，C_v。

第二步：利用(6.16) 式计算(或查表)P 所对应的 Ψ_p 值。

第三步：利用(6.17) 式计算与 Ψ_p 值对应的 x_p。

第四步：在包伟尔频率纸上点绘 P 和对应的 x_p。

由于对(6.13) 式取两次对数后有

$$-\ln[-\ln(1-p)] = \alpha x_p - \alpha\beta \tag{6.18}$$

令(6.18)式等式左边为 y_p，则有

$$y_p = \alpha x_p - \alpha\beta \tag{6.19}$$

式中 y_p 与 x_p 之间是线性关系，即包伟尔频率纸是以 y_p 为横坐标且分格等份均匀(对 P 而言，则不是均匀分格)，以 x_p 为纵坐标。随机变量的极值分布只要服从第 Ⅰ 型极值分布，其 P 与对应的 x_p 的点在包伟尔频率纸上就是一直线。

第五步：在此直线上查 $P(=1/N)$ 对应的 x_p，即为 N 年一遇的要素极值。

例 6.3：利用表 6.1 给出的 1957～1980 年共 24 年的冰重年极值资料，用第Ⅰ型极值分布推算 30 年一遇的最大冰重。

①根据资料计算出 $\overline{x} = 5.424$；$C_v = 0.476$。

②计算(或查出) P 所对应的 Ψ_p 值时，由于第 Ⅰ 型极值分布在包伟尔频率纸上是一直线，因此只需两个点。设：

$P = 43\%$ 时，则 $\Psi_p = 0$

$P = 5\%$ 时，则 $\Psi_p = 1.87$

③利用(6.17)式计算 x_p，分别为 5.424，10.251(kg/m)。

④ 用

$P = 43\%$，$x_p = 5.424$

$P = 5\%$，$x_p = 10.251$

在包伟尔频率纸上点绘，如图 6.2所示。

⑤在直线上查出：

$N = 30$

$P = 3.3\%$

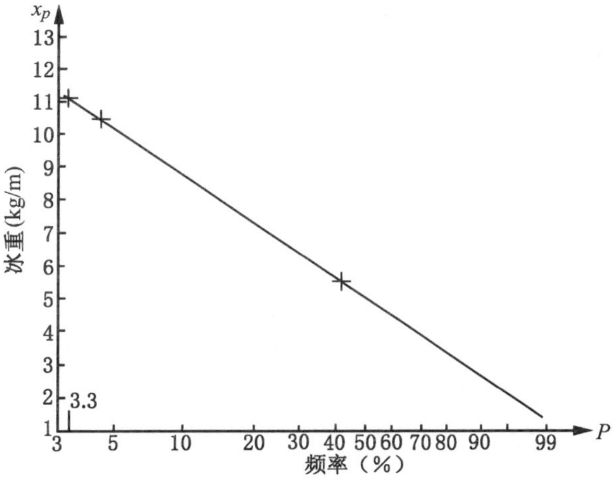

图 6.2　用包伟尔频率纸点绘的冰重频率曲线

对应的

$$x_p = 11.2(\text{kg/m})$$

即为30年一遇的最大冰重。

同样在没有包伟尔频率纸时，则将$P = 1/N = 1/30 = 3.3\%$时，在Ψ_p值表上查出对应的$\Psi_p = 2.27$代入(6.17)式计算x_p，30年一遇的最大冰重为11.30(kg/m)。

如果连第Ⅰ型极值分布的Ψ_p值表都没有(一般数学书后均附有此类表)，则将一定重现期的频率P代入(6.16)式计算Ψ_p。本例$P = 3.3\% = 0.033$代入后，$\Psi_p = 2.20$，可计算30年一遇的最大冰重

$$x_{30} = 5.424(2.20 \times 0.476 + 1) = 10.8(\text{kg/m})$$

以上计算方法称为矩法，又称为离均系数法，此外还有最小二乘法。

计算一定重现期的气象要素极值的方法还有第Ⅱ型极值分布、有界型极值分布等方法，因篇幅所限就不作介绍了。

6.1.2.3　拟合优度的检验

以上所拟合的要素极值的理论概率分布曲线，虽可用经验频率曲线进行比较(适线)，但这种目测比较的人为因素较大，特别在样本容量不够大时。因此随机变量总体是否符合所选的理论概率分布需要一个客观的检验标准。在概率统计学上常用的检验方法有χ^2检验、柯尔莫哥洛夫检验、ω^2检验等。具体方法可参见有关概率统计书籍。

§6.2　气象与城市规划、建筑设计

6.2.1　建筑与光照

6.2.1.1　光气候和采光标准

达到地面的太阳辐射占其直接辐射的51%左右(其中19%为大气的臭氧层、微尘和水汽等吸收；6%为大气中的介质、空气的分子所散射；24%被云层反射)，并因季节、地理位置、地貌和大气状况而变化。一般将室外照度的时间和空间分布及其变化称为光气候。光气候是设计建筑物的天然采光和室内照明的依据。这种光气候依据，是观测、分析计算的指标数据。我国此项工作开展得较晚，1960年重庆建筑光学会议后，才开始这方面的工作。光气候的主要研究内容是确定室外照度的临界照度，即采光标准。

(1)照度的计算

直射光以平行的方式投射到物体上，其照度是指单位面积上所接受的光通量数值，约为15×10^4lx。实际上，由于空气中介质的吸收和反射，光通量要减小1/4，另外还会因云、雾、雨等天气状况而降低。其水平照度一般用下式计算

$$E_H = \tau E_n \sin h_\theta \tag{6.20}$$

式中 τ 为大气的透明度，h_θ 为太阳高度角，E_n 为按地表法线的平均照度，取 10×10^4lx。太阳高度角则用下式计算

$$\sin h_\theta = \sin\varphi\sin\delta + \cos\varphi\cos\delta\cos\omega \tag{6.21}$$

式中 φ 为纬度，δ 为赤纬，ω 为时角。令地面的垂直线与直射光线所构成的角为 α，或地面垂直面的法线与直射光线的夹角为 θ，则地面垂直的照度为

$$E_z = \tau E_n \cos h_\theta \sin\alpha \tag{6.22a}$$

或

$$E_z = \tau E_n \cos h_\theta \cos\theta \tag{6.22b}$$

照度并不限于太阳直射光，即使是晴天，它也是由直射光和天空散射光组成的。图 6.3所示的是秋分晴天时，一天的散射光和直射光的照度变化情况。可以看到，两种照度值均随太阳的升高而增大，只是散射光增加速度缓慢，08～16 时变化基本不大。此外，照度也与天空的亮度(实际是发光体的亮度)有关，亮度又因距离的增加而降低，照度还与方向有关，即建筑物的朝向直接影响采光。建筑物的亮度恰好在向阳(背阳)处，照度值最高(最低)。

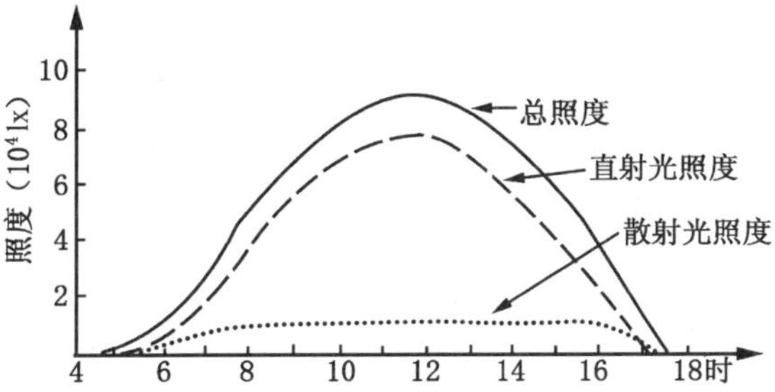

图 6.3　晴天室外照度日变化

全云天时，自然光全部为散射光。此时的照度取决与 h_θ、云状、物面反射能力和大气透明度。云天亮度低，但日变化相对稳定，相应的室内照度的日变化也较小。

光气候资料是制定采光标准的依据，但气象上不观测照度。应用时是利用照度和太阳辐射关系(称为热光当量关系) 换算求得的。由于采光标准只考虑散射光，故一般只换算散射光照度。散射光照度 E_{kh} 可由散射辐射值 D，通过经验求取散射辐射热光当量 K_D 进行间接计算

$$E_{kh} = K_D \cdot D \tag{6.23}$$

K_D 常表示成测站纬度、拔海高度、年平均水汽压、月平均日照时数和年平均总云量的多元回归方程

$$K_D = \sum c_i x_i$$

x_i 为上述各参数，c_i 为待定回归系数。

(2)采光标准的规定

国家建设委员会颁布的《工业企业采光标准》中，把采光标准按工业性质分为五级，

按视觉工作情况规定如下：

一级：识别物的尺寸 $d \leqslant 0.15$mm，称为特别精细的工作，照度的最低值为 250lx；

二级：$0.15 < d \leqslant 0.3$mm，称为很精细的工作，照度的最低值为 150lx；

三级：$0.3 < d \leqslant 1.0$mm，称为精细工作，照度的最低值为 100lx；

四级：$1.0 < d \leqslant 5.0$mm，称为一般工作，照度最低值为 50lx；

五级：$d > 5.0$mm，称为粗糙工作，照度最低值为 25lx。

当室外照度下降，使室内照度低于规定值时，则需人工补充照明。所谓“临界照度”就是需要补充人工照明的室外照度的极限值，现取为 5000lx。

6.2.1.2　日照与建筑物的间距

为了满足人类对建筑物室内卫生要求，必须了解室内的日照时间、日照面积及其变化范围，其中主要考虑以下方面：

①日照时间。它是衡量日照效果最常用的指标；

②室内日照面积。它代表室内日照实际情况；

③太阳直射能量。

一般来说，冬季要求日照时间长，室内日照面积大，且尽量多接受正午前后的太阳直射光；而夏季则日照越短、室内日照面积越小越好，且室内应避免正午前后的直射光。日照时间、日照面积、太阳是否直射又与建筑物所在地的纬度、太阳高度角、方位角直接有关，因此在确定建筑物的总体规划、朝向、间距时要充分考虑以上因素。

(1)建筑物室内日照标准

它是民用建筑设计的卫生标准之一，应根据气候区划、建筑间距等通过计算或调查研究制定出适合各地的日照标准。目前多采用日照时数作为日照标准的单位。我国《城市规算定额指标暂行规定》中规定：“原则上按当地冬至日住宅底层日照不小于 1 小时的要求计算房屋间距”。

以此作为日照和采光环境质量的控制标准。还推荐如表 6.3 所示的日照时间标准，并建议阳光直射室内地面的面积按每人 0.40m^2 的标准(不计太阳高度角低于 10°的日照时间和面积)计算。

表 6.3　室内日照时间标准

日照时间	适　用　范　围
正午满窗日照或 1～2 小时	一般服务性建筑及热加工车间的生活间
3～4 小时	教学楼、办公楼、公共建筑及一般车间
5～6 小时	托儿所、幼儿园、疗养院及潮湿车间

为简化计算，各地区可按实照日照时数年累计值的 1/3 作为居室内全年获得日照时数的下限，且每户至少有一间或两间居室的日照应满足这一要求。

(2)建筑物间距的确定

地球上任一点、任一时刻的方位角 A 可用公式表示为

$$\sin A = \frac{\cos\delta\sin\omega}{\cos h_\theta} \tag{6.24}$$

式中 A 为方位角,其他符号同(6.21)式。日出、日落的方位角,对于绘制建筑设计所需的"棒影日照图"是必要的。

日出时,取 $h_\theta = 0$,由(6.21)式可得

$$\cos\omega_0 = -\operatorname{tg}\varphi\operatorname{tg}\delta \tag{6.25}$$

式中 ω_0 取负值为日出时角,取正值为日落时角,则日出时的方位角 A_0,可由(6.24)式得出,即

$$\sin A_0 = \frac{\cos\delta\sin\omega_0}{\cos h_\theta} = \cos\delta\sqrt{1-\cos^2\omega_0} \tag{6.26a}$$

或

$$\begin{aligned}\cos A_0 &= \sqrt{1-\sin^2 A_0}\\ &= \sqrt{1-\cos^2\delta(1-\operatorname{tg}^2\varphi\operatorname{tg}^2\delta}\\ &= \sqrt{\sin^2\delta(1+\operatorname{tg}^2\varphi)} = \sin\delta\sec\varphi\end{aligned} \tag{6.26b}$$

由(6.26)式,可以计算日出时的方位角,而日落时,取 $-A_0$ 即可。

图 6.4 所示为棒影日照图的模拟图。图中 OC' 为竖立在观测点的棒,其高度为 L,则棒的阴影长率为

$$P = \frac{L'}{L} = \operatorname{ctg} h_\theta \tag{6.27}$$

可见它随 h_θ 的变化而变化,即因太阳的视运动,棒影可在地面上留下 a' 至 b' 的曲线。图中 $\overset{\frown}{ab}$ 是 $\overset{\frown}{a'b'}$ 的对称曲线。若使 L 棒在 $\overset{\frown}{ab}$ 弧上的移动速度与太阳的方位角日变化同步,则棒顶 C 在地面上的投影必然都在 O 点上。

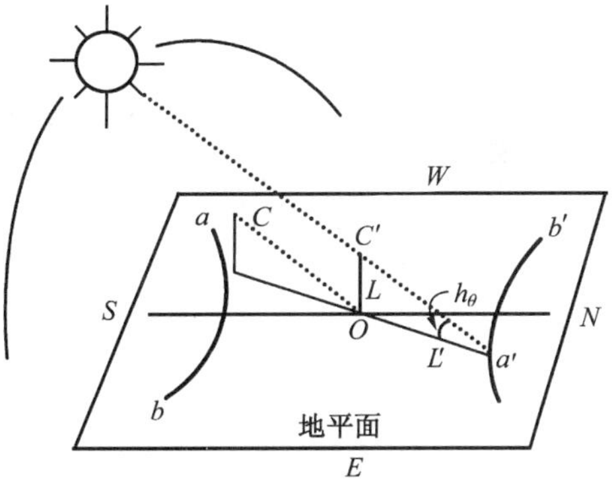

图 6.4　棒影日照图模拟

对于一个地点(纬度为 φ),春、秋分及冬、夏至时(各有相应的 δ),可以求出每一小时的太阳方位角 A,h_θ 及 P。将其点绘到极坐标图上,即可得到棒影日照图。

棒影日照图的主要用途是:

①求建筑物的合理朝向;

②合理设计建筑物间及与其他障碍物间的间距,或已确定间距条件下的建筑的朝向;

③分析建筑物或其他障碍物的阴影变化和形状;

④分析室内日照面积及时数；

⑤峡谷山区建筑物的布局。

此外在农业上，也经常用来分析套种高、矮秆作物的日照时间等。

6.2.2　城市规划、建筑布局与风

6.2.2.1　城市规划与风

详细内容请参见第四章§4.3节。

6.2.2.2　街道走向与房屋的朝向

街道的走向及房屋的朝向不能只考虑日照，尤其是西北地区的风沙及沿海地区的台风等因素也应考虑，对于炎热地区还应考虑通风等条件。在城市由于建筑群的反效应，即前面提到的建筑群体引起的局地小气候及气象效应的问题，涉及到城镇建设中的街道布局，是规划、设计中的重要内容之一。为此，分析计算相应地区风向的分布规律是必不可少的基础数据。

为了使炎热地区的建筑物能获得自然通风，或室内的穿堂风，我国大部分地区建筑物是朝东南方向的。夏季有东南风，冬季又能使室内获得日照。由于不是正南朝向，既可获得直射阳光，又可避免北向房屋的的潮湿和西向房屋的夏季西晒。表6.4是我国部分城市建筑物朝向分布情况。

表6.4　我国部分城市建筑物朝向

地　区	最佳朝向	适宜朝向	不宜朝向
哈尔滨	南偏东15～20°	南、南偏东(西)15°	西、西北、北
旅大	南、南偏西15°	南偏东45°—南偏西—西	北、西北、东北
青岛	南、南偏东5～15°	南偏东(西)15°以内	西、北
上海	南、南偏东15°	南偏东30°、南偏西15°	北、西北
福州	南、南偏东5～10°	南偏东20°	西
北京	南偏东(西)30°以内	南偏东(西)45°以内	北偏西30～60°
郑州	南偏东15°	南偏东25°	西北
武汉	南偏西15°	南偏东15°	西、西北
广州	南偏东15°，南偏西5°	南偏东22°30″	南偏西5°—西
乌鲁木齐	南偏东10°，南偏西30°	东南、东、西	北、西北
西宁	南、南偏西30°	南偏东(西)30°以内	北、西北
西安	南偏东10°	南偏西、南	西、西北
成都	南偏东45°至南偏西15°	南偏东45°—南偏北30°	西、北
昆明	南偏东25～56°	东、南、西	北偏东35°、北偏西35°
南宁	南、南偏东15°	南、南偏东15～25°、南偏西5°	东、西

选择合理的自然通风，一般是根据夏季三个月的风玫瑰图，将建筑物朝向取为风向频率最大的两个象限的中线，使建筑物朝向与盛行风向的夹角不超过45°。如果建筑物可前后进风，可选夏季的相对两方向的风向频率相加总和最大值的方位，作为建筑物的朝向，这也是获得自然通风的有效方法。例如，可分别选南、北方向，或东、西方向的风向频率相加，如果南、北方向的风向频率之和大于东、西风向频率之和，则建筑物的朝向就应选南、北方向。

山地建筑，一般选在向阳坡，且朝向与等高线垂直。建筑物的间距应随坡度的增加而减小。城镇的街道走向应与房屋朝向垂直，尤其是主要街道。在建筑物的群体布局及规划中应注意纵横街道一定的比例关系，块状群体不利于自然通风和采光，大型工业建筑更是如此。

在建筑规划、设计中应考虑地区的各种气象条件，但作为该地区的突出气象问题，例如，雅安的“天漏”、漠北的风沙，则往往需要以该地区特殊气象条件为主来考虑设计。

6.2.3 建筑物的风荷载计算

气象条件和建筑物除了相互影响外，有的气象条件又是建筑物的载荷。风就是建筑结构中的主要荷载之一。

早在北宋初年(公元989年)，木结构建筑师喻皓，在开封(当时的东京)建造开宝寺时，就考虑了风的作用。此塔十三层，高360尺①。建塔前，喻皓观测到该地区的最大盛行风为西北风，建造时有意使塔身向西北倾斜，并预计在西北风的推力作用下，100年内塔身会自然正直。这是有文字记载最早的考虑风载荷的建筑设计。

风荷载的正式设计计算是19世纪以后开始的，它是由工业发展及建筑材料的改进所决定的，也与一系列工程事故而引起人们的重视有关。

6.2.3.1 风荷载标准值及基本风压

按“建筑结构荷载规范”(GBJ 9-87)中的规定，垂直于建筑物表面上的风荷载标准值，按下式计算

$$w_k = \beta_z \mu_s \mu_z w_0 \tag{6.28}$$

式中 w_k 为风荷载标准值(KN/m²)②，β_z 为 z 高度上的风振系数，μ_s 为风荷载的体型系数，μ_z 为风压高度的变化系数，w_0 为基本风压(KN/m²)。

需要说明的是，风荷载的标准值，不是实测风的数值，而是按基本风压规定的计算值乘上相应的系数而得到的。风对建筑物的作用，按处理方法的不同，分为静力(不随时间变化，或取某时段的平均值)作用和动力(随时间变化)作用。在旧规范中是分开处理

① 1尺=0.33$\dot{3}$m，下同。
② 1KN = 100kg，下同。

的，在现行规范中是将两种作用写在一个公式中[(6.28)式]，而以不同的系数 μ_s 和 μ_z 来表示这两种作用。

基本风压是以当地比较空旷平坦地面上离地 10m 高处统计所得的 30 年一遇 10min 平均最大风速 u_0(m/s) 为标准，按 $w_0=\frac{v_0^2}{1600}$(KN/m²) 确定的风压值。其中 $\frac{1}{1600}$ 是 KN 制中的风压系数。利用常温(15℃)、常压($P=1013.3$hPa) 条件下的干空气密度 $\rho=1.2255$kg/m³，换算为工程中常用的“米·千克力·秒”制，则 $\rho=1.2255/9.8$，再折算为 KN 单位，由伯努力方程，可求得

$$w_0=\frac{\rho}{2}v_0^2=\frac{v_0^2}{1600}(\text{KN/m}^2) \tag{6.29}$$

6.2.3.2　风荷载体型系数

风荷载体型系数，是指在风场中建筑物所受到的压强(或背风处的吸力)的实际效应与原来风速计算求得的理论风压(即风洞试验时计算风压)的比值，记为 μ_s，表示稳定风压在建筑上的分布。

风荷载体型系数已列于“建筑结构荷载规范”(GBJ 9-87)中。如遇规范中未列入的特殊情况，则需按体型系数制作模型进行风洞试验确定。

6.2.3.3　风压高度变化系数

大气近地层中风速的变化是很复杂的，而建筑物又在这一层中，这使建筑物所受到的风压的计算也更加复杂。近地层中的风速变化是气象科学中比较难处理的问题，目前一般都是按对数律和指数律处理。建筑工程规范中是按地面粗糙度类别考虑的如表 6.5所示。表中 A,B,C 表示地面粗糙度类别，A 为近海海面、海岛、海岸及沙漠地区；B 为田野、乡村、丛林、丘陵及房屋比较稀疏的中、小城镇和大城市市郊；C 为密集建筑群的大城市市区。

6.2.3.4　风振系数

风力振动是大气风场中的不连续现象。作为一种处理方法，把它作为时间函数的脉动来考虑，称为动力作用。理论上，这种现象是由于风的不连续性造成的，对于高耸结构(如塔架、构架、烟囱等)和高层建筑物的影响是较大的。所以，作为建筑物的一种荷载，要以风振系数的形式按结构的类别等给出不同的安全性修正。

《建筑结构荷载规范》(GBJ 9-87)中已规定：对于高度大于 30m 且高宽比大于 1.5 的房屋结构，以及基本自振周期 T_1 大于 0.25s 的塔架、桅杆、烟囱等高耸结构，应采用风振系数来考虑风压脉动的影响。其风振系数按下式计算

$$\beta_z=1+\frac{\xi\nu\varphi_z}{\mu_z} \tag{6.30}$$

式中 β_z 为高度 z 处的风振系数，ξ 若为脉动增大系数，ν 为脉动影响系数，φ_z 为振型系数，μ_z 为风压高度变化系数。

上述系数在规范中均有详细说明，这里就不赘述了。

表 6.5　风压高度变化系数 μ_z

离地面或海平面高度 (m)	地面粗糙度类别		
	A	*B*	*C*
5	1.17	0.80	0.54
10	1.38	1.00	0.71
15	1.52	1.14	0.84
20	1.63	1.25	0.94
30	1.80	1.42	1.11
40	1.92	1.56	1.24
50	2.03	1.67	1.36
60	2.12	1.77	1.46
70	2.20	1.86	1.55
80	2.27	1.95	1.64
90	2.34	2.02	1.72
100	2.40	2.09	1.79
150	2.64	2.38	2.11
200	2.83	2.61	2.36
250	2.99	2.80	2.58
300	3.12	2.97	2.78
350	3.12	3.12	2.96
≥400	3.12	3.12	3.12

6.2.4　建筑物气温调节的气象参数

6.2.4.1　居住及公用建筑采暖室内计算温度和通风换气量

人体正常温度为 36.4～37.0℃，是指人在正常休息状态下的腋下或口腔内的温度。正常人的机体在不断地吸收和散发热量，若室内气温超过人体温度，则人体内的热量不易散失，会使人感到不舒服。据测试，室温达 30℃时，即使是静坐的正常人已感到不适，低于 13℃时对于婴儿及老人有不良影响。

各地的温度差异较大，为了保持适合于人体的温度，有的地方冬季需要采暖，有的地方夏季需要降温。为了得到适宜的温、湿度，则需要空气调节，尤其是一些生产设备中的精密仪表、电子设备等，均需要保持一定的温度、湿度和空气流通。为此必须依据民用建筑采暖通风设计技术措施的要求，采用人工调节措施。采用空气调节的室内计算参数列于表 6.6 中，表 6.7 为房间换气次数参考值。

表 6.6　空调房间的室内计算参数

建筑物类别	夏季			冬季		
	高级 t,f	一般 t,f	气流平均速度(m/s)	高级 t,f	一般 t,f	气流平均速度(m/s)
人整日停留场所、居住建筑(宾馆、饭店)、办公类建筑(办公楼、学校)、卫生福利建筑(医院、托儿所)	25～27℃ 60%～50%	26～28℃ 65%～45%	0.2～0.4	20～22℃ ≥35%	18～20℃ 不规定	0.15～0.25
人短时间停留场所、文化设施(演出、集会、博览、电影院)、交通邮电(车站、机场)、商业服务(百货公司)	26～28℃ 65%～55%	27～29℃ 65%～55%	0.3～0.5	18～20℃ ≥35%	16～18℃ 不规定	0.2～0.3
显热少、潜热多的大型厅堂(大会堂、体育馆)	25～27℃ 65%～50%	26～28℃ 65%～55%	0.2～0.4	18～20℃ ≥35%	18～20℃ 不规定	0.2～0.3
显热多、潜热少的建筑(电视演播室、电子计算机房、广播通讯机房等)	24～26℃ 50%～40%	26～27℃ 55%～45%	0.3～0.5	18～20℃ ≥35%	18～20℃ ≥35%	0.2～0.3

注：通讯机房可放宽到 28～30℃(夏季)，16～18℃(冬季)。

表 6.7　房间换气次数参考值

房间名称	换气次数(次/时)	房间名称	换气次数(次/时)
制冷、空调机房	4～6	厨房	30～40
油罐室	4～6	车库	5～6
变电室	8～15	厕所	5～10
配电室	3～4	洗衣房	15～20
电梯机房	3～15	盥洗室	5～10
浴室(无窗)	5～10	蓄电池室	10～15

6.2.4.2　室外计算参数

室外计算参数，一般分为冬季和夏季两种情况。参数选择是个需要综合考虑的问题，在一定气候、气象条件下，要综合考虑人工设施的能源、经济条件、管理、操作及维修等问题。所以也叫做设计参数，这里针对的是一般建筑物的气温、湿度和通风等问题，不象暴雨那样能导致人们生命、财产的巨大损失。因此，允许设计值不超过稀遇的实际值，其中也考虑了建筑物有一定的调节能力，所以，可采用不保证对策。

(1)冬季室外计算参数

冬季在我国大部分地区存在防寒采暖问题，除分析相应地区的气候资料外，也要针对建筑物用途的要求给出合适的设计数值。一般考虑各个国家或地区的习惯和要求以及建筑物特点和经济能力，所以各个国家设计数值不尽相同。

我国冬季室外计算参数的计算原则规定如下：

①冬季采暖的室外计算温度。采用历年平均每年不保证 5d 的日平均温度；

②冬季通风室外计算温度。采用历年 1 月份平均温度的平均值；

③冬季空调(空气调节)室外计算温度。采用历年平均不保证 1d 的日平均温度；

④冬季空气调节室外计算湿度。采用历年 1 月份平均相对湿度的平均值。

(2)夏季室外计算参数

夏季一般不存在采暖问题，主要涉及通风的温度、相对湿度及空气调节问题。我国规定的计算原则为：

①夏季通风的室外计算温度。采用历年最热月 14 时的月平均温度的平均值；

②夏季通风的室外计算相对湿度。采用历年最热月 14 时的月平均相对湿度的平均值；

③夏季调节新风的计算温度。采用夏季空气室外计算干球温度，即历年平均不保证 50 小时的干球温度。空气调节的室外计算湿球温度，按夏季室外平均每年不保证 50 小时的湿球温度减去 0.5℃计算。

我国主要城市的室外计算参数列于表 6.8 中(表中缺台湾省台北市的资料)。中等以上城市的极端最低气温是－48.5℃，出现在内蒙古自治区的海拉尔市，极端最高气温是 47.6℃，出现在新疆维吾尔自治区的吐鲁番。

6.2.4.3　几个需要说明的问题

(1)采暖区平均温度

规范中一般规定，日平均温度≤5℃的天数在 90d 以上的地区定为集中采暖区。采暖的起止时间定于日平均温度≤5℃始，并止于日平均温度≥5℃。整个≤5℃的时间为采暖期，这个期间的平均温度称为采暖期的平均温度，此平均温度作为计算采暖期燃料耗量的基本依据。5℃也是我国规定的采暖期临界温度。

此规定主要是依据一般人体感到寒冷的气温下限是 10℃左右(婴儿、老人或体弱者不应低于 13℃)。经测试，对于比较密封的建筑物，室外气温短时间内低至 5℃，而室内不采暖时，一般室内气温能保持近于 10℃。当然，这是最低标准，对于医院、宾馆等标准应适当提高。

(2)采暖过渡地区

我国长江，秦岭以南，尤其是西南的某些地区湿度较大，只按温度考虑则不属于集中采暖区。由于在湿度大的条件下，空气的热量传导和对流会使人体散失更多的热量。为此，采暖不能只以单一的温度条件来考虑，还应考虑湿度，日照等因素。所以，日平均温度≤5℃的历年平均天数为 45～60d；历年 1 月份的平均相对湿度≥75％及冬季平均日照率低于 25％的地区，规定为采暖过渡区。

表 6.8　室外气

序号	地名	室外计算(干球)温度(℃)						夏季室外平均每年不保证50小时湿球温度(℃)	室外计算相对湿度(%)		
		采暖	冬季通风	夏季通风	冬季空气调节	夏季空气调节	夏季空气调节日平均		冬季空气调节	最热月月平均	夏季通风
1	北京市	−9	−5	30	−12	33.8	28.7	26.5	41	77	62
2	上海市	−2	3	32	−4	34.0	30.7	28.3	73	83	67
3	天津市	−9	−4	30	−11	33.2	29.0	27.2	54	78	66
4	海拉尔	−35	−27	25	−38	27.9	23.0	19.9	76	72	48
5	哈尔滨	−26	−20	26	−29	30.3	26.4	23.9	72	78	63
6	长春	−23	−17	27	−26	30.5	25.8	24.2	68	79	57
7	四平	−23	−15	28	−25	30.5	26.0	24.5	66	79	59
8	沈阳	−20	−13	28	−23	31.3	26.6	25.3	63	78	64
9	大连	−12	−5	26	−14	28.5	26.0	25.2	56	90	78
10	承德	−14	−9	28	−17	31.6	28.0	24.1	41	72	56
11	石家庄	−8	−3	31	−11	35.2	28.7	26.5	48	75	49
12	太原	−12	−7	28	−15	31.8	26.4	23.3	46	74	51
13	呼和浩特	−20	−14	26	−22	29.6	25.6	20.8	55	64	44
14	西安	−5	−1	31	−9	35.6	30.5	26.6	63	71	46
15	汉中	−1	2	29	−3	32.1	29.0	26.5	77	82	61
16	银川	−15	−9	27	−18	30.5	26.1	22.2	57	65	42
17	西宁	−13	−9	22	−15	25.4	20.5	16.4	46	65	44
18	格尔木	−17	−12	22	−20	26.5	20.0	12.8	39	37	27
19	敦煌	−14	−9	30	−17	34.6	28.0	19.9	50	42	29
20	兰州	−11	−7	27	−13	30.6	25.2	20.1	55	62	42
21	乌鲁木齐	−23	−15	29	−27	33.6	30.7	18.7	78	38	31
22	吐鲁番	−15	−9	36	−21	41.1	36.0	23.8	50	31	23
23	喀什	−11	−6	29	−16	33.3	29.0	20.0	63	38	27
24	济南	−7	−1	31	−10	35.5	29.3	26.8	49	73	51
25	青岛	−7	−3	28	−9	30.3	28.0	26.8	63	87	73
26	南京	−3	2	32	−6	35.2	31.2	28.5	71	81	62
27	蚌埠	−5	1	33	−8	35.8	32.0	28.1	66	72	59
28	合肥	−3	2	33	−7	35.1	32.2	28.2	71	76	62
29	杭州	−1	4	33	−4	35.7	32.3	28.6	77	80	62
30	温州	3	7	31	1	32.9	29.0	28.7	73	83	73

象参数

室外风速(m/s)		主要风向及其频率				气压(mmHg)		年平均温度(℃)	极端最低温度(℃)	极端最高温度(℃)
		冬季		夏季						
冬季	夏季	风向	频率(%)	风向	频率(%)	冬季	夏季			
3.0	1.9	C NNW N	22 13 13	C N S	27 10 10	767	751	11.6	−27.4	40.6
3.2	3.0	NW	14	SE	17	769	754	15.7	−9.4	38.9
2.9	2.5	NWN NW C	13 9 12	SE ESE C	13 9 10	771	754	12.3	−22.9	39.6
2.4	3.0	C S	26 17	C SSE	16 10	711	701	−2.1	−48.5	36.7
3.4	3.3	SSW	15	S	14	751	739	3.5	−38.1	36.4
4.3	3.7	SW WSW SSW	25 10 10	SW SSW	17 13	745	733	4.9	−36.5	38.9
2.8	2.7	C SW SSW	19 12 15	SWW S SW C	19 12 12 18	753	740	5.9	−34.6	36.6
3.2	3.0	N S	13 11	S SSW	18 15	765	750	7.8	−30.6	38.3
3.3	4.2	N NNW	30 12	SE SSE	23 11	760	746	10.1	−21.1	34.4
1.5	1.0	C NW	55 13	C S	56 7	735	722	9.0	−23.3	41.5
1.8	1.3	C NNW	36 8	C SE	43 9	763	747	12.7	−26.5	42.7
2.7	2.1	C N	21 17	C NNW	26 14	700	689	9.4	−25.5	39.4
1.5	1.3	C NW	53 10	C SSW SW	50 7 7	676	667	5.7	−32.8	37.3
1.9	2.2	C SW NE	27 9 13	C SW NE	20 10 18	734	719	13.3	−20.6	41.7
1.0	1.3	C NE ENE	57 8 9	C NE ENE E	41 9 8 9	723	711	14.3	−10.1	38.0
1.7	1.6	C N	39 12	C S	38 12	672	662	8.5	−30.6	39.3
1.7	2.0	C SE	45 22	C NW SE	27 12 23	581	580	5.6	−26.6	32.4
2.8	3.6	SW W	23 13	W WNW WSW SW	23 12 11 14	543	543	3.6	−33.6	33.1
1.9	2.0	C WSW W	33 13 15	C ENE NE	30 10 11	670	660	9.3	−27.6	43.6
0.4	1.1	C NE	77 5	C NE E	51 8 8	638	632	8.9	−21.7	39.1
1.3	3.4	C S	39 15	S N	22 13	714	701	7.3	−41.5	40.9
1.2	2.4	C N	40 11	C E	22 10	771	748	14.1	−28.0	47.6
1.2	2.6	C NW	39 17	C NW	15 11	657	649	11.7	−24.4	40.1
3.0	2.5	C NE SSW	22 12 15	C NE SSW	25 10 15	765	749	14.2	−19.7	42.5
2.9	2.9	C NW N	27 13 14	SE C	31 17	768	753	11.9	−20.5	36.9
2.5	2.3	C NE	27 11	C SE	21 13	769	753	15.4	−14.0	40.7
2.8	2.3	C NE ENE E	17 8 8 8	C E ENE SSW SSE	20 9 8 8 8	768	752	15.3	−19.4	41.3
2.3	2.1	C NW ENE	22 7 9	C SSE S	21 11 14	767	751	15.8	−20.5	41.0
2.1	1.7	C NNW N NNE	31 10 8 8	C E ESE SSE	35 8 7 7	769	754	16.2	−9.6	39.7
2.4	2.1	NW ESE WEW C	22 13 12 19	C ESE E	36 16 21	768	754	17.9	−4.5	39.3

续上页表

序号	地　名	室外计算(干球)温度(℃)						夏季室外平均每年不保证50小时湿球温度(℃)	室外计算相对湿度(%)		
		采暖	冬季通风	夏季通风	冬季空气调节	夏季空气调节	夏季空气调节日平均		冬季空气调节	最热月月平均	夏季通风
31	景德镇	−1	5	34	−3	35.9	31.0	28.0	75	80	54
32	南　昌	−1	5	34	−3	35.7	31.7	27.9	72	76	57
33	福　州	5	10	33	4	35.3	30.5	28.0	72	77	61
34	郑　州	−5	0	32	−8	36.3	29.7	27.9	54	73	44
35	驻马店	−4	1	32	−7	35.9	32.0	28.2	62	80	55
36	宜　昌	0	5	33	−3	35.7	32.0	28.2	72	80	59
37	武　汉	−2	3	33	−5	35.2	31.6	28.2	75	80	62
38	常　德	−1	5	32	−4	35.3	32.0	28.3	78	79	64
39	长　沙	−1	5	34	−3	36.2	32.1	28.0	77	75	61
40	桂　林	2	8	32	0	33.9	29.5	26.9	68	79	60
41	南　宁	7	13	32	5	34.5	30.0	27.3	72	81	64
42	汕　头	9	13	31	7	33.1	30.0	27.6	78	84	70
43	广　州	7	13	32	5	33.6	30.9	28.0	68	84	66
44	海　口	12	17	32	10	35.1	30.0	27.8	84	83	66
45	成　都	2	6	29	1	31.6	27.9	26.7	80	86	70
46	重　庆	4	8	33	3	36.0	32.3	27.4	81	76	57
47	遵　义	−1	4	29	−3	31.4	28.0	24.0	81	78	60
48	贵　阳	−1	5	28	−3	29.9	25.9	22.7	76	78	60
49	昆　明	3	8	24	1	26.8	20.7	19.7	69	65	48
50	拉　萨	−6	−2	19	−8	22.7	18.1	13.5	28	68	44
51	日喀则	−8	−4	19	−11	22.6	17.0	12.3	29	68	40

注:本表的参数统计年份:

①采暖室外计算温度、冬季空气调节室外计算温度、极端最低温度和极端最高温度为1951～1970年;

②夏季空气调节室外计算干球温度、夏季空气调节室外计算日平均温度和夏季室外平均每年不保证50小时的湿球温度,除北京、上海、哈尔滨、西安、南京、杭州、郑州、长沙、广州和重庆为1961～1970年外,其余台站均为1954～1959年和1963～1965年共9年的资料;

③其余各项均为1961～1970年的资料;

④夏季空气调节日平均温度,有小数者系据1971～1980年的气象资料。

室外风速(m/s)		主要风向及其频率				气压(mmHg)		年平均温度(℃)	极端最低温度(℃)	极端最高温度(℃)
		冬季		夏季						
冬季	夏季	风向	频率(%)	风向	频率(%)	冬季	夏季			
2.0	1.8	C NNE NE	27 12 16	C E SW NE	28 10 10 16	764	749	17.1	−10.9	41.8
3.7	2.5	NNE C N	26 19 24	C SSW NE SW	23 9 9 11	764	749	17.7	−7.7	40.6
2.5	2.7	C NW	19 13	SE C	26 25	760	748	19.6	−1.2	39.3
3.6	2.8	WNW NE C	14 13 13	C S SSE NE	11 11 10 11	760	744	14.3	−17.9	43.0
3.1	2.6	C NNW M	18 10 12	C N S	18 8 11	763	746	14.8	−17.4	41.9
0.9	1.0	C ESE SE	59 8 14	C SE	58 11	763	747	16.9	−8.9	41.4
2.8	2.6	NNE C N NE	19 9 9 12	C S SE	13 13 13	768	751	16.2	−17.3	39.4
2.0	2.0	C NNE NE	29 13 14	C NE SW	21 8 9	766	750	16.8	−11.2	39.8
2.6	2.5	NW NNW C	35 13 24	C NW S	22 12 15	763	748	17.3	−9.5	40.6
3.3	1.6	NNE N C	53 10 21	C S NNE	39 9 13	752	739	18.8	−4.9	39.4
1.9	1.9	C E ENE	28 14 15	C SE E SSE	23 12 14 11	759	747	21.6	−2.1	40.4
3.0	2.3	ENE	24	C ESE	25 10	765	754	21.2	0.4	37.9
2.4	1.9	N	33	C SE	28 15	765	754	21.8	0.0	38.7
3.6	2.8	NE	27	SSE	17	762	752	23.6	2.8	38.9
1.0	1.1	C NE N NNE	43 11 10 13	C N NNE NE SW	39 9 7 7 7	722	711	16.1	−4.6	37.3
1.3	1.6	C N	36 15	C N	31 10	744	730	18.3	−1.8	42.2
0.9	0.9	C NEN SE E	50 6 6 10	C SE S	55 5 5	693	684	15.3	−6.5	38.7
2.3	1.9	NE NNE ENE C	21 13 12 19	C SSW SSE S	31 13 8 14	673	666	15.2	−7.8	37.5
2.4	1.7	C WSW SW	36 10 26	C S SW	38 12 15	609	606	14.5	−5.4	31.5
2.0	1.6	C ESE E	30 13 16	C W ESE	36 11 16	488	489	7.1	−16.5	29.4
1.7	1.4	C WSW	54 13	C SE N	48 10 10	477	479	6.0	−25.1	27.5

(3)室外计算温度的重要性

室外计算温度对于夏季通风和空调的设计是很重要的，因为夏季通风和空调的设计涉及经济能力和技术上的可行性，以及设备装置的稳定性、可靠性。尤其在目前的技术条件下，冷却降温所需的成本较高而且冷却的效果没有冬季采暖效果好。此外，精密设备所要求的室内恒温条件，对于冷却能源以及设备装置的稳定性要求较高。

(4)规定标准的科学性和合理性问题

至于规定标准的科学性、合理性问题，属于研究课题，有些规定存在不合理或不明确的地方。例如，夏季室外通风计算问题，其标准涉及夏季最热月 14 时的月平均温度，是指 7 月还是 8 月，或者是 7～8 月之间的连续最热的 31 天的平均温度，规定中没有明确，也存在不合理问题，需今后研究解决。

以上规定均引自 1989 年 3 月再版的《民用建筑采暖通风设计技术措施》一书。过去出版的类似书籍中涉及的有关内容与该书略有不同，在新的规定公布之前，应以此书为准。

§6.3　建筑与防雷

6.3.1　雷电及其危害

6.3.1.1　雷电的形成

晴天的太阳辐射使地面及其附近的空气迅速增温，低层湿润的空气因受热而密度减小就会产生强烈的上升气流，而空气中的水蒸气在强烈的上升热气流的作用下，产生了水滴的分离，微小水滴带负电，较大的水滴带正电。微小水滴在气流的作用下形成带负电的雷云(雷雨云)，云上部的带正电的较大水滴则向地面降落而成雨或悬浮在空中。带负电的雷云在大地表面感应有正电荷。

这样，雷云与大地之间、云层之间、云与空气之间形成一个大的电容器。当电场电位差增加到极限值时，雷云开始电离并向下方梯级式放电，称为下行先导放电。当这个先导逐渐接近地面物体并达到一定距离时，地面物体在强电场作用下产生尖端放电形成向上的先导，并朝下行先导发展，两者汇合形成雷电通路，并开始主放电过程，在一瞬间发生明亮的闪电和隆隆的雷声。

这种雷击称为负极性下行先导雷击，图 6.5 所示为这种雷击的示意图，大约占全部雷击现象的 90%。其余的还有正极性下行先导雷击、负极性上行先导雷击和正极性先导雷击。

发生闪电和雷鸣的云俗称雷云和雷雨云，其中最重要的是积雨云。雷雨云或积雨云的形成必须具备三个条件：空气中含有充分的水蒸气；太阳对地面及其附近空气的强烈增热作用；地面到雷雨云或积雨云高度的大气层结是不稳定的。

一片雷雨云由若干雷暴单体组成，每个雷暴单体生命期由积云阶段、成熟阶段和消散阶段组成，生命期一般为 1 小时以内，但整个雷雨云的生命期可长达几小时。

6.3.1.2　雷电的危害

雷电是一种具有危害性的天气现象，它不仅会造成建筑物和森林火灾，而且会造成航空航天事故，还会对电业、铁路、通讯等多种行业造成破坏，甚至危及到人的生命。雷电危害被国际电工委员会(IEC)称为“电子化时代的一大公害”，雷电危害给全球造成的经济损失每年在 10 亿美元以上。

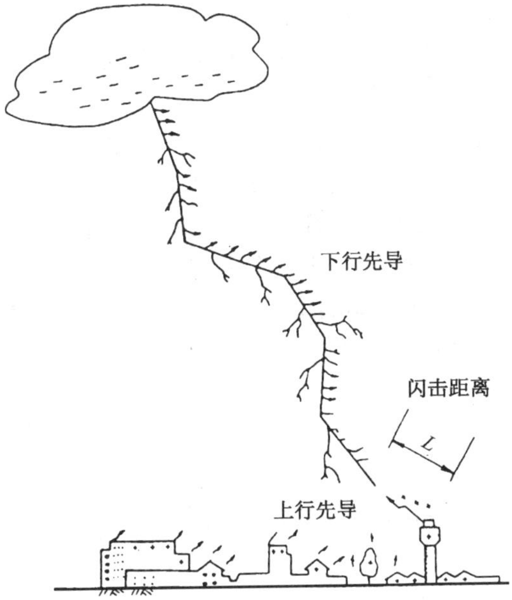

图 6.5 负极性下行先导雷击发展示意图

雷电危害主要可分为直击雷、感应雷、电磁脉冲辐射和雷电波入侵四种形式:

(1)直击雷危害

是指雷电直接击在建筑物和构筑物上,它的高电压和大电流产生的电磁效应、热效应和机械效应会造成许多危害。热效应为雷击时的强大雷电流通过导体时转变成大量热能,雷击放电的电量约为 25～100C,雷击点约释放出 1.98×10^{8}J 的能量,该能量足可熔化 50～200mm^{3} 的钢材,使物体燃烧,甚至引起火灾。机械效应为雷电流使物体水分受热突然蒸发,造成物体内压力骤增,而使被击物爆裂,产生强大的冲击性机械力。该机械力可以达到 5000～6000N,因而可使人体组织、建筑物结构、设备部件断裂破碎,从而导致人员伤亡、建筑物破坏、设备毁坏。另外雷电流通过导体时,在拐角处及平行导体间还会产生很大的作用力,也有很大的破坏作用。直击雷造成的危害虽然很大,但出现几率较小。

(2)感应雷危害

危害主要以下述两种形式出现:

①静电感应:静电是指物体表面过剩或不足的电荷,是由于电子或离子的转移而形成,具有高电位、低能量、小电流和作用时间短的特点。当雷云来临时,雷云底部分布着大量的负电荷,它们将产生静电场。在雷云所覆盖的地表面和各种物体,尤其是导体上,将感生出大量与雷云底部电荷符号相反的电荷,这种静电感应作用随着与雷云正下方地面的距离的增大而迅速减小(与距离的三次方成反比)。在雷云对地面或另一雷云放

电后，云中电荷消失。此时地面物体，尤其是导体，虽未直接受到雷击，但已聚积的电荷却产生了很高的电压，它必然要放电。这种放电电流也是一个很大的脉冲电流，其电击效果虽然比直击雷小一些，但是若窜入用电设施也会造成设施损坏或人员伤亡事故。

②电磁感应：雷电流在闪电通道周围的空间产生磁场，这种磁场随时间变化很大，一般在 50～100μs 的时间内，从 0 安培变化到几十万安培，再由几十万安培又变化到 0 安培，在其周围空间产生瞬变的强电磁场，在空间变化电磁场中的被保护物，不论是导体还是非导体均作切割磁力线运动，使其产生很高的电磁感应电动势或感生电流。这种电磁感应作用随着与落雷点的距离的增大而较快的减少(与距离的平方成反比)。在闪电电流流入地过程中，变化磁场在附近金属导体上产生的感应电动势或感生电流，也会造成电气设备遭到电击而损坏。

(3)电磁脉冲辐射危害

闪电放电时，其电流是随时间而非均匀变化的。一次闪电往往由几个短脉冲放电组成。一个中等的雷电放电，其第一个脉冲电流幅值大约为 30kA，其最大电流陡度大约为 12kA/μs。后续的脉冲电流幅值大约只有 12kA，但其最大电流陡度大约为 40kA/μs，因此脉冲电流就向外辐射电磁波，这种电磁脉冲辐射虽然也随着距离的增大而减小，但却比较缓慢(与距离的一次方成反比)，闪电的电磁脉冲辐射通过空间以电磁波的形式耦合到对瞬态电磁脉冲极其敏感的现代电子设备，如计算机上，就会造成设备故障或损坏设备。

(4)雷电波入侵危害

是指雷电击到电源线、信号线及金属管道后，以电波的形式引入建筑物的内部，危及人身安全或损坏设备。

直击雷或感应雷都可能使导线或金属管道产生过电压。这种过电压沿着导线或金属管道从远处雷区或防雷保护区域之外传来，侵入建筑物内部或设备内部，而使建筑物结构、设备部件损坏或人员伤亡。由于雷电过电压波沿导线或金属管道传播的距离远、扩散面大，特别是在当地并无雷电活动，人们毫无思想准备的情况下突然传来，所以雷电过电压侵入造成的损失也比较严重。

据统计，在电子设备遭受的雷击事故中，雷电过电压沿电源线侵入设备而造成的雷击故障，大约要占 80%，所以有人提出，建筑物既需要安装避雷针，更应该安装进线过电压保护装置。

据统计，目前直击雷造成的灾害已明显减少，而随着科技和经济的发展，感应雷电磁脉冲辐射和雷电波侵入造成的危害却大大增加。在各种雷电危害造成的损失中，感应雷击造成的损害高居榜首，占全部灾害损失的 33.8%。因为一般建筑物上的避雷针只能预防直击雷，而强大的电磁场产生的感应雷和电磁脉冲辐射却能潜入室内危及各种电子设备，轻则引起系统失灵，重则导致系统或元器件永久损坏。

6.3.1.3　雷击的选择性

由于雷云放电速度很快，雷电流的幅值很大，雷电流的陡度很高，雷电流的大小又与土壤电阻率、雷击点的散流电阻等因素有关。因此雷击发生就有规律可循，一般常发生在如下所述的区域：

①土壤电阻率小的地方，如有地下金属矿床、河岸、山坡与稻田交界处、不同电阻率的交界处。

②在湖泊、低洼地区及地下水位高的地区。东南山坡多于西北山坡。

③地面上有突起的建筑物、构筑物、大树、旗杆等，尤其是在旷野中突起物（含人、牲畜）。

④排放烟尘的厂房、废气管道、烟囱上的烟柱、含有大量导电质点和游离分子的气团。

⑤建筑物内金属结构多或金属屋顶。

⑥雷暴"走廊"、风口、顺风的河道等处。

⑦建筑物屋顶上的电视天线、输电导线。

⑧建筑物的以下部位：

- 平屋面或坡度不大于 1/10 的屋面——檐角、女儿墙、屋檐；
- 坡度大于 1/10 且小于 1/2 的屋面——屋角、屋脊、檐角、屋檐；
- 坡度不小于 1/2 的屋面——屋角、屋脊、檐角。

6.3.1.4　雷电（暴）的分布

雷电（暴）日是指某地区一年中雷电（暴）的天数。在一天中只要听到雷声（一次及一次以上），而不论雷鸣持续了多长时间都叫做一个雷电（暴）日。在一年中雷电（暴）日数的总和称为年雷电（暴）日数。

雷暴日数在地球表面的分布是不均匀的，一般是赤道多于两极，陆地多于海洋，高原山地多于平原，低纬地区多于高纬地区。一年中夏季多于春秋季，冬季最少。根据我国《电力设备过电压保护设计技术规程》规定：多年平均年雷电（暴）日数≤15d 的地区为少雷区；＞40d≤90d 的地区为多雷区；＞90d 的地区为强雷区。

雷暴日的多少不仅与纬度有关，还与距离海洋远近有关。根据雷暴日出现的情况，可将我国划分为四个区，如图 6.6 所示。

从图中可分析出：西北地区为少雷区，特别在新疆的南疆一带雷暴最少；黄淮流域、东北等长江以北地区年雷暴日数大多在＞15d、≤40d 之间；长江以南到北纬 23°以北地区年雷暴日数在＞40d≤90d 之间；北纬 23°以南的广东、广西、海南和云南滇西南地区年雷暴日数超过 90d 为强雷区，特别雷州半岛和海南岛高达 100～130d。我国大部分地区每年二三月份就进入了雷暴期，雷暴终止期一般在九十月份。

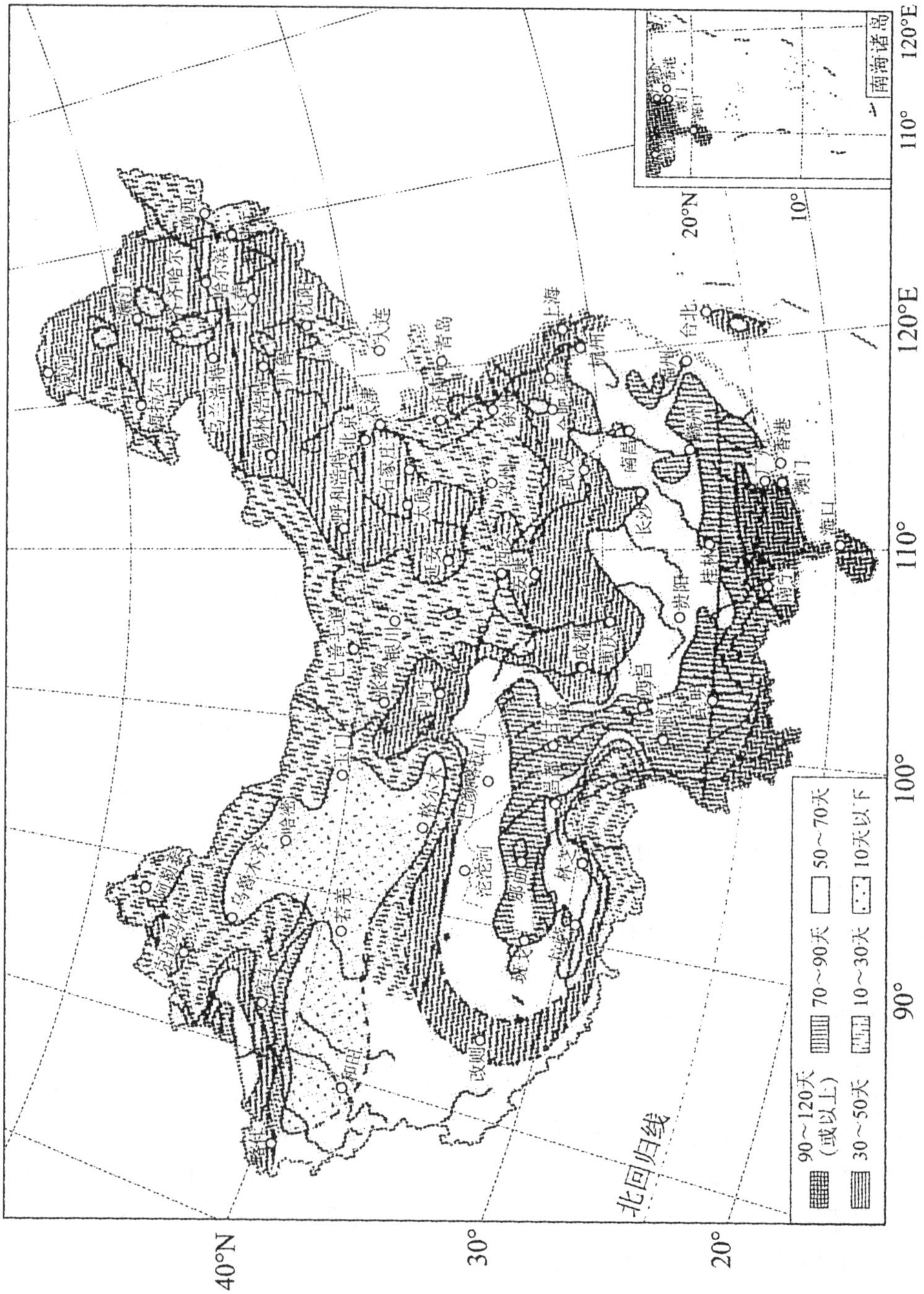

图6.6　我国雷电（暴）日分区

6.3.2　雷电防护方法及理论的发展

雷电防护方法和理论是以一定的物理学理论为基础的。随着科学技术的发展，使防雷方法和理论不断地完善，其发展可分为机械时代、电气时代和电子信息时代三大时期。

6.3.2.1　机械时代防雷

从富兰克林发明避雷针起到20世纪初防雷技术处于机械时代。

(1)防雷目的

指防止雷电直接击在建构物上，产生高电位的电效应、热效应和机械效应危害。

(2)防雷方法

主要方法是用避雷针防雷，亦称富兰克林法。是18世纪50年代由美国著名物理学家富兰克林提出的避雷针原理，即利用避雷针高出被保护物的高度使雷云下的电场发生畸变，从而将雷电流引到避雷针上，通过引下线和接地装置泄入大地，使被保护对象免遭雷电直击。

从避雷针防雷法应用示意图(图6.7)来看，避雷针可提供一个雷电只能击在避雷针上，但不能破坏以它为中心的伞形保护区，同理，避雷带提供的是一个屋脊形的保护区。保护伞或区所张开的角度称为保护角，它受针或带的设置高度、雷电强度以及其他参数的影响，保护角有的采用30°，有的采用45°或60°。

不同研究者提出的保护范围计算公式差别很大，迄今还没有一种为各国所公认的完善的计算方法。

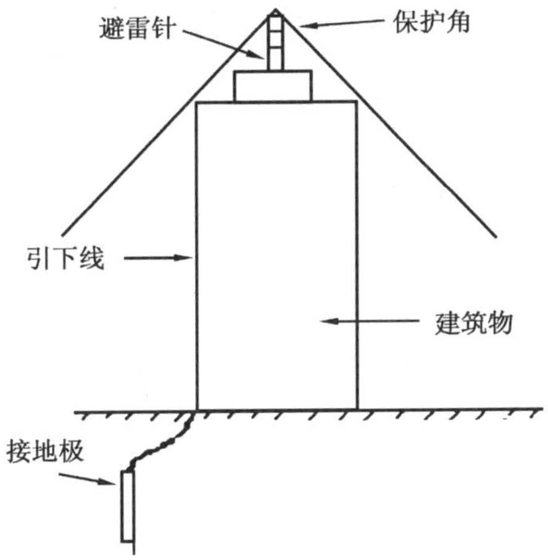

图6.7　避雷针防雷示意图

避雷针的实质是一组引雷导体,它使雷电触击其上而使建筑物得以保护,当雷击避雷针或避雷带时,由于引下线的阻抗,强大的雷电流可能会造成避雷系统带上高电位,对地电压可达相当高的数值,以至于可能造成接闪器及引下线向周围设备(设施)跳火反击,从而造成火灾或人身伤亡事故。同时,强大的雷电流泄入大地,在接地极周围形成跨步电压的危险也是不容忽视的。

6.3.2.2　电气时代防雷

20 世纪初,由于电讯业、电力业的发展,雷电对其产生的危害越来越严重,因此防雷技术不仅要保护建构物,还需要保护建构物内部的由继电器、晶体管等组成的电气设备,促使雷点防护技术由机械时代向电气时代发展。

(1)防雷目的

除防止雷电直接击在建筑物上,产生高电位的电效应、热效应和机械效应危害外,还防止雷电以金属导线或金属管道为通道,以雷电波的形式侵入建筑物内,危害室内人身安全和毁坏设备。

(2)防雷方法

主要是采用避雷针、法拉第笼和避雷器等防雷方法综合应用,其原理如下:

①法拉第笼防雷法。利用钢筋或铜带将建筑物包围起来,如图 6.8 所示。这种方法使建筑物被垂直与水平的导体密密麻麻地包围起来,形成一个保护笼,称为法拉第保护笼(即法拉第笼)。由于建筑物有对外的通道,且法拉第笼只能屏蔽静电场,而对雷电流引起的空间变化电磁场无法屏蔽,并且法拉第笼不能使建筑物的拐角处避免雷击。近年来,用得较多的是采用避雷针防雷法和法拉第笼综合使用。

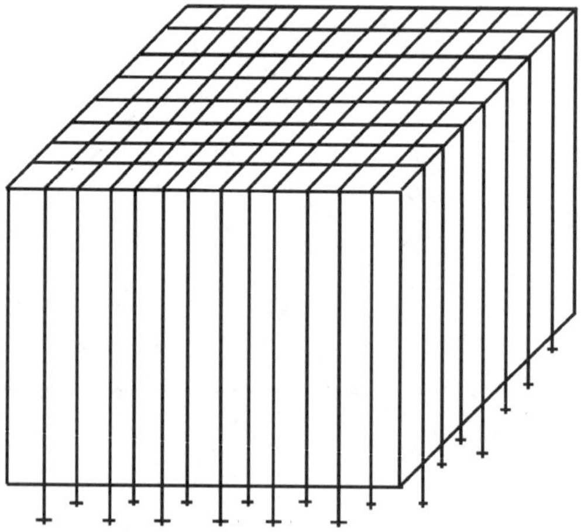

图 6.8　法拉第笼式防雷法示意图

②避雷器防雷法。是一种限制由输配电线路传来的雷电过电压或由操作引起的内部过电压的电气设备,实质上它是一种放电器,并联在被保护设备附近。当作用电压超过避雷器的放电电压时,避雷器就先放电,使大量的电荷泄入地中,从而保护了设备不受感应雷和雷电波入侵的损害。

目前使用的主要有保护间隙避雷器、阀型避雷器、排气式避雷器、氧化锌避雷器等四种避雷器,如图 6.9 所示。

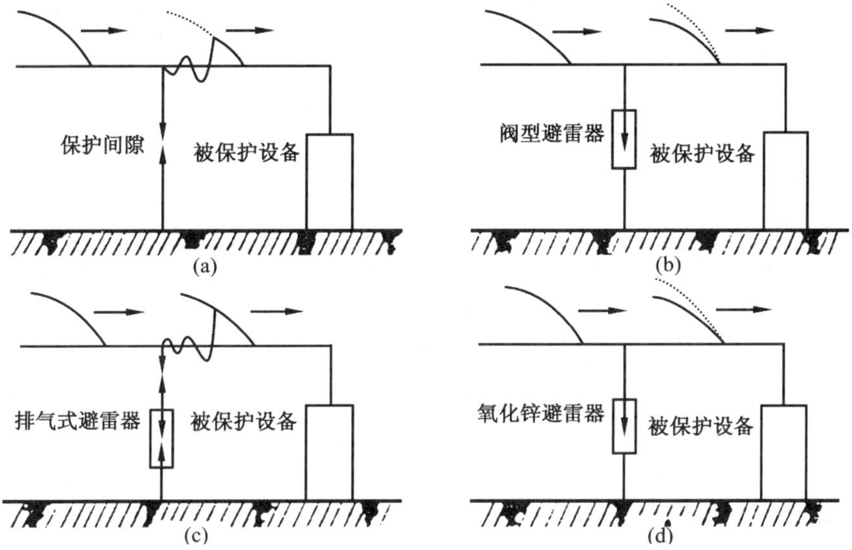

图 6.9 电力避雷器的保护作用原理

6.3.2.3 电子信息时代防雷

进入 20 世纪 70 年代后,由于航天技术的发展,半导体集 成技术和微电子技术的普遍应用,以及大气环境污染,导致雷电的电磁干扰、闪电的脉冲危害越来越严重。因此防雷技术逐渐由电气时代向电子信息时代迈进。

(1)防雷目的

主要目的除上述内容外,还需防止雷电的电磁感应危害和电磁脉冲辐射危害。

(2)防雷方法

主要采用对雷电电流进行分流、泄流和阻断雷电波入侵,以及对保护设备进行屏蔽、等电位等防雷综合技术,简称 DBSGP 防雷系统工程,主要用于电子设备和易燃易爆场所防雷、防静电、防地磁爆、防电磁脉冲、防核电磁脉冲、防电磁干扰以及防电磁暂态效应等方面的危害。

DBSGP 防雷系统工程一般包括以下方面:

①分流技术。在防雷场所的楼顶增设(或高于天线的)接闪器,将大量电流通过大楼

金属结构、引下线和接地网向大地泄流，以降低电位。

②屏蔽技术。在防雷场所将避雷网、屏蔽网、建构物金属钢筋和金属体进行电气连接(接触电阻 $R \leqslant 0.03\Omega$)，形成多重屏蔽系统。如果防雷场所室内有电子设备，则需在室内设环行接地母线，在四角与楼外的接地带相连，这就形成一个屏蔽笼。所有波导管、信号线、计算机各导线也均采用屏蔽线或穿入金属屏蔽管，且屏蔽层或铁管的两端接地。

③搭接技术。将防雷场所的全部输送管道的法兰、金属罐体、金属设备、设备所用电缆的屏蔽层进行电气搭接(接触电阻 $R \leqslant 0.03\Omega$)均衡电位。

④接地技术。将防雷场所的所有金属构件、管道、导线金属屏蔽层或穿线金属屏蔽管等均连在一起与屏蔽笼及总地网就近连接，以加密法拉第笼。并将防雷接地、工作接地、保护接地均连在一起，以均衡电位。

⑤保护技术。将防雷场所的电子系统中所用的信号线、电源线采用粗保、细保、精保三级滤波防护技术，以防止信号线、电源线遭雷击或发生雷电感应时形成的雷电波侵入室内，毁坏设备。同时对储存易燃易爆物品的容器必须安装检测仪器的信号线，并要求采用不受电磁感应影响的光缆和光纤元器件。

6.3.3　建筑物的防雷分类

根据我国技术监督局、建设部颁布的国家标准《建筑物防雷设计规范》GB50057-94，有以下几种分类方法。

6.3.3.1　民用建筑物的防雷分类

建筑物应根据其重要性、使用性质、发生雷电事故的可能性和后果，按防雷要求分为三类：

第一类防雷的民用建筑物：指的是具有特别重要用途的属于国家级的大型建筑物，如国家级会堂、办公建筑、博物馆、展览馆、火车站、国际航空港、通信枢纽、国宾馆、大型旅游建筑、超高层建筑、国家重点保护文物类的建筑物和构筑物等。

第二类防雷的民用建筑物：指的是重要的或人员密集的大型建筑物，如省部级办公楼、省级大型集会、展览、体育、交通、通信、商业、广播、剧场建筑等。省级重点文物保护的建筑物和构筑物；19 层及以上的住宅建筑和高度超过 50m 的其他建筑物。

第三类防雷的民用建筑物：

①年雷击次数在 0.01 次及以上的建筑物。年雷击次数 N 的经验公式见本节大气雷电环境评价部分内容；

②建筑群边缘地带的高度为 20m 以上的建筑物，在雷电活动强烈地区高度可为 15m 以上，雷击活动比较弱的地区其高度为 25m 以上；

③高度超过15m以上的烟囱、水塔等孤立的建筑物或构筑物，在雷电活动比较弱的地区，其高度可为20m以上；

④历史上雷害事故比较多的建筑物。

6.3.3.2　工业建筑物的防雷分类

建筑物根据其生产性质、发生雷电事故的可能性和后果，按对防雷的要求分为三类（主管部门另外有规定的除外）：

第一类工业建筑物：

①凡建筑物中制造、使用或储存大量爆炸物质，如炸药、火药、起爆药、军工用品等，因电火花而引起爆炸，会造成巨大破坏和人身伤亡者；

②工业企业内有爆炸危险的露天钢质封闭气罐；

③Q-1级或G-1级爆炸危险场所。

第二类工业建筑物：

①凡建筑物中制造、使用或储存爆炸物质，但电火花不易引起爆炸或不至于造成巨大破坏和人身伤亡者；

②Q-2级或G-2级爆炸危险场所；

③预计年雷击次数大于或等于0.06次的一般性工业建筑物；

④根据雷击后对工业生产的影响及产生的后果，并结合当地气象、地形、地质及周围环境等因素，确定需要防雷的火灾危险区；

⑤在年平均雷暴日大于16d的地区，高度在15m及15m以上的烟囱、水塔等孤立高耸建筑物；

⑥在年平均雷暴日小于15d的地区，高度在20m及20m以上的烟囱、水塔等孤立的高耸建筑物。

第三类工业建筑物：

①根据雷击后对工业生产的影响，并结合当地气象、地形、地质及周围环境等因素，确定需要防雷的Q-3级爆炸危险场所或H-1、H-2、H-3级火灾危险场所；

②历史上雷害事故较多的地区建筑物；

③高度在15m以上的烟囱、水塔等孤立的高耸建筑物，在年雷暴日数少于30d的地区，其高度可为20m以上。

上述的Q，G，H危险场所分类是根据发生事故的可能性和后果，按危险程度及物质状态的不同来划分爆炸和火灾危险场所的类别：

Q类：是指气或蒸汽爆炸性混合物的爆炸危险场所，共有三级：

Q-1级：是指正常情况下能形成爆炸性混合物的场所；

Q-2级：是指正常情况下不能形成，但在不正常情况下能形成爆炸性混合物的场所；

Q-3 级：是指正常情况下不能形成，但在不正常情况下能形成爆炸性混合物可能性较小的场所。

G 类：是指粉尘或纤维爆炸混合物的爆炸危险场所，共有二级：

G-1 级：是指正常情况下能形成爆炸性混合物的场所；

G-2 级：是指正常情况下不能形成，但在不正常情况下能形成爆炸性混合物的场所。

H 类：是指火灾危险场所，共有三级：

H-1 级：是指在生产过程中使用、加工、储存或转运闪点高于场所环境温度的可燃液体，在数量和配置上能引起火灾危险的场所；

H-2 级：是指在生产过程中悬浮状、堆积状的可燃粉尘或可燃纤维不可能形成爆炸性混合物，但在数量和配置上能引起火灾危险的场所；

H-3 级：是指固态可燃物质，在数量和配置上能引起火灾危险的场所。

6.3.4 建筑物防雷系统的组成

防雷的目的是要保护人类生命和建筑物、设备等免遭雷电危害，或者将这种危害减小到最低程度。

当雷鸣闪电发生时，强大的电流波和雷击的短暂突发性如洪水爆发，因此我们必须给雷电流提供一条低阻抗的导电通道，将雷电流传导到大地，让它巨大的能量耗散到大地中，从而保护地面的建筑物、设备和人类。人类几千年来在与雷电灾害的斗争中，摸索和总结了大量防雷的知识和经验。从 18 世纪 50 年代的富兰克林避雷针，到目前还普遍使用的避雷网、屏蔽网、电力避雷器、电信避雷器等，均体现了防雷的基本思路是为雷电流（包括雷电电磁脉冲辐射）提供一条对地泄放的合理低阻抗路径，从而达到控制雷电能量的泄放和转换。

防雷系统（装置）主要包括接闪器、引下线、接地装置、及其他连接导体等。

6.3.4.1 接闪器

接闪器是对直接截受雷击的避雷针、避雷带（线）、避雷网、以及用作接闪的金属屋面和金属构件的总称。根据被保护物体形状的不同，接闪器的形状也不同。

（1）避雷针

是一种主动式、良好的接闪装置，它在雷云形成的电场作用下会产生向上先导，从而可以改变雷云下行先导放电的走向，将雷电引诱到自己身上，而不让雷电流随意选择放电通道。它适用于保护细高的建筑物或构筑物，如烟囱和水塔等。避雷针可以用圆钢或管钢制成，在顶端砸尖，以利于尖端放电。在平原地区避雷针的保护角是 45°，在山区是 37°。

避雷针的形状如图 6.10 所示。避雷针的数量与烟囱规格的关系如表 6.9 所示。

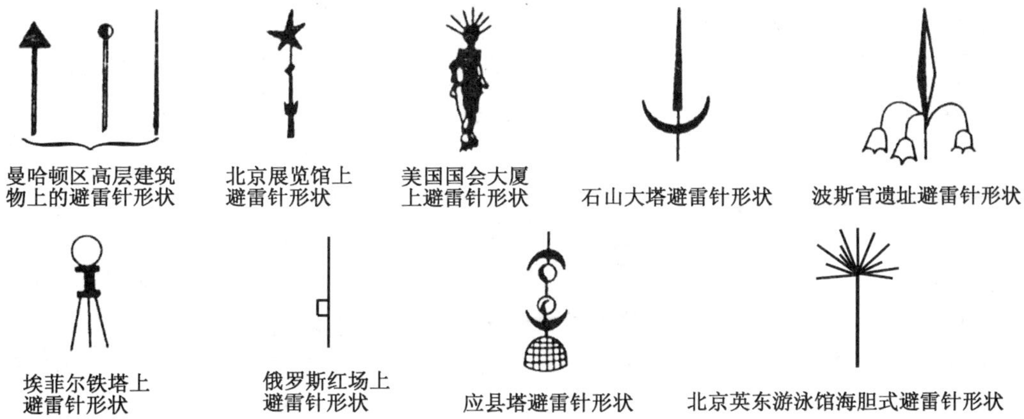

图 6.10　避雷针的形状

表 6.9　避雷针的数量与烟囱规格的关系

烟囱内径(m)	烟囱高度(m)	避雷针(根)
1	15～30	1
1	31～50	2
1.5	15～45	2
1.5	46～80	3
2.5～3	31～100	3

独立的避雷针适用于保护较低矮的库房和厂房，特别适用于那些要求防雷导线与建筑物内各种金属及管线隔离的场合。

较低避雷针的保护角较大，高架避雷针的保护角较小，如果固定以保护角表示避雷针的保护范围，则高架避雷针的保护范围相对小。装设避雷针和避雷网是民用建筑物防雷的主要形式。

(2)避雷线、避雷网和避雷带

是在避雷针基础上发展起来的。其中避雷线适用于长距离的高压供电线路的防雷，而避雷网和避雷带则适用于宽大的建筑物。通常用直径 8～10mm 的镀锌圆钢。

(3)避雷环

在烟囱或其他建筑物顶上用环状金属做成闪接器。

(4)放射形避雷针

也称为海胆式避雷针，如北京中化大厦及亚运村霍英东游泳馆用的闪接器。每座避雷针顶端有 12 根针。

6.3.4.2　引下线

引下线是连接接闪器与接地装置的金属导体。由于防雷要求雷电流对地泄放的通道是低阻抗的，因此引下线必须以最短的途径接地。为了防止一根引下线在捕获雷电时，引下线的上下端出现巨大电位差对附近物体形成危害，常采用多根引下线。为了使多根引下线上能出现均匀的雷电流，可每隔一定高度距离设置一个均压环，把所有引下线作等电位连接起来，一直到接地装置。

实践证明，引下线可专门敷设，也可利用建筑物的金属构件。当利用建筑物的钢筋等金属构件作为引下线，同时建筑物的大部分钢筋、钢结构等金属构件与被利用的部分连成整体时，金属物或线路与引下线之间的距离可不受限制。当金属物或线路与引下线之间有自然接地体或人工接地的钢筋混凝土构件、金属板、金属网等静电屏蔽物隔开时，金属物或线路与引下线之间的距离也可不受限制。

引下线采用结构柱钢筋时，钢筋直径不小于 12mm，每根柱子焊接不少于两根主筋。装设在烟囱上的引下线若用明装钢筋，则直径不小于 8mm，暗装引下线则可以用直径 12mm 的镀锌钢筋。金属烟囱本身也可以兼作引下线。

6.3.4.3　接地装置

接地装置是接地体和接地线的总称。它是让已纳入防雷系统的雷电流能顺利流入大地，而不能让雷电流能量集中在防雷系统的某一处而造成对被保护物体的破坏。有良好的接地装置才能有效地将雷电能量泄放到大地，使引下线上的电压降低。接地装置是防雷系统中最重要、最基础的一个环节，如果接地装置考虑不周，会使防雷效果不佳，甚至扩大了雷害程度。建筑物内的用电设备或设施（包括强电或弱电）都应有接地措施。

按接地的用途和性质，可分为三大类：

工作接地：是为了电路或设备达到正常运行要求的接地；

保护接地：是把在发生故障的情况下，可能出现的危险对地电压的导电部分同大地连接起来的接地；

避雷接地：是使雷击时所产生的雷电流能通过埋在地下的导体向大地泄放，以避免雷电能量集中而造成雷击损害的接地。

在实际工作中，三者常常是互相牵连的，基本原理也是相同的。

常用的接地装置类型有：

①垂直埋设的接地体。圆钢一般采用∅19mm 或∅25mm 的尺寸；管钢 SC50mm；角钢用 40mm×40mm×4mm 或 50mm×50mm×5mm。通常 2～5 根为一组，每根长 2.5m，每两根之间距离为 5m。也可以沿建筑物四周砸一圈垂直接地体，再用扁钢作接地母线将其焊接。

图 6.11 所示为垂直接地装置制作法。

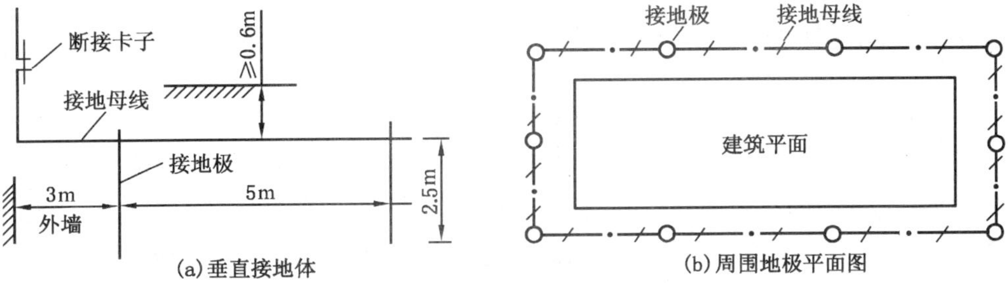

图 6.11　垂直接地装置制作法

②水平接地体和联结条，通常采用扁钢焊接，如图 6.12 所示。

图 6.12　水平接地体平面图

③对伸长性接地体，在计算冲击接地体的有效长度(从接地体和引下线的近接点算起)应按下式计算，即

$$L = 2\sqrt{\rho} \tag{6.31}$$

式中 L 为有效长度(m)；ρ 为接地体周围的介质的电阻率(Ωm)。例如当接地体周围的介质的电阻率 ρ 为 16Ωm 时，则接地体的有效长度 L 为 8m。

④为了防止跨步电压，接地体距离建筑物外墙不得小于 3m。接地极之间的距离不得小于 5m。接地极不得设置在楼门口、人行通道及地面上有人活动的地方，否则应该在接地极上面铺一层沥青层，其厚度不小于 80mm。实践证明采用建筑物的基础主筋作接地体效果很好，不仅节省钢材，而且接地电阻小。

⑤人工接地体 或称自然接地体，是指埋入地下的金属结构、金属管道、金属井管、混凝土建筑物的基础钢筋及深水泵金属外套管等，在满足安全的前提下也可以作为接地装置。

防雷接地应尽量利用自然接地体作为防雷接地，条件允许时优先利用建筑物的基础(高层建筑物的桩基础、箱形基础等)作接地装置。这些基础连成的接地网有较大的电容，其冲击阻抗是很小的。对于建筑物基础处于水位很低，含水量达不到 4%的地区，则应做补充接地装置。有的地区水位虽高，但基础包裹在防水层(如油毡)内，这样的基础也不能作为接地装置，也应该另做防雷接地装置。

6.3.5 防雷系统的设计与技术

6.3.5.1 高层建筑物的防雷系统

高层建筑的特点是建筑面积大、高度高，一般将24～100m的建筑称为高层建筑，100m以上的称为超高层建筑。高层建筑物通常除地上部分外还在地下有若干层，且电梯多，水泵多，消防设备多。如果一旦被雷电袭击而起火，损失十分严重，因此高层建筑物的防雷系统的设计与技术十分重要。

(1)防直击雷的技术措施

①装设独立避雷针或避雷带对排放有爆炸危险的气体、蒸汽或粉尘的管道进行保护，其保护范围高出管顶不应小于2m；

②独立避雷针应有独立的接地装置，冲击电阻 R_{ch} 宜小于或等于10Ω；

③独立避雷针及其接地装置，距离被保护建筑物及其有联系的金属物(如管道、电缆、防雷电感应的接地装置等)之间的距离不得小于3m。

(2)侧向雷击及其防雷技术措施

当10kA的雷击先导距建筑物只有50m，超过了相应的闪击距离40m时，避雷带不能将此雷击先导吸引到自己身上再泄入大地，而雷击先导又已经进入到它的闪击距离之内(如高度较高建筑物上的金属窗框等)于是建筑物的侧面易受雷击，这种小的雷击电流袭击高层建筑物侧面的现象称为侧向雷击。其主要防雷技术措施是：

①在建筑物容易遭受雷击的部位装设避雷带作为接闪器。屋面上的任何一点，距离避雷带均不大于10m；

②两条平行避雷带之间的距离不大于10m。当有三条平行避雷带以上时，每隔30m或小于30m应该互相联结。突出屋面的物体，可沿其顶部装设环状避雷带保护；

③在建筑物高30m及30m以上时，每不超过6m，沿建筑物四周外墙的圈梁内用扁钢作均压带，并与引下线焊接；

④在建筑物高30m以下，每三层沿建筑物四周将圈梁内的主筋焊接起来，并与引下线焊接，称为均压环焊接；

⑤高层建筑外墙所有金属门窗及阳台等与引下线焊接起来。整个建筑金属部分全部焊接成一个整体，即法拉第笼。不仅可防侧向雷击，还可以有效地防止直接雷击；

⑥钢筋混凝土建筑物应当在各层的适当位置预埋与房屋结构内防雷导体相连的等电位连接板，使建筑物的地面、墙板和金属管、线路都处于同一电位。

(3)防雷电感应的技术措施

①为了防止静电感应产生火花，建筑物内的金属物(如设备、管道、构架、电缆外皮、钢窗等较大金属构件)和突出屋面的金属物(如放散管、风管等)均应接地，金属屋面和

钢筋混凝土屋面(其中钢筋宜绑扎或焊接成电气闭合回路)沿周边每隔 18～24m 应用引下线接地一次；

②接地装置的接地电阻 $R \leqslant 10\Omega$。并且应该和电器设备的接地装置共用，屋内接地的干线与接地装置的联结不得少于两处。

(4)防雷电波侵入的技术措施

①电源进线采用直埋电力电缆进线，在进入建筑物处应与防雷电感应的接地装置相联；

②在电缆与架空线联结处，应装设阀型避雷器。避雷器、电缆金属外皮和绝缘子铁角应联结在一起接地，其冲击接地电阻应小于 10Ω；

③架空、埋地或地沟内的金属管道，在进入建筑物处应与防雷电感应的接地装置相联。距建筑物 100m 以内的架空管道还应每隔 25m 左右接地一次，冲击接地电阻小于 20Ω，可用金属或钢筋混凝土支架的基础作为接地装置；

④垂直敷设的主干道金属管道，尽量设置在建筑物中部和屏蔽的竖井中。建筑物内的电气线路采用钢管敷设。垂直敷设的电气线路，在适当部位装设带电部分与金属外壳之间的击穿保护装置。

(5)防雷电电磁脉冲辐射的措施

①对有大量微电子设备的房间加装屏蔽网和设备外壳；

②对微电子设备的电源线和信号线的接口，增设防过电压的装置；

③将门窗的金属框架接地，并加装金属网。

6.3.5.2　计算机及其网络的防雷技术

信息技术是高科技研究和发展的核心和先导技术，而信息技术离不开计算机对信息资料的收集、加工、处理、分析、存储和传输，计算机的普及与应用成了一个国家兴旺、科技发展程度的重要标志。计算机虽然有很多功能，但也有它的不安全因素，在这些因素中有本身的，还有人为的和自然的。在自然因素中，除水、火、灰尘、静电、有害气体外，电磁干扰对其危害尤为严重。雷电是大气层中强电磁干扰源，雷电放电可产生强烈的电磁辐射，它可造成计算机误动作或失常，甚至使计算机局部损坏或整机报废。

计算机的应用还朝着系统化和网络化发展，利用网络将不同型号、不同地区、不同国家的计算机联网，使信息资源能共享。但长距离的通信线路，特别是利用微波通信线路传递信息时，高耸的微波铁塔的"引雷"作用，使计算机更易遭受雷电袭击，雷电流可沿通信线路入侵计算机及网络。使线路系统被击、硬件损坏、网络瘫痪。

计算机及其网络的防雷主要从以下方面考虑：

(1)机房的防雷措施

①计算机房不应设在强磁场区内，应尽量避免建在经常有落地雷的地区；

②机房设在建筑物中部，当建筑物受雷击时，这里的雷电电磁场最小；

③计算机房必须有防直击雷的措施，应在屋面装设避雷带。避雷带应沿屋角、屋脊、屋檐和檐角等易受雷击的部位敷设。屋面上任何一点距避雷带的距离应小于 10m。当有三条及以上的平行避雷带时，每隔 30～40m 应将平行的避雷带连接起来；

④避雷器的引下线不得少于两根，其间距 30m 为宜；

⑤防直击雷的接地装置的冲击接地电阻不宜大于 10Ω，并应与电气设备的接地装置、埋地金属管道等相连；

⑥加强机房的屏蔽措施以防止电磁场干扰计算机正常工作。

(2)计算机设备的防雷措施

①采用不间断电源(UPS)供电；

②作好高压架空电力线的防雷，以确保 UPS 电源不受雷击；

③UPS 电源输出端应安装一组低压避雷器，防止雷电反击；

④对计算机系统信号传输线(双绞线、同轴电缆、光缆等)完善其防雷保护措施。如将传输线穿入铁管之内，并将所有铁管焊接在一起，再与接地线连接；传输线终端设备的输入端安装计算机避雷器等；

⑤计算机接地线的接法、质量，影响到计算机稳定可靠的运行、人员和设备的安全。根据计算机不同种类、大小，可采用直流地(串联、并联、网络)、交流地、安全地、房静电接地、屏蔽接地、避雷接地等接地法。

(3)计算机网络的防雷措施

①网络采用有线传输线路时，应用屏蔽良好的电缆；将每盘光缆在接头处进行电气连通处理；光缆上方布放屏蔽线；采用架空的避雷线(针)来保护地下电缆；将电缆的铠装护套、金属护套用接地装置与大地保持电气连接；

②当网络采用微波通信线路时，则应在微波铁塔上安装避雷针以防直接雷击；微波天线引下的波导管或同轴电缆的金属护套等，应在塔的上、下两端及每隔 12m 处与铁塔的金属结构连接起来，在机房内应与地网连接起来；铁塔上的照明电源线应采用金属护套电缆或将导线穿入金属管内；

③当网络采用卫星通信系统时，应在卫星通信天线反射体抛物面骨架顶端及副面调整器顶端分别装设避雷针；天线与避雷针之间应保持 0.5m 以上安全距离，并将天线支架与引下线作等电位连接；引下线可利用机房钢筋混凝土构件的钢筋，也可单独做引下线。

6.3.6　大气雷电环境评价

建设项目在计委立项、规划红线图和初设计图出来后，防雷中心应根据建设项目所在地的地理位置、气候背景、下垫面土壤性质、四周环境条件以及建设项目建设规模、使用性质和功能区布置的情况，进行大气雷电环境评价并提出建设项目防雷系统设计的意见。主要内容为：

6.3.6.1 建设项目的简介

①建设规模：建筑面积、总投资金额。

②使用性质：重要性，属民用建筑还是工业建筑。

6.3.6.2 建设项目所在地自然地貌概况

①地理位置(经纬度)及海拔高度。

②地形及附近水域、山地、山脉、河流距建筑物的距离及其走向。

③附近建筑物高度及其距离。

④气候概况。

⑤土壤性质及地下水位。

⑥土壤电阻率 ρ 的测定，可利用单极测试法等方法在建设项目所在地中心及不同方位测定。

6.3.6.3 建设项目所在地雷暴规律分析

(1)雷暴日数、雷暴持续期(天)、雷暴小时数、雷暴次数的多年平均及极大值的统计

雷暴日数的统计按 6.3.1.4 节介绍的标准进行。

雷暴持续期为一年中，雷暴初日到终日(包括初、终日当天)之间的天数。初、终日可根据气象资料确定，然后利用平年日期序列表计算，计算公式如下：

$$\text{雷暴持续天数} = \text{雷暴终日的日期序列值} - \text{雷暴初日的日期序列值} + 1$$

雷暴小时数是雷电活动频繁程度的统计单位。在 1 小时内听到一次雷声以上算作一个雷暴小时，在 1 年中雷暴小时的总和为该年度的雷暴小时数。

雷击次数则为在一年中听见雷声次数的总和。

以上项目均要统计多年的平均值和多年中的极大值，以了解该地雷暴活动的平均情况和极端情况。

(2)雷暴活动方向分析

统计多年以来，每次雷击出现的方向，并利用表格或玫瑰图分析该地雷暴的主导方向和次主导方向。

图 6.13 为重庆市朝阳区雷暴活动玫瑰图，从图上可知其主导方向为 NW，次主导方向为 SW，因此在该地区的建筑物应特别考虑以上两个方面的防雷。

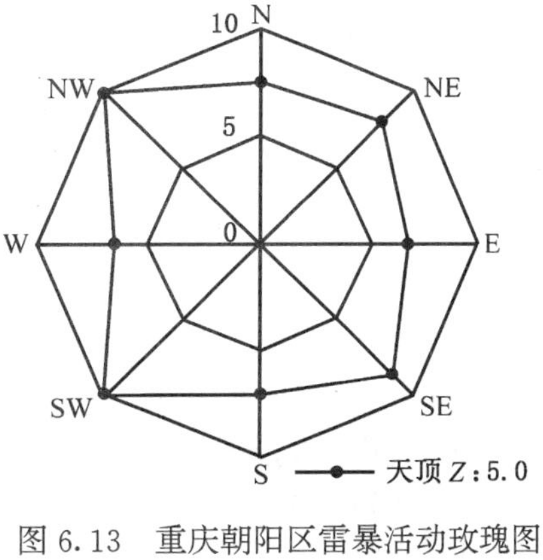

图 6.13 重庆朝阳区雷暴活动玫瑰图

(3)雷击大地密度 N_g

在雷云与大地之间、云层之间、云与空气之

间的放电现象中。只有雷云与大地之间的放电现象才是我们防雷的重点。雷击大地密度 N_g 是指一年中，每平方公里受雷击的次数。N_g 目前还没有系统的观测资料，但国际上已确认 N_g 与年平均雷暴日数 T_d 之间为非线性的指数关系，根据我国情况采用下列经验公式计算

$$N_g = 0.024T_d^{1.3} \tag{6.32}$$

式中 T_d 为年平均雷暴日，可根据当地气象资料确定(d/a)。

从(6.32)式可见，年平均雷暴日数 T_d 越大的地区，雷击大地密度 N_g 也越大。为了分析出雷击大地密度在年内不同季节、月份的变化，应先计算逐月的 $N_{gi}(i=1,2,\cdots,12)$；还要计算 N_g 年际间的变化趋势；历年中 N_g 的平均值及极大值。

6.3.6.4 建筑物防雷分析

(1)建筑物受雷击次数 N 的预测

根据国标《建筑物防雷设计规划》，可按下式计算

$$N = kN_gA_e \tag{6.33}$$

式中 N 为建筑物预计雷击次数(次 /a)；k 为校正系数，在一般情况下取 1，位于旷野孤立的建筑物取 2，金属屋面的砖木结构建筑物取 1.7，位于河边、湖边、山坡下或山地中土壤电阻率小处、地下水露头处、土山顶部、山谷风口等处的建筑物，以及特别潮湿的建筑物取 1.5；N_g 为建筑物所处地区雷击大地的年平均密度[次 /(km^2 · a)]；A_e 为与建筑物截收相同雷击次数的等效面积(km^2)。

建筑物等效面积 A_e 应为其实际面积向外扩大后的面积，其计算方法应符合下列规定：

① 当建筑物的高 H 小于 100m 时，其每边的扩大宽度和等效面积应按下列公式计算

$$D = \sqrt{H(200-H)} \tag{6.34}$$

$$A_e = [LW + 2(L+W)\cdot\sqrt{H(200-H)} + \pi H(200-H)]\cdot 10^{-6} \tag{6.35}$$

式中 D 为建筑物每边的扩大宽度(m)；L,W,H 分别为建筑物的长、宽、高(m)。

建筑物面积扩大后的等效面积 A_e 如图 6.14 中周边虚线所包围的面积。

②当建筑物的高 H 等于或大于 100m 时，其每边的扩大宽度应按等于建筑物的高 H 计算；建筑物的等效面积应按下列公式计算

$$A_e = [LW + 2H(L+W) + \pi H^2]\cdot 10^{-6} \tag{6.36}$$

③当建筑物各部位的高不同时，应沿建筑物周边逐点算出最大扩大宽度，其等效面积 A_e 应按每点最大扩大宽度外端的连接线所包围的面积计算。N 也需计算年内各月的 N_i；N 的年际变化趋势；N 的多年平均值及极大值。

(2)建筑物接闪器的保护范围计算

我国《建筑物防雷设计规范》采用国际电工委员会(IEC)推荐的滚球法计算避雷针(线)的保护范围。它以雷电放电的几何距离长短作为避雷针(线)保护范围的判据，因避

雷针(线)数量不同、高度不同而计算公式不同(详见《建筑物防雷设计规范》附录四中滚球法确定接闪器的保护范围)。

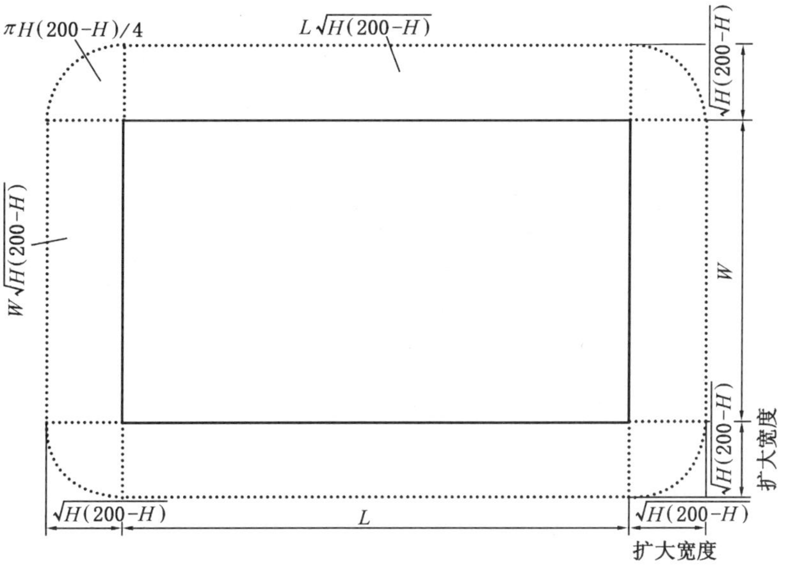

图 6.14　建筑物的等效面积

(3)雷击环境(建筑物)防雷保护的分区

根据建筑项目所在地雷暴规律分析,以及地形地貌、土壤电阻率等将需要防雷保护的建筑物内外空间环境分为几个区域,如图 6.15所示。

O 区：建筑物或构筑物界面之外的空间。

在本区内的物体均处于直接雷击之下。该区内的各类传输线、信号线、天线馈线、电缆及金属管等导体都可能由于直接雷击的作用和雷电电磁脉冲的感应作用而传导全部的雷电流。本区空间内,由雷电放电辐射产生的电磁场也未经衰减。

Ⅰ区:由建筑物或构筑物的界面所包围的空间。

本区内的物体不处于直接雷击之下。由于Ⅰ区和O区交接面的设施对雷电流有分流作用,对雷电电磁辐射有一定的屏蔽作用,因此本区内导线传导的雷电流将比O区内导线传导的雷电流要减少。本区内电磁场被衰减,但衰减的程度取决于与O区界面的屏蔽效果。

Ⅱ区:是Ⅰ区内具有更高屏蔽要求的空间。

如屏蔽室或电气设备及其机壳内的空间,该区内导线传导的雷电流有可能进一步被减少,而雷电电磁辐射的电磁场也再次衰减。

(4)建筑物保护级别的确定

根据建设项目的简介，即该建筑物的重要性、使用性质、发生雷电事故的可能性和后果，按国标《建筑物防雷设计规范》确定分类级别（详见 6.3.3 节内容）。

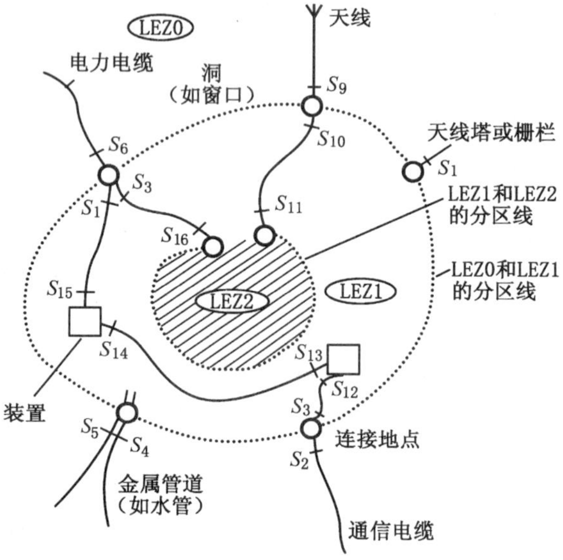

图 6.15　防雷保护的分区

6.3.6.5　工程防雷设计与技术措施

工程防雷设计与技术措施主要有以下方面：

①选择该类建筑物适用的接闪器；

②增加雷电流的分流路径，平衡雷电流的分流，减弱室内设备的电磁感应效应；

③采用共用线接地系统；

④实施均压等电位连接；

⑤作好建筑物和线缆的屏蔽，防止雷电的电磁干扰；

⑥安装过电压保护器装置；

⑦合理布局建筑物内的设备；

⑧合理敷设电线、电缆线。

防雷工程设施的安全年度检测，在每年雷暴季节初期和终期进行，以保证防雷设备的正常运行。

习题及思考题

1. 什么是重现期，气象要素极值出现频率 P 与重现期 T 之间是什么关系？
2. 掌握用经验频率法求气象要素极值方法的步骤。
3. 用皮-Ⅲ型分布和第Ⅰ型极值分布推算气象要素极值时，其步骤有什么异同。
4. 某地历年最大风速如下表，用皮-Ⅲ型频率分布和第Ⅰ型极值法推算当地 20 年、100 年一遇的极大风速。

某地历年最大风速表(m/s)

年份	1970	1971	1972	1973	1974	1975	1976	1977	1978	1979	1980	1981	1982	1983	1984	1985	1986	1987
风速(m/s)	12	16	17	22	21	16	16	19	12	17	12	13	22	17	18	12	10	13

皮-Ⅲ曲线的离均系数 φ_p 值表

C_s \ P(%)	0.1	0.5	1	2	3	5	10	25	50
0.0	3.09	2.58	2.33	2.06	1.88	1.64	1.28	0.67	0.00
0.1	3.23	2.67	2.40	2.11	1.92	1.67	1.29	0.66	−0.02
0.2	3.38	2.76	2.47	2.16	1.96	1.70	1.30	0.65	−0.03
0.3	3.52	2.86	2.54	2.21	2.00	1.72	1.31	0.64	−0.05
0.4	3.66	2.95	2.61	2.26	2.04	1.75	1.32	0.63	−0.07
0.5	3.81	3.04	2.68	2.31	2.08	1.77	1.32	0.62	−0.08

第Ⅰ型极值分布的 Ψ_p 值表

P(%)	0.1	1	2	3	5	10	20	30	40	50
Ψ_p	4.94	3.14	2.59	2.27	1.87	1.30	0.72	0.35	0.07	−0.16

5. 掌握我国建筑物室内日照标准。
6. 掌握用棒影日照图确定建筑物的间距。
7. 计算风荷载的步骤有哪些？
8. 概念：雷电；雷电(暴)日；雷暴小时数；雷暴持续期(天)；雷击大地密度 N_g 。
9. 雷电的危害主要以哪些形式出现，其危害的主要原理是什么？
10. 防雷避雷的基本思路是什么？
11. 建筑物防雷系统(装置)主要由哪些部分组成？
12. 掌握大气雷电环境评价的主要步骤和方法。

参 考 文 献

B. 吉沃尼著,陈士麟译. 1982. 人、气候、建筑. 北京:中国建筑工业出版社
福井英一郎,吉野正敏. 1979. 气候环境学概论. 东京大学出版社
高绍凤等. 2001. 应用气候学. 北京:气象出版社
胡毅等. 1994. 应用气象学. 北京:气象出版社
吉林建筑设计院. 1979. 建筑日照设计. 北京:中国建筑工业出版社
李良福. 2003. 拓展气象事业防雷减灾新领域的实践. 北京:气象出版社
李良福等. 1999. 计算机网络防雷技术. 北京:气象出版社
潘忠林. 1997. 现代防雷技术. 成都:电子科技大学出版社
潭冠日等. 1985. 应用气候. 上海:上海科技出版社
唐定曾等. 2003. 建筑电气技术. 北京:机械工业出版社
中国建筑科学研究院等. 1989. 民用建筑采暖通风设计技术措施. 北京:中国工业建筑出版社
中华人民共和国机械工业部. 1994. 建筑物防雷设计规范. 北京:中国计划出版社

第七章　交通、通讯与气象

飞机的起飞着陆与飞行，船舶的航运，陆地上铁路、公路的安全正点运行，架空输电，通讯线路的设计，以及交通事故的发生等，都受到气象条件的影响，因此为了保证交通和通讯的安全运行和计划调度，必须注意气象条件，特别是极端恶劣的气象条件出现的规律，作好气象服务，以保证人民的生命财产不受损失或减少损失。

§7.1　航空与气象

7.1.1　飞机起飞着陆的气象条件

影响飞机起飞着陆的气象条件有视程障碍现象（雾、烟幕、霾、雨、雪）、低云、侧风、阵风、风的垂直切变以及跑道结冰、积水、积雪等，其中以视程障碍和低云对起飞着陆的影响最大。因此以视程障碍决定的机场能见度和低云状况为基础，规定了飞机起飞着陆的三种最低气象条件：目视飞行的最低气象条件，仪表飞行的最低气象条件，备用机场的最低气象条件。

视程是指能见度、跑道视距以及飞行视程（从驾驶座看到的前方视程）。低云高度是指在云量 6 成以上的低云（或最低一层）距机场地面的高度。

由于起飞着陆采用目视，因此必须采用目视飞行的最低气象条件：能见度 1500～2000m 以上，云高在 150m 以上，在飞机设备优良、地形不很复杂的情况下，能见度为 1000m 以上，云高在 80m 以上。

由于飞机的升力与其空中速度（空速）的平方成正比，而空速又是飞机地速与风速之和。因此当飞机起飞时，逆风滑跑会在较短时间内达到离地速度而缩短滑跑距离，反之，顺风滑跑会延长滑跑距离。当飞机着陆时，迎着正逆风下降会减小对机体的冲击，并缩短滑跑距离，反之，顺风着陆会因机身产生跳跃而损伤机体，并延长滑跑距离。当风与跑道形成某一角度时，飞机因侧风作用会增加起飞着陆的困难，特别是跑道较湿或有积雪时，易引起飞机的侧滑，这时应对最大侧风值和跑道的摩擦系数给予一定的限制，以保证飞机的安全。

此外，飞机起飞的滑跑距离还受到因气温高低和海拔高度引起的空气密度变化的影响。可见，为了保证飞机起飞着陆的安全，必须对机场的能见度、低云量、低云高、风向、风速及气温、气压等进行气候统计分析，了解机场上空这些要素的变化规律，并结合天气形势及时作出预报。另外还要对天气现象，如雾、雨、雪等起止时间、持续时间进行分析和预报。在风频玫瑰图分析的基础上，使机场跑道的方向与当地盛行风向一致，以减小侧风的不利影响。

7.1.2　飞机飞行的气象条件

影响飞机飞行（巡航、爬高、下滑）的气象条件主要有云、乱流、雷雨、积冰、阵雨、飑线、台风等。

云对飞行的影响主要有：云中、云外的气流升降会造成飞机颠簸；云中能见度差，影响飞行；云中的过冷却水滴会使飞机机体积冰；云中雷电可损坏机身和仪器等等。为了避免云对飞机的危害，保证安全，飞机飞行时应避开移动很快的高云附近的高空急流，不在温度过低的中云中长时间飞行，远离并不得进入积雨云内，以防止飞机积冰和强烈的颠簸。

根据形成乱流的原因，可将乱流分为：热力乱流、动力乱流、高空急流（引起晴空乱流）、风的切变造成的乱流以及在航迹上出现的尾涡湍流等。热力乱流是由于大气层结不稳定及地表面的热特性不同形成的，动力乱流则是因为地表面附近的空气遇到建筑物或起伏的地形产生扰动形成的。

造成飞机颠簸，甚至使机翼或尾翼变形、折断的乱流，往往是热力和动力这两种或两种以上乱流共同作用的结果。因此对航线上等压面（一般为三层）的风和气温的预报很重要，与高空急流相伴的晴空乱流易出现的区域及山区的背风面更应特别注意。

雷雨、冰雹、积冰等恶劣天气，不仅使能见度降低、飞行困难，而且还会对机身及仪器造成较大的损伤，因此对航线上雷雨云的移动、发展的预报以及锋面和台风区域内的积冰预报应予以高度的重视。

飞机的载重量和航行距离还受气温的影响。当气温高于标准大气温度时，载重量减少；气温低于标准大气温度时，载重量就增加。气温和气压的变化还会影响到风的方向和大小，飞机在航行时，逆风飞行会使到达目的地的时间延长，顺风时，则飞行时间缩短。因此飞机起飞前，要作好跑道上和航线上的气温预报，并根据气温和风的预报进行载重量的计算，制定飞行计划。

7.1.3　航空气象预报

航空气象预报是指保证飞机飞行和起飞着陆安全的天气预报，根据预报的范围和内容又可分为以下几种。

7.1.3.1　航站预报

航站预报是以机场为中心，在 10～20km 范围内，对飞机起飞着陆所必需的气象要素进行预报。根据需要发布具有不同时间（2～3 小时，以至 20 小时以上）、内容和名称

(起飞、着陆等)的天气预报。预报的主要内容包括风向、风速、阵风、能见度、天气现象、云(云量,云状、云高)和气温、气压等。必要时还要对跑道温度、机场周围出现的乱流进行预报。

7.1.3.2　航线预报

航线预报是从起飞机场沿着航线到着陆机场(或目标区),对所经地区与飞行有关的气象要素进行预报。

做航线预报时,通常将航线分为几个区段,对每一个区段上三层以上等压面的风、气温以及最低云层的云量和云状、地面能见度、0℃等温层高度等进行预报。必要时还要增加对流层顶的高度及其附近气温、急流位置、高度及走向的预报。其预报时效以短时为主。

7.1.3.3　区域预报

区域预报是指对整个管辖区进行的天气预报。这种预报一般用预报天气图的形式发布。

区域预报主要为确定航运计划服务,如选定最经济最安全的飞行路线,确定有效最大荷载等。目前,世界上各航空公司均开始用电子计算机来编制最佳的飞行计划。

7.1.3.4　特殊天气预报和警报

特殊天气预报和警报是指对飞行有重大影响的天气现象(如暴雨、积冰、冰雹、高空急流等)的分布和强度的预报。其预报时效为短时和即时(0～3 小时)。预报方法除了用地面气象监测网、天气图外,还采用了现代化的气象雷达、气象卫星等设备,这样会使航空天气预报的时效和准确性得到提高。

7.1.4　航空气候图志

航空气候图志是将机场、航线和某一区域的气候情况用文字、图表来说明其时空分布规律,以便于使用。这种方法统称航空气候图志。其内容主要是:

①主要气候要素的特性(平均和极值),以及日变化和年变化规律;

②影响飞行和起飞着陆的天气现象(雷雨、阵雨、降水、乱流、积冰)的量级、日数、初终日期;

③机场盛行风向(不同高度上)及其随季节的变化规律;

④能见度和雾出现的规律(频率及生消时间);

⑤飞行高度上的气温、风向和风速;

⑥一年中各月(季)大气环流概况(出现频率、移动方向、强度变化等)。

§7.2　航海与气象

船舶在海洋中航行，受到气象条件以及气象条件引起的海洋物理现象的影响，有时成为威胁航海安全的重要因素。

7.2.1　气象条件对航海的影响

7.2.1.1　海雾

雾是影响海面能见度的主要因素之一。不论在海上还是在港口，雾直接影响到船舶的活动。特别在浓雾出现时，可使船舶发生偏航、搁浅、触礁和碰撞等海事。

根据雾形成的原因可分为平流雾、辐射雾、蒸发雾、上坡雾和锋面雾。在我国沿海最常见的是平流雾。平流雾多出现在冷、暖流交界处，当暖海面上有吹向冷海面的气流(风)时，平流雾就有可能出现。因此我国沿海的海雾出现时间与暖气团的势力增强及向北推进一致，主要雾区在成山头附近海面、长江口至舟山群岛海面、台湾海峡北口和雷州半岛东侧。

7.2.1.2　风

大风或暴风能掀起滔天巨浪，使船舶摇摆，难以操纵。当风速超过船舶的抗风能力时，会危及船舶安全。在暴风作用下，船舶易发生搁浅或碰撞，船在强逆风下航行，不仅航速减慢，而且消耗燃料增多。在风的直接作用下，海面会产生波动，这种波动称为风浪。

当船舶在大风浪中航行时，船首常被海水淹没，使操纵困难，当船身长和波长相近时，会发生中拱中垂现象，船舶因剧烈摇晃而易使机器受到损害。风浪的大小除了与风速的大小有关外，还与风时、风区有关。风时越长，风区越大，风浪从风中获得的能量就越大，风浪也就越大；反之，风浪就小。但一般情况下，风区和风时不是同时对风浪起作用，而是其中之一决定着风浪的大小。表 7.1 所示为风力等级表。

当风区内的风开始平息，或风浪传出风区进入弱风区后形成的浪称为涌浪。由于涌浪在传播过程中得不到风的能量补充，在空气的阻力和海水的内摩擦作用下，涌高和波长将有规律地变小。通常在涌浪涌来的方向存在着风暴区。在我国沿海地区的台风季节，涌浪出现往往是热带风暴和台风来临的前兆，因此对涌浪也是不能忽视的。

7.2.1.3　海冰

海冰是指海洋中的一切冰，它可分为固定冰和流冰。海冰主要由海水冻结而成，也包括由江河流入海洋的淡水冰。海冰能造成港口封冻，航道阻塞，威胁航海安全。

我国渤海及黄海北部，因冬季受强寒潮侵袭，每年都有不同程度的冰情，但一般年份不会影响海上的船舶航行，只是在重冰年，特别有流冰出现时，才会对船舶航行造成严重的不利影响，甚至毁坏船舶。

表 7.1　风力等级表

风级	风名	海面浪高(m)		海面征象	相当风速	
		一般	最高		m/s	n mile*/h
0	无风	平静	平静	海面平静	0～0.2	<1
1	软风	0.1	0.1	有小的波纹出现	0.3～1.5	1～3
2	轻风	0.2	0.3	轻微的波浪如鱼鳞,但无浪花	1.6～3.3	4～6
3	微风	0.6	1.0	波峰不大,有时破裂现浪花	3.4～5.4	7～10
4	和风	1.0	1.5	波浪较大,波峰浪花明显	5.5～7.9	11～16
5	清风	2.0	2.5	波浪较大,白浪占海面很大面积	8.0～10.7	17～21
6	强风	3.0	4.0	白浪,并出现泡沫	10.8～13.8	22～27
7	疾风	4.0	5.5	泡沫成片,飞出并降至波谷	13.9～17.1	28～33
8	大风	5.5	7.5	海面充满泡沫,在低空飞溅	17.2～20.7	34～40
9	烈风	7.0	10.0	波浪汹涌,低空飞满泡沫,视程减弱	20.8～24.4	41～47
10	狂风	9.0	12.5	空中飞满泡沫,舰船航行困难,危险	24.5～28.4	48～55
11	暴风	11.5	16.0	波浪高大,舰船沉入波谷中,危险极大	28.5～32.6	56～63
12	飓风	14.0	—	海浪滔天	>32.6	>63

注：1 n mile=1852m,下同。

7.2.1.4　气温和海温

当气温为28～29℃时,人体皮肤不感温,这个温度称为生理零度。当气温<25℃时,人有冷感;当气温为25～28℃时,人有温感;当气温>29℃时,人有热感。而在水中,人的生理零度比在大气中高得多。水温<29℃时有冷感;29～37℃时有温感;>37℃时有热感。海洋中海温年平均>28℃的区域只占整个海洋面积的6%,所以说海温对人体来说几乎都只有冷感。

环境温度过高或过低都会给人带来不适,过低的海温是造成海难死亡的重要原因(表7.2)。低温还会使打上甲板的海水冻结成冰而影响船舶的稳定性,甚至使船舶倾覆。低温时还易使传动装置和通讯天线积冰而影响其正常运行。

表 7.2　不同水温每人存活时间

水温(℃)	0	10	15～20
时间(h)	0.25	2.5～3	10

7.2.2　航海中的天气预报及应用

7.2.2.1　预报的种类

(1)普通气象预报

主要是指短期(48小时以内)、中期(3～5天),长期(5天以上)的海区海上天气预报，以及描述影响海区的天气系统和变化趋势的天气形势。

(2)警报

警报主要有以下几种：

①大风警报(风力达蒲福风级 7～9 级)；

②暴风警报(风力达蒲福风级 10～11 级)；

③台风警报(风力达蒲福风级 12 级以上)，包括引起大风的原因、强度和位置，以及未来 24 小时或 48 小时的移向、移速、影响范围及强度变化等；

④海雾警报(能见度小于 1000m 时发布)。

另外还有风暴潮警报、沙暴警报及海冰情警报等。

7.2.2.2 台风的预报及判断

由于台风中心区域附近的风为强烈的阵性风，阵风往往比平均风速大 30%～50%。为了保证船舶的航行安全，避免遭受台风袭击，必须掌握航行的海区有无台风及其中心位置，以便采取正确的避离方法。

①在台风生成的季节和生成较多的海域，要及时收听气象预报，并结合天象、海象和物象来判断航行海域是否有台风活动。

②根据风速的大小和方向、辐射状卷云的汇合点方向和涌浪的来向等因素来判断台风中心所在的方向。

③根据每小时气压下降量、气压距平值、风力大小的变化来估算距台风中心的距离。

④利用气象雷达测定台风中心所在的方位和距离。

⑤当航行中已判断附近海域有台风时，首先根据风和气压的连续变化来判断船舶处在台风的哪个部位。然后用作图法(概率扇形区域作图法，船舶操作图法)和经验(风力不超过 6 级，气压不低于当地、当时平均值的 3hPa)来避开台风，使船舶与台风之间距离保持在安全距离(一般为 200～300n mile)以外。

7.2.2.3 海雾的预报

我国沿海常见的平流雾，是因沿海冷海流从冬到夏逐渐减弱北撤，暖湿空气逐渐加强北进所致。作海雾预报时应注意以下几个方面。

①掌握海雾出现的季节规律。我国海雾冬春之交多出现在南海，春夏之交多出现在东海，夏季移至黄海、渤海一带，8～12 月极少出现。另外还必须统计出各海域海雾出现的频率，日变化，生消、加强、减弱与当地风向风速、云量及温湿度之间的关系，以了解其出现的天气气候背景。

②根据天气形势出现来预报海雾出现的天气形势。我国沿海地区的海雾多出现在入海变性冷高压的东部、太平洋高压脊的西部、气旋和低压槽的东部以及准静止锋的天气形势下。

③根据传真天气图来判断海雾(浓雾)的位置及移动趋势，以便船舶离开浓雾警报区。

④利用船舶所在海域的温、湿及乱流条件来预报海雾是否能形成。当船舶处于海雾形成的天气形势控制之下时，如果海温低于或等于流来的空气露点，且风速小，大气层结稳定，海雾就易形成。

⑤利用露点水温图解法、干湿球温度表法来估算海雾(平流雾)的生消。

7.2.2.4　大风的预报

大风和海雾一样，是影响航海安全的最主要气象因素，因此大风也是航海天气预报中的重点。气象学上规定，将平均风速达6级(10.8～13.8m/s)以上的风称为大风。

①我国沿海的大风以春季最多，夏季较少，北部海域大风出现的频率高于南部，风力以夏秋季的台风为最大。

②我国大风出现的天气形势多为冷锋过境后的偏北大风、高压后部的偏南大风、低压大风、台风大风及雷雨大风等。

③预报时首先根据传真天气图来判断船舶(或预报点)未来受什么天气系统控制。该系统的强弱和移动趋势，然后再结合地表(海面)摩擦力、热力环流(海陆风)方向、动量的上下交换(大气层结及风的垂直切变)等因素作出大风的强度、时间、风向及其转换时间的预报。

7.2.2.5　船舶气象定线(气象导航)

船舶气象定线是根据海洋气候资料、天气和海况预报，结合被导航船舶的失速函数，考虑一定的约束条件，通过定量计算，为船舶优选航渡大洋的航线，并在航行中给予修正的导航技术。

船舶气象定线过去多采用经验法和作图法。目前随着计算机的发展，以及数理统计方法的引进，在天气和海况预报的客观化、数值化后，气象定线也逐步向客观、定量、最优化发展。由于气象定线既考虑了地面(海面)、高空的气象实况和预报，又考虑了引起船舶失速的因素(风向、风速、浪高，涌向、涌高、流向，流速及航行、航速等)，还要结合船舶本身的性能(稳定性、吃水差、装载重、货物种类等)进行分析，因此它是避离灾害性风浪区，在保证航行安全的条件下，使航行时间最短、经济效益最佳的航线。

目前，世界上除了以气象导航服务中心(定线公司)为用户优选航线和航法外，还采用船舶自行定线法。其步骤为：启航前根据月、季气候特征，中长期天气和海况预报和本船的任务来选定一条基础航线，航行中根据传真天气图、海洋气象信息，采用天气形势定线法、时锋线定线法、航海学计算法、数值模拟定线法等来确定修正的航线、调整的航速和航向。

§7.3 陆地交通与气象

火车、汽车等陆地交通工具的运行及路面状况、线路的选择都受到气象条件的影响。其中以强风、暴雨和雪对交通的影响最大。

7.3.1 风对交通的影响

由于风压与风速的平方成正比,因此在强风或大风时产生极大的风压,从而对交通造成危害,其危害主要表现在以下几个方面:

①车辆受强风(特别是横侧风)的影响而行驶困难,易发生误点和颠覆;

②桥梁被吹毁而使交通中断;

③使沙漠地区堆沙,使海岸地沙面堆积、盐分飞散而造成对铁轨和架空线路损坏;

④暴风造成电线杆倒塌、电线断线;

⑤风使蒸汽机车的火种飞扬,易造成林区火灾;

⑥强风吹坏防雪栅、防沙林而造成雪阻、沙阻。

7.3.2 降水对交通的影响

暴雨及其引起的洪水,对交通造成的危害主要是:

①暴雨、洪水使路面浸水,泥沙流入并铺盖路基路轨,严重时会冲毁路基轨道;

②在山区常因暴雨、洪水而使涵洞来不及排泄,造成桥梁、涵洞被毁;

③暴雨引起道路两侧的山(坡)产生落石、崖崩而阻断交通。

7.3.3 降雪对交通的影响

冬季的降雪易形成雪阻,阻断交通,其造成的危害主要是:

①雪堆积到轨道上和路面上后,在低温下使道岔、轨道和路面冻结而使车辆打滑,易造成交通事故,阻塞交通;

②雪堆积在桥梁、架空线路和其他建筑物上,雪荷载易造成桥梁建筑物倒塌、通讯中断。特别在出现风吹雪的情况下,雪的堆积量大,对桥梁和架空线路的危害就更为严重。影响风吹雪的因素除了积雪深度、风速大小和方向外,还有雪的密度、表面硬度、吹雪的种类及地形等;

③当山坡的雪荷载增加、雪的强度降低、雪的蠕动和滑动产生时,易发生雪崩。雪崩使山区交通运输阻塞,甚至瘫痪。

此外,在暴风雪和暴风雨的天气条件下,或在雾和烟雾出现时,还会引起交通运输的能见度障碍。使交通事故增多,交通阻塞。

可见，在铁路、公路选线时，要统计分析沿线的有关气象资料，线路要尽量避开强风区、山洪易发区、风吹雪和雪崩严重的地区。在道路修筑过程中，对桥梁涵洞的设计要考虑汇水面积的大小、暴雨量级和频率。在火车、汽车运行时，为保证安全运行，合理计划调度，应随时掌握沿线的天气预报，特别是一些重大灾害性天气，如暴风雨、暴风雪，雾出现时，应减慢运行速度或暂停运行，以保证人民生命财产的安全，减少经济损失。

§7.4　架空线路与气象

架空线路是指杆塔支撑的、在地面以上某一高度的输电线路、通讯线路及电气化铁道的接触网。架空线路在积冰、大风、低温条件下，处于较大拉力之中，当拉力超过其极限强度时，电线折断，电杆倒塌，从而造成损失。

7.4.1　电线的积冰荷载

7.4.1.1　积冰的基本知识

(1)积冰的种类及形成条件

雨凇：气温在0～3℃时，当过冷却的雨滴、毛毛雨滴或较大的雾滴碰到0℃以下的电线，便结成雨凇积冰，其比重在0.6～0.9g/cm³之间。

粒状雾凇：气温在－3～－8℃时，风速不大，雾或毛毛雨等过冷却小水滴随风飘动，在电线迎风面冻结成粒状雾凇积冰。其比重在0.3～0.6g/cm³之间。

晶状雾凇：气温在－10～－20℃时，雾或轻雾中很小的过冷却水滴冻结在电线上，形成晶状雾凇积冰。无风时结在电线整个表面，有风时结在迎风面。比重约为0.01～0.08g/cm³。

湿雪：雪或雨夹雪降落到温度略高于0℃的近地气层，稍稍融化后，粘附在电线上。比重在0.10～0.70g/cm³之间。

混合积冰：积冰增长过程中可能有几种积冰交替地在电线上积聚，形成混合积冰。

对电线影响大的是比重大而且较厚的雨凇、粒状雾凇或带有雨凇的混合积冰。

(2)积冰计算的物理量

长径：积冰正交于电线轴线截面(简称截面)的长轴长度，含电线直径φ，单位mm，符号为a。

短径：积冰截面上与长径正交的最长轴的长度，单位mm，符号为c。

直径：积冰化成均匀裹覆电线的圆柱体时的直径，含电线直径，单位mm，符号为D。

周长：积冰截面边界的长度，单位mm，符号为L。

冰重：1m长电线上积冰的重量，单位一般用kg/m，符号为p。

积冰厚度(简称冰厚)：将实际积冰换算成均匀裹覆电线的圆柱体时的冰层厚度，从电线表面量至冰层表面，不包括电线半径，单位 mm，符号为 b。

根据以上定义，有

$$p = \frac{\pi}{4}(D^2 - \varphi^2)\rho_i \tag{7.1}$$

式中 ρ_i 是积冰的比重。由 p 可求出 b

$$b = \sqrt{\frac{p}{\pi\rho_i} + \frac{\varphi^2}{4}} - \frac{\varphi}{2} \tag{7.2}$$

(3)影响积冰厚度的因子

积冰的比重 (ρ_i)：它取决于气温、含云、雾、降水滴的空气中的含水量等天气状况，另外 ρ_i 还与电线直径有关。

冻结系数(β)：指在单位时间内冻结在电线表面的冰重与积聚水分重之比。它反映了冻结的效率，$\beta \leqslant 1$。设单位时间积聚在电线表面的水分重量为 M_c，从电线表面蒸发掉的水分重量为 M_e，则有

$$\beta = \frac{M_c - M_e}{M_c} = 1 - \frac{M_e}{M_c} \tag{7.3}$$

β 与风速、电线直径、含云、雾、降水滴的空气中含水量、温度和积冰持续时间有关。

捕获系数 (E)：指水滴在电线上实际积聚的水分质量与假定水滴不绕过电线可能积聚的水分质量之比，它反映水滴的惯性积聚效率。E 与电线直径 φ、水滴半径 r 和风速 v 有关。在电线积冰的气温和常含水滴半径下，可作出 E 与 φ 和 v 的关系图，以备查用。E 与 φ 和 v 的关系图如图 7.1 所示。

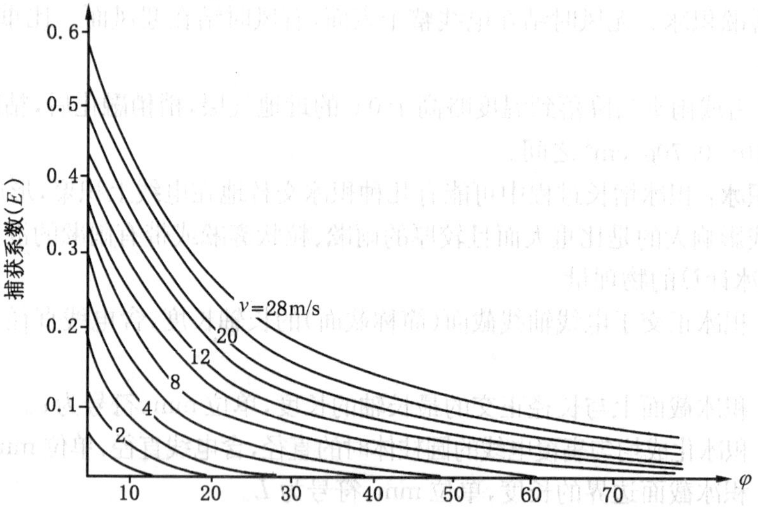

图 7.1　捕获系数 E 与 φ 和 v 的关系

7.4.1.2　积冰厚度随高度的变化

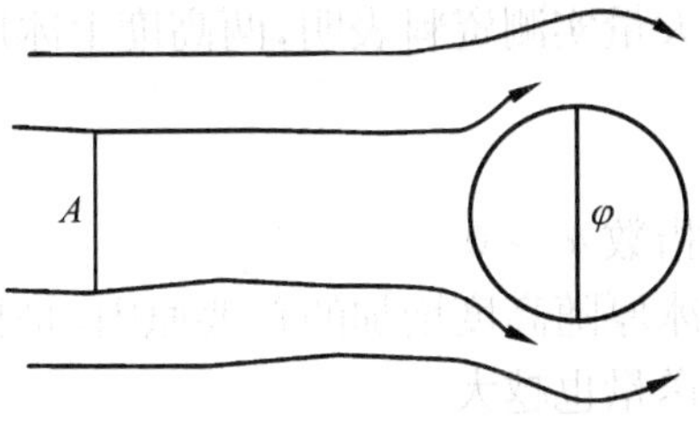

图 7.2　电线干扰气流示意图

从与电线轴线正交的平面图如图 7.2 所示，从图中可以看到水平运动的气流在接近电线时受到干扰，过冷却水滴能与电线接触的截面积直径为 φ。未受扰动前这股气流的截面积直径是 A。

设单位体积中液态水含量（重量）为 ω、风速是 v、液态水在气流中自由下沉的速度为 w、气流与电线交角是 $\theta(0 \leqslant \theta \leqslant 90°)$，则在时段 τ 内，有重量为

$$\int_0^\tau A\omega\sqrt{v^2 + w^2}\sin\theta \mathrm{d}t \tag{7.4}$$

的水分积聚在电线上。水分蒸发掉一部分，只有 β 的水冻结成冰，则 1m 长电线上的冰重为

$$p = \beta\int_0^\tau A\omega\sqrt{v^2 + w^2}\sin\theta \mathrm{d}t \tag{7.5}$$

若气流不受干扰，应有重量为

$$\int_0^\tau \varphi\omega\sqrt{v^2 + w^2}\sin\theta \mathrm{d}t$$

的水分通过截面积 φ，这是可能的冰重。

设 $w \ll v$，从而忽略不计 w，式中物理量均是时段 τ 内的平均值，则实际冰重与可能冰重之比是

$$\frac{\beta A\omega\tau v\sin\theta}{\varphi\omega\tau v\sin\theta} = \beta\frac{A}{\varphi} = \beta E$$

式中

$$E = \frac{A}{\varphi}$$

称为**捕获系数**，此时电线的积冰重量为

$$p = \beta A\omega\tau v\sin\theta = \beta E\varphi\omega\tau v\sin\theta \tag{7.6}$$

假定电线表面的积冰展开后的面积为 $\pi\varphi$，冰厚为 b，则有

$$p = b\pi\varphi\rho_i \tag{7.7}$$

将(7.6)式代入(7.7)式，则有

$$b = \frac{1}{\pi\rho_i}E\beta\omega\tau v\sin\theta \tag{7.8}$$

(7.6)式和(7.8)式是计算电线积冰重量和厚度的基本公式。

大量实测资料表明，两高度上冰厚的比是高度比的幂函数，即

$$\frac{b_z}{b_0}=\left(\frac{z}{z_0}\right)^{\alpha} \tag{7.9}$$

式中指数 $\alpha>0$。

冰厚随高度增加的首要原因，是积冰时风速随高度增加。风速越大，使水滴向电线的输送量也越大。

风速随高度的变化在通常情况下符合乘幂律：

$$\frac{v_z}{v_0}=\left(\frac{z}{z_0}\right)^{\alpha_v} \tag{7.10}$$

指数 α_v 反映风速随高度变化的特征。

积冰时，空气中的含水量也是随高度增加的，据研究有

$$\frac{\omega_z}{\omega_0}=\left(\frac{z}{z_0}\right)^{\alpha_\omega} \tag{4.11}$$

指数 α_ω 反映云和雾中含水量随高度变化的特征。

捕获系数 E 是风速 v 的增函数，利用(7.9) 式至(7.11) 式，则有

$$\frac{E_z}{E_0}=\left(\frac{z}{z_0}\right)^{\alpha-\alpha_\omega-\alpha_v}=\left(\frac{z}{z_0}\right)^{\alpha_E} \tag{7.12}$$

(7.9)式可写为

$$\frac{b_z}{b_0}=\left(\frac{z}{z_0}\right)^{\alpha}=\left(\frac{z}{z_0}\right)^{\alpha_v+\alpha_\omega+\alpha_E} \tag{7.13}$$

(7.14)式说明冰厚随高度的变化指数 α 综合反映了风速、含水量和捕获系数随高度的变化。目前，可以用 10m 高度上的风速来间接反映近地层乱流强弱，用来估计出 α 的大小。当 α 求出后，则可利用(7.9) 式求出 K_{bz}，然后利用 b_0，K_{bz} 就可求出近地气层内任意高度上的冰厚 b_z。

在高度 z 和雨凇架高度 z_0 上，两条直径相同电线的冰厚分别为 b_z 和 b_0，它们之比称为冰厚的高度订正系数(K_{bz})。在近地气层 30m 以内，可认为 ρ_i，β，θ，τ 相近，故有

$$K_{bz}=\frac{b_z}{b_0}=\frac{E_z\omega_z v_z}{E_0\omega_0 v_0} \tag{7.14}$$

7.4.1.3　冰厚、冰重与电线直径的关系

同一高度上直径 φ 和 $\varphi_0=5$mm 的两条电线的冰重之比称为冰重的直径订正系数，即

$$K_{p\varphi}=\frac{p_\varphi}{p_0}=\frac{\varphi\beta_\varphi E_\varphi}{5\beta_0 E_0} \tag{7.15}$$

式中 $K_{p\varphi}$ 与两高度上的冻结系数之比和捕获系数之比成正比，并随着风速和气温的增大而增大。

根据 p 与 b 的关系，可由 $K_{p\varphi}$ 求冰厚的直径订正系数 $K_{b\varphi}$，$K_{b\varphi}$ 是随电线直径的增大而减小的。利用 K_{bz} 和 $K_{b\varphi}$ 就可采用雨凇架上的 b_0 求出近地气层中任一高度、任一电线直径的冰厚，即

$$b_{z\varphi} = b_0 K_{bz} K_{b\varphi} \tag{7.16}$$

我国在《架空送电线路设计技术规程》中规定，330kV 以下的架空线路采用 15 年一遇的冰厚值(冰重值)作为设计值。计算重现期为 15 年的冰厚值，可用第Ⅰ型极值分布、第Ⅱ型极值分布和皮-Ⅲ型分布等方法，但用第Ⅱ型极值分布能较好地拟合我国各地不同气候特点的积冰观测资料。

7.4.1.4　我国电线积冰极值的概率分布

我国《架空送电线路设计技术规程》规定，架空电线采用重现期为 15 年一遇的冰重值作为设计的依据。章澄昌对我国电线积冰极大值的概率分布研究中得出，不同地区积冰极值分别服从于第Ⅰ型极值分布、第Ⅱ型极值分布、皮-Ⅲ型分布，但第Ⅱ型极值分布能普遍地拟合积冰极值分布。当样本资料不够长时，如果序列中存在一二个特大值的样本，这时电线积冰变异极大，但第Ⅱ型极值分布能较好地对它进行拟合，而且较短重现期 T_1 的极值 x_{p_1} 与较长重现期 T_2 的极值 x_{p_2} 之间存在简单关系

$$\frac{x_{p_1}}{x_{p_2}} = \left(\frac{T_1}{T_2}\right)^{\frac{1}{\gamma}} \tag{7.17}$$

当确定了分布参数 γ，就可用较可靠的短重现期 T_1 的极值推算较长重现期 T_2 的极值。我国部分山区的 γ 值分别为：

五台山——1.73
庐山　——1.58
南岳　——2.31
峨嵋山——2.44
金佛山——2.79
奇台　——1.24

7.4.2　电线的风荷载

7.4.2.1　大风对架空线路的危害

中国气象局规定，风速等于或大于 17.0m/s，风力达 8 级或 8 级以上的风称为大(强)风。我国出现的大风主要由寒潮、雷暴、台风等造成，大风引起的危害程度决定于风力的大小和大风的持续时间。

表 7.3 所示为 1974～1983 年全国 220～330kV 高压线路 17 次大风倒塔简况。由表 7.3 的统计可看出，大风倒塔事故率≈0.01 次/100km·a。

表 7.3　1974～1983 年全国 220～330kV 高压线路 17 次大风倒塔简况（据朱瑞兆）

编号	日　期	线路名称	设计风速(m/s)	气象台记录风速(m/s)		按现场破坏物象估计风力级别	倒　塔　简　况	停电时间(h)	电能损失(10^4kW·h)
				$\bar{v}$	v_{max}				
1	1974.6.17	武汉：汉丹二回	25	11.0	25.2	9 级	倒拉线塔 4 基(垂直线路)	93	936
2	1977.7.4	陕西：韩铜线	25	—	—	9～10 级	倒拔梢杆 7 基(垂直线路)	尚未送电	—
3	1978.6.28	陕西：韩铜线	25	—	27	9～10 级	倒拔梢杆 12 基(垂直线路)	尚未送电	—
4	1978.7.7	黑龙江：新让线	30	—	—	≤11 级	倒 67TD-101 塔 5 基(垂直线路)	1176	40(有双回路)
5	1978.8.18	天津：上北线	25	17	32	≤10 级	倒双回路杆 3 基 坏双回路杆 4 基(垂直线路)	尚未送电	—
6	1979.6.14	山西：榆平线	25	—	—	≤9 级	倒拉线塔 4 基(垂直线路)	720	1780
7	1979.6.25	山东：宁马线	25	22.7	33	10 级	倒门型杆 5 基(垂直线路)	364	3523
8	1979.6.29	安徽：淮蚌线	25	—	—	—	倒拉线门型塔 1 基(垂直线路)	28	290
9	1979.7.18	山西：霍运线	25	25	27	≤10 级	倒 67TD-103 塔 4 基 倒杆 1 基(垂直线路)	924	984
10	1979.7.23	山西：榆娘线	25	—	19.4	≤9 级	倒塔 4 基(垂直线路)	72	8.0
11	1980.6.13	河北：陡蓟通线	25	—	—	≤9 级	倒 84 基杆 倒 8 基塔(顺线倒)	2 个多月	未统计
12	1980.9.1	山东：郭胜线	30	—	23.5	≤10 级	倒门型杆 2 基(垂直线路)	未统计	未统计
13	1981.7.23	武汉：熊锅线	25	22	—	10 级	倒双回路塔 5 基(垂直线路)	—	1500
14	1982.5	内蒙古：呼包线	30	—	—	—	倒拉线门型塔 2 基(垂直线路)	未统计	未统计
15	1983.4.25	山东：莱莞、南莱	—	未收集	未收集	未收集	倒塔 5 基(垂直线路)	168	未统计
16	1983.4.27	内蒙古：呼包线	30	—	36	10 级	倒拉线门型塔 8 基(垂直线路)	24	未统计
17	1983.7.2	山西：霍运线	25	未收集	未收集	未收集	倒拔梢杆 5 基(垂直线路)	480	未统计
合计							倒杆塔 173 基	5509(不完全)	9061(不完全)

大风除影响航空运输、公路运输的安全外，大风的强风压还会对电力、通讯线路及其支承塔架带来危害，造成支架倒塌、电线断裂而使线路中断。我国由于过去风压设计值偏低，1974～1983 年全国送电线路多次发生严重倒塔、倒杆事故（表 7.3），其中 1980 年在河北陡蓟通线大风吹倒基塔 8 座，倒杆 84 基，直接经济损失几百万元。1974～1983 年大风倒塔率达 0.01 次/100km·a。

7.4.2.2 风荷载的计算

根据风荷载计算的原理，电线上的风荷载计算公式为

$$W_\varphi = \alpha\mu_\varphi Fkv^2\sin\theta \tag{7.18}$$

式中：α 为风速的不均匀系数，通常 $\alpha = 0.85$；μ_φ 为电线的风载体型系数，通常 $\mu_\varphi \approx 1.2$；F 为电线在迎风面的面积，当电线直径为 φ、档距为 L 时，$F = \varphi L$；k 为风压系数，通常 $k = 0.0625$；v 和 θ 的物理意义同前。

电线上的风载荷 W_φ 主要决定于风速 v 的大小。

我国在《架空送电线路设计技术规程》中规定，取离地 15m 高、15 年一遇的 10min 平均最大风速来计算电线的荷载（即设计风速）。

当架空线路通过无风速资料区域时，平原地区取风速＞25m/s；山区则取平原地区风速的 1.1 倍或 30m/s 以上。

架空线路跨距大时，则取 30 年一遇的最大风速；

跨越水域的线路，风速增加 10%；

跨越林区、城镇等两侧屏障为杆塔高的三倍时，风速可减少 20%。

此外，当气温较低时会使电线的拉力加大，当气温较高时会使电线的弧垂增加，这时风速的大小会对电线和气温均产生影响，因而也是必须了解的。

架空线路还应尽量避开多雷区，以防止雷电对线路的机械、热力和电磁方面的危害，应对其沿线的雷电参数进行统计，供防雷设计参考。

习题及思考题

1. 飞机起飞着陆的最低气象条件是什么？
2. 飞机起飞着陆是顺风好还是逆风好？为什么？
3. 影响我国飞机起飞着陆和飞行的天气现象和天气系统主要有哪些？
4. 电线积冰的主要种类有哪些？危害最大的是哪种？
5. 冻结系数 β 和捕获系数 E 的物理意义是什么？
6. 掌握电线积冰荷载，风荷载计算的方法和步骤。

参考文献

陈维敏等. 1990. 航海海洋气象学. 北京:海军出版社
大连海运学院海洋气象小组. 1975. 航海气象. 北京:人民交通出版社
胡毅. 1994. 应用气象学. 北京:气象出版社
李泓家. 1988. 风云与飞行. 北京:气象出版社
《气象手册》编辑委员会[日]. 1985. 气象手册. 贵阳:贵州人民出版社
谭冠日等. 1985. 应用气候. 上海:上海科学技术出版社
伊藤博. 1981.航空气象. 北京:科学出版社